5G 이동통신 RRC/NAS 이해

조현석, 이민규, 손진혁, 박효현, 김효수, 김종현 공저

동일출판사

머리말

PREFACE

이동통신 시스템에서 Layer 3 프로토콜인 RRC는 무선 자원관리, 사용자 서비스 제공과 같은 역할을 합니다. RRC 프로토콜은 기지국과 UE 연결을 관리하는 필수적인 Message 집합이며, 주된 역할은 무선망 접속, 자원 할당, 신호 제어 등의 절차를 담당합니다.

NAS는 코어 네트워크와 UE 사이의 신호 처리를 담당하며, 주된 기능은 사용자 인증, 보안, QoS(Quality of Service) 관리 등입니다. 즉, NAS는 이동통신에서 상위 계층의 서비스를 제공합니다. RRC와 NAS는 상호 의존적인 관계를 가지고 있습니다.

RRC가 무선 자원을 관리하고 무선 연결을 설정하면, NAS는 이를 기반으로 사용자 인증, 보안, QoS 등의 상위 계층 서비스를 제공합니다

3GPP(3rd Generation Partnership Project)는 국제전기통신연합(ITU)의 정책에 따라 전세계적으로 사용되는 이동통신 기술 표준 규격을 작성하는 단체입니다.

3GPP는 여러 단체나 기구로부터 이동통신 사용자 요구사항을 반영하여 RRC와 NAS 기술 표준을 정의하고 있습니다.

RRC는 3GPP 표준인 TS 25.331(UMTS), TS 36.331(LTE), TS 38.331(5G) 규격에 정의되어 있고, NAS는 TS 24.301(LTE), TS 24.501(5G)에 정의되어 있습니다.
3GPP는 다양한 연구 활동을 통하여 지속적으로 RRC와 NAS 규격을 업데이트하고 있는데, 5G Advanced 규격을 완료하고, 6G 국제 표준 정의를 위한 연구를 하고 있습니다.

본 서는 3GPP에서 정의한 TS 38.331(Radio Resource Control(RRC); Protocol specification)와 TS 24.501(Non-Access-Stratum(NAS) protocol for Evolved Packet) 기술문서 기반으로 이노와이어리스 직원들의 경험과 지식이 정리되어 있습니다.

이노와이어리스는 통신용 시험 장비와 계측 장비 그리고 스몰셀(소형 기지국)을 전문적으로 개발하는 회사이며, 대부분 인력이 연구개발을 담당하는 기술 집약적인 회사입니다.

이러한 이노와이어리스의 제품은 전세계 이동통신 기술분야에 종사하는 엔지니어들이 대부분 사용하고 있으며, 특히 무선 품질 측정과 분석 분야에서 세계 최고의 경쟁력을 가지고 있습니다.

당사의 대표적인 제품은 XCAL5, XCAL-Mobile, XCAL-Solo, XCAP, XCAP-Cloud 등이 있으며, 이러한 제품은 이동통신 무선망 품질 측정과 분석에 많은 도움을 주고 있습니다.

이 제품은 국내외 정부 기관, 이동통신 사업자, 네트워크 장비 제조사, 스마트폰 장비 제조사 등 이동통신 관련회사가 사용 중에 있습니다. 특히 국내 정부와 프랑스 정부가 이동통신사 무선망 품질 측정을 위한 기본 장비로 활용하고 있습니다.

본 서는 이노와이어리스 정보통신 연구소에서 이동통신 품질 측정과 분석 기술을 직접 개발한 연구원들이 작성했습니다. 따라서 본 서에는 기본 개념보다는 실무 위주로 기술되어 있어서 이동통신에 종사하는 분이나 이 분야를 공부하는 학생들에게 RRC와 NAS를 좀 더 쉽게 이해하도록 도움을 드리고자 합니다.

본서가 발간되기까지 자료 준비를 해 주신 지인분들께 감사 드리며, 검수를 도와주신 김은규 본부장에게 감사의 마음을 보내 드립니다.
그리고 작성하는데 큰 도움을 주신 이노와이어리스 곽영수 대표이사님, 유민호 부사장님께 감사드리고, 특히 자문을 해 주신 '5G 이동통신 기술과 서비스', 'IT 사업 그리고 돈'을 집필한 김현욱 저자님께도 감사드립니다.

목차

CONTENTS

CHAPTER 1

5G NR NSA Initial Access Flow

1.1 LTE eNB – 5G NR gNB Dual Connectivity ······ 12
- 1.1.1 EN–DC 절차 ······ 12
- 1.1.2 Preparation of PLMN list supporting 5G NR ······ 15
- 1.1.3 RRC Connection Establish ······ 16
- 1.1.4 RRC Connection Reconfiguration ······ 17
- 1.1.5 Measure 5G NR Syncronization Signal Blocks ······ 19
- 1.1.6 RRC Connection Reconfiguration for dual connectivity ······ 19
- 1.1.7 Copy Data to gNB ······ 21
- 1.1.8 Path Update ······ 21
- 1.1.9 Connect to 5G NR ······ 22
- 1.1.10 Data Flow Resume over 5G NR ······ 24
- 1.1.11 Periodic Report ······ 25

CHAPTER 2

5G NR SA Initial Access Flow

2.1 DL Sync ······ 30
- 2.1.1 Cell Search ······ 30
- 2.1.2 SSB Acquisition ······ 31
- 2.1.3 Cell Selection ······ 31
- 2.1.4 MIB and SIB Message ······ 32

2.2 UL Sync ······ 35
- 2.2.1 Random Access Request (MSG1) – Random Access Preamble 37
- 2.2.2 Random Access Response (MSG2) – Random Access Response · 37
- 2.2.3 RRC Setup Request (MSG3) – Scheduled Transmission ······ 38
- 2.2.4 RRC Setup (MSG4) – Contention Resolution ······ 39

2.3 SRB(Signaling Radio Bearer) ········· 39
2.3.1 초기 접속 과정에서의 SRB 및 역할 ········· 40

2.4 Registration Procedure ········· 42
2.4.1 Registration Request ········· 43
2.4.2 Registration Accept ········· 45
2.4.3 Registration Complete ········· 46

2.5 NAS Procedure (Identify, Authentication, Securiy Mode Command) ········· 47

2.6 5G RRC Procedure (AS Security Mode Command, ueCapability) ········· 58

2.7 5G RRC Procedure(Reconfiguration) ········· 63
2.7.1 Cell Group Configuration ········· 63
2.7.2 Radio Bearer Configuration ········· 64

2.8 PDU Session Establishment ········· 66
2.8.1 PDU Session Establishment Request ········· 66
2.8.2 PDU Session Establishment Accept ········· 67

CHAPTER 3 Others

3.1 UE State and State Transition ········· 70
3.1.1 5G NR ········· 70

3.2 Handover ········· 72
3.2.1 Intra LTE Handover(Handover to EUTRA) ········· 72
3.2.2 Intra NR HO ········· 75
3.2.3 NR to LTE HO & LTE to NR HO ········· 78

목차

CONTENTS

3.3 Measurement Events ···· 82
3.3.1 5G NR ···· 82
3.3.2 LTE ···· 88

3.4 Voice Service Flow ···· 92
3.4.1 VoLTE ···· 92
3.4.2 VoNR ···· 97
3.4.3 EPSFB in 5G NR ···· 100

3.5 Radio Link & SCG Failure ···· 103
3.5.1 5G NR ···· 103
3.5.2 LTE ···· 109

CHAPTER 4 Layer 3 KPI in XCAL-Mobile/XCAL-Solo

4.1 LTE ···· 114
4.1.1 LTE Summary ···· 114
4.1.2 LTE CA Summary ···· 119
4.1.3 LTE Cell Measurement ···· 120
4.1.4 Scell Event ···· 121
4.1.5 LTE MAC DL TB ···· 122
4.1.6 LTE SIB ···· 122
4.1.7 Inter-RAT ···· 125

4.2 5G NR ···· 126
4.2.1 5G NR Summary ···· 126
4.2.2 5G NR CA ···· 130
4.2.3 5G NR Beam ···· 131
4.2.4 5G NR Inter RAT ···· 132

4.2.5 5G NR RACH ········ 133
4.2.6 5G NR Dual Connectivity ········ 134
4.2.7 Dynamic Spectrum Sharing ········ 135
4.2.8 5G TDD UL/DL Config ········ 136
4.2.9 5G Rx AGC Info ········ 137
4.2.10 5G NR 5GMM State ········ 138

CHAPTER 5

Layer 3 KPI in XCAL5

5.1 LTE ········ 142
5.1.1 LTE Information(SIB1) ········ 142
5.1.2 LTE Information(SIB13) ········ 143
5.1.3 LTE RRC Timer Info ········ 145
5.1.4 LTE UE Capability ········ 147
5.1.5 LTE Handover / LoadBalancing Info ········ 152
5.1.6 LTE Handover Event Statistics ········ 153
5.1.7 LTE Handover Statistics(Intra LTE HO) ········ 154
5.1.8 LTE Handover Statistics(Inter RAT(LTE↔WCDMA)) ········ 155
5.1.9 LTE Handover Statistics(Inter RAT(LTE↔EVDO) ········ 156
5.1.10 LTE CSFB Info ········ 157
5.1.11 LTE CSFB Statistics(LTE↔WCDMA) ········ 158
5.1.12 LTE CSFB Statistics(LTE↔GSM) ········ 159
5.1.13 LTE SRVCC Statistics(LTE↔WCDMA) ········ 162
5.1.14 LTE SRVCC Statistics(LTE↔GSM) ········ 164
5.1.15 LTE CA Cell AddMod State ········ 165

5.2 5G NR ········ 166
5.2.1 5G NR Information (MIB) ········ 166
5.2.2 5G NR SA Information (SIB1) ········ 167
5.2.3 5G NR SpCell Information (ReconfigwithSync) ········ 168
5.2.4 5G NR TDD UL-DL Configuration ········ 169

목차

CONTENTS

5.2.5 5G NR NSA RRC State ······ 169
5.2.6 5G NR RRC State ······ 176
5.2.7 5G NR UE Capability ······ 182
5.2.8 5G NR Feature Sets ······ 188
5.2.9 5G NR SCG Mobility Statistics ······ 192
5.2.10 5G NR MCG Mobility Statistics ······ 193
5.2.11 5G NR EPS Fallback Statistics ······ 194
5.2.12 5G NR Handover Statistics (Intra NR-HO) ······ 196
5.2.13 5G NR Handover Event Information ······ 197
5.2.14 5G NR Scell State ······ 197

5.3 NAS ······ 202

5.3.1 LTE EPS Session Management ······ 202
5.3.2 LTE QCI(Qos Class Identifier) Statistics ······ 209
5.3.3 LTE Attach/Detach Info ······ 212
5.3.4 5G NR PDU Session Management ······ 213
5.3.5 5G NR SA Registration Statistics ······ 215
5.3.6 5G NR NetworkSlicing ······ 217

CHAPTER 6 Abbreviations / 223

CHAPTER

1

5G NR NSA Initial Access Flow

1.1 LTE eNB – 5G gNB Dual Connectivity

CHAPTER

1 5G NR NSA Initial Access Flow

3GPP는 5G NR의 구조를 LTE 네트워크 시스템에 5G 기지국인 gNB만 적용되는 NSA(Non Standalone)와 5G 네트워크만 사용하는 SA(Standalone)로 정의했습니다.

NSA를 지원하는 UE는 LTE와 5G 네트워크에 동시에 연결되는데, 이 기술을 'Dual Connectivity'라고 합니다.

다시 말하면, Dual Connectivity는 2개의 RAT(Radio Access Technology)를 동시에 처리할 수 있는 기능이며, UE는 2개의 기지국에 동시에 연결되고, 호처리를 통해서 무선 자원을 할당 받아서 기지국과 통신합니다.

SA는 Core 네트워크, 기지국이 모두 5G NR로 구성되어 UE는 5G만을 사용하기 때문에 접속시간과 지연율이 NSA 대비 낮고, 데이터 송수신 속도도 빠릅니다. 또한 UE의 배터리 소모량도 적습니다.

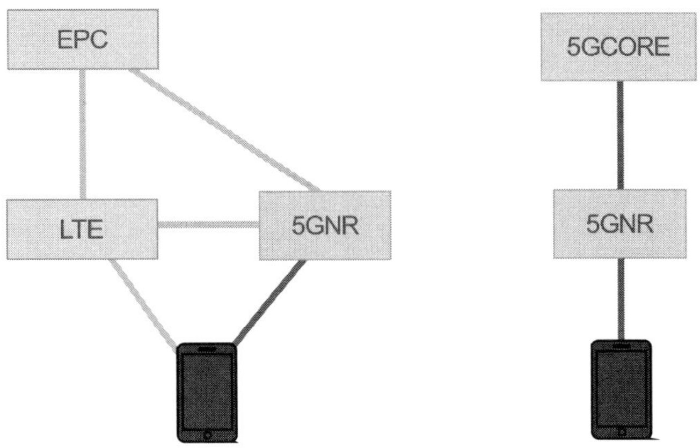

5G NR NSA　　　5G NR SA

Dual Connectivity는 3GPP에서 2014년도 Rel.12부터 언급되었지만, 5G기술이 정의되면서 이 기술의 중요도가 높아졌습니다.

Dual Connectivity의 종류는 다음과 같습니다.

- EN-DC: E-UTRA-NR Dual Connectivity
- NGEN-DC: NG-RAN E-UTRA-NR Dual Connectivity

- NE-DC: NR-E-UTRA Dual Connectivity
- NR-DC: NR-NR Dual Connectivity

5G SA 네트워크만을 사용하고 있는 지역에서는 5G NR SA 네트워크를 2개 이상을 동시에 서비스하는 NR-DC 기술도 적용되고 있습니다.

NSA 구조는 5G NR을 Master Node 또는 Secondary Node에서 이용 가능하고, Core 네트워크도 5G Core 또는 LTE EPC를 사용하는 EN-DC 기술이 사용되고 있습니다.
3GPP는 NSA 구조를 몇 가지 정의했지만, 기존 LTE 시스템을 최대한 활용하는 방안을 우선적으로 정의했습니다. 따라서 LTE 기지국인 eNB를 Master Node로 5G NR 기지국인 en-gNB를 Secondary Node로 사용하는 구조가 가장 많이 상용화 되었습니다.

5G 무선 네트워크 최적화나 관리를 위해서 무선 네트워크 품질 측정 장비가 활용됩니다. 이 장비는 세부적으로 품질 측정과 분석 장비로 나눌 수 있습니다.

무선 네트워크 품질 측정 장비는 실시간 모니터링 기능과 로그 저장 기능을 제공합니다. 이 장비가 저장한 파일을 기반으로 분석 장비는 Message, 그래프 등으로 무선 품질을 분석하고, 통계와 리포트 기능을 제공합니다.

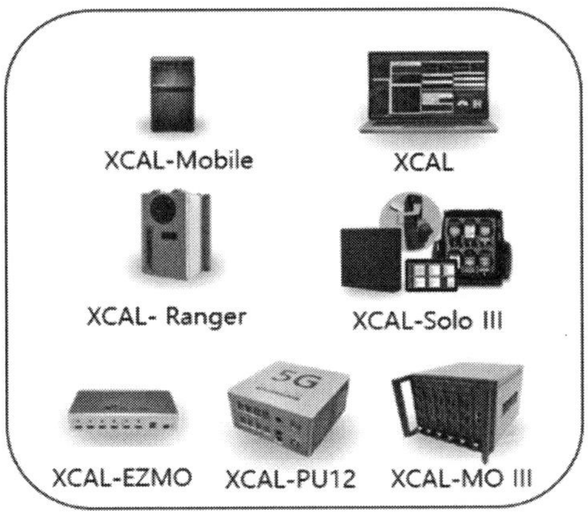

이동통신 네트워크 품질 측정 제품

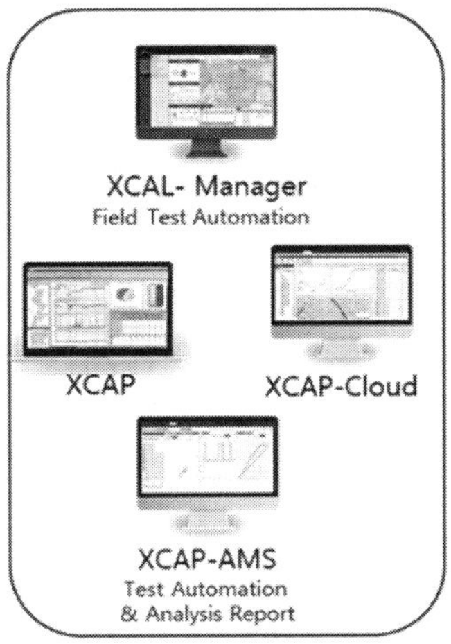

이동통신 네트워크 품질 분석 제품

이노와이어리스 XCAL제품군은 UE가 5G 네트워크와 연결하는 과정을 측정하는 이동통신 품질 측정 장비이며, XCAP은 이렇게 측정된 파일을 분석하는 제품입니다.

1.1 LTE eNB – 5G NR gNB Dual Connectivity

1.1.1 EN-DC 절차

LTE eNB - 5G NR gNB Dual Connectivity (EN-DC) 세션 연결 과정을 설명합니다. 기본 구조는 LTE Flow와 유사하지만 NSA에서 5G Network 연결을 위한 Message와 절차가 추가되었습니다.

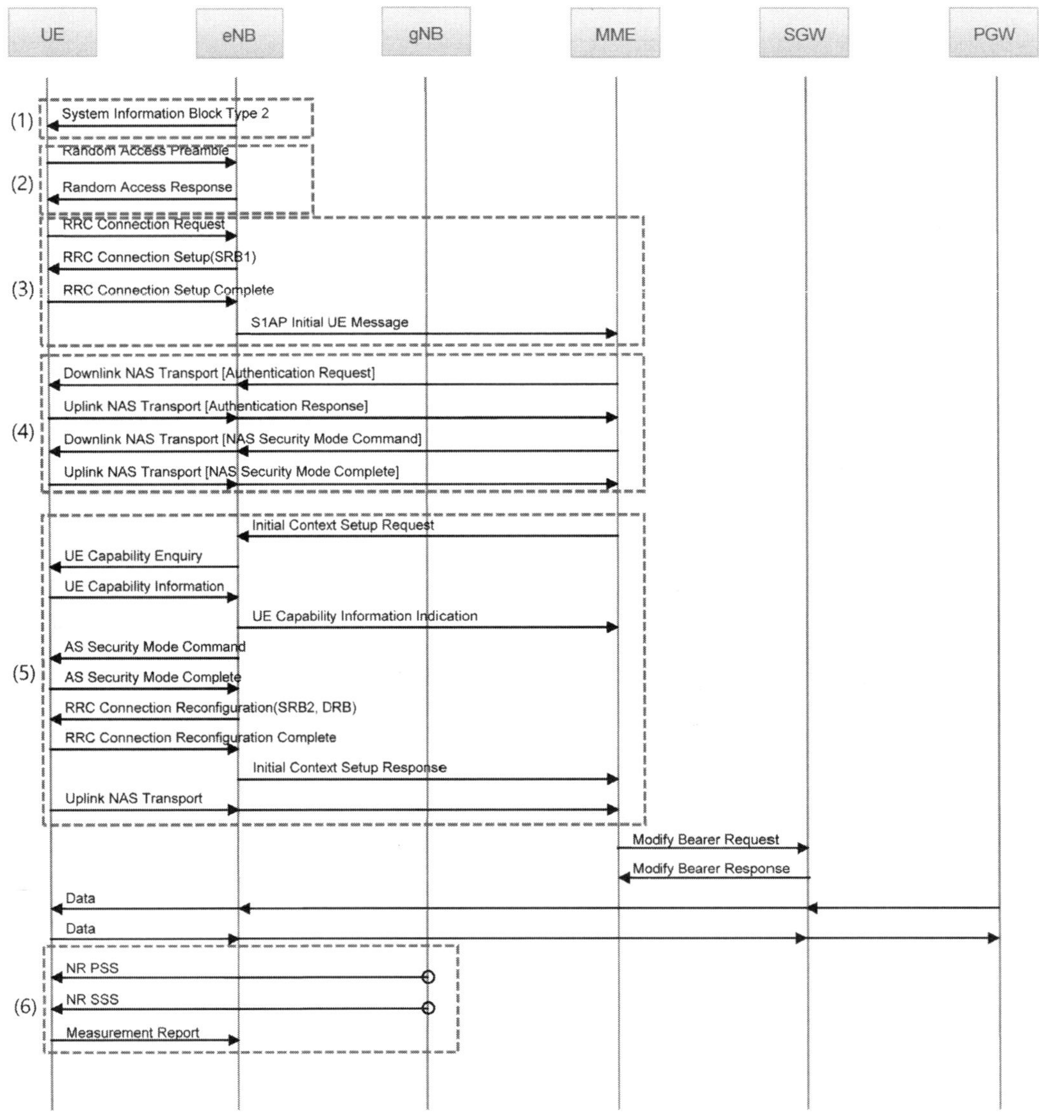

Figure 1-1. EN-DC 접속 절차 -1

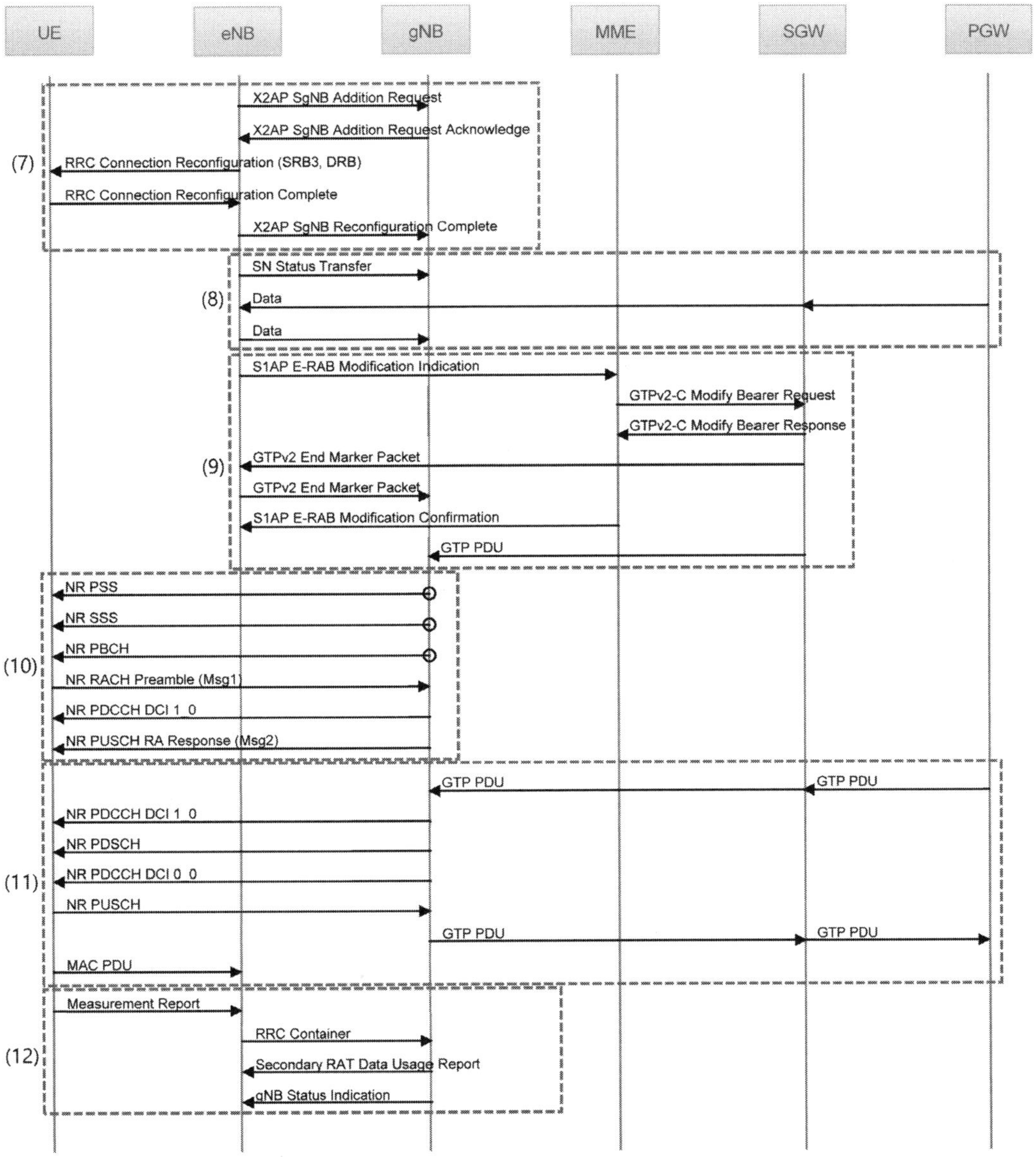

Figure 1-2. EN-DC 접속 절차-2

(1) 5G NR을 지원하는 PLMN List 준비(UE ⇔ eNB): SIB2의 PLMN-InfoList-r15를 통해 5G NR 존재 알림

(2) Random Access Procedure (UE ⇔ eNB): UE는 무작위로 선택된 Preamble로 세션을 시작하고 eNB는 응답

(3) RRC Connection Establish (UE ⇔ eNB): UE가 NR-DC를 지원하는 것을 MME에 알림

(4) Authentication, NAS Security Setup (UE ⇔ MME): UE와 MME간 모든 통신 암호화
(5) RRC Connection Reconfiguration (UE ⇔ eNB ⇔ MME): UE capability 전송
(6) Measure 5G NR Synchronization Signal Blocks (UE ⇔ eNB): 5G 신호 품질 측정 및 보고
(7) RRC Connection Reconfiguration for dual connectivity (UE ⇔ eNB ⇔ gNB): EN-DC를 위한 RRC 연결 재구성
(8) Copy Data to gNB (eNB ⇔ gNB): eNB에서 gNB로 data 복사
(9) Path Update (eNB ⇔ MME ⇔SGW ⇔gNB): 경로 업데이트
(10) Connect to 5G Network (UE ⇔ gNB): UE가 5G Network와 연결
(11) Data Flow Resume over 5G (UE ⇔ gNB ⇔ SGW): 5G를 통해 Data 흐름 재개
(12) Periodic Report (UE ⇔ eNB ⇔ gNB): eNB와 gNB간의 주기적 보고

아래 이미지는 XCAL제품으로 측정한 Log file을 XCAP으로 확인한 Signaling Flow입니다. UE에서 Signaling Message를 주고받는 절차와 EN-DC 세션 설정 과정을 확인할 수 있습니다.

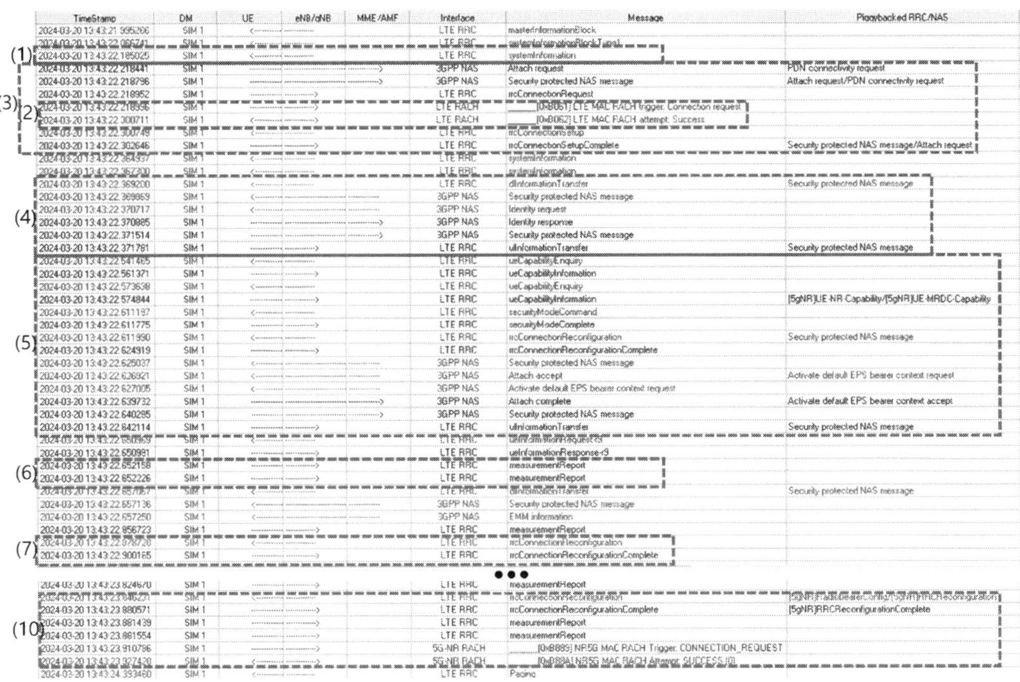

Figure 1-3. Signaling flow view - EN-DC 접속 절차

실제 측정된 Log file에서 확인 가능한 EN-DC 세션 설정 과정은 다음과 같습니다.

(1) Preparation of PLMN list supporting 5G NR (UE ⇔ eNB)

(2) Random Access Procedure (UE ⇔ eNB)

(3) RRC Connection Establish (UE ⇔ eNB)

(4) Authentication, NAS Security Setup (UE ⇔ MME)

(5) RRC Connection Reconfiguration (UE ⇔ eNB ⇔ MME)

(6) Measure 5G NR Synchronization Signal Blocks (UE ⇔ eNB)

(7) RRC Connection Reconfiguration for dual connectivity (UE ⇔ eNB ⇔ gNB)

(8) Connect to 5G Network (UE ⇔ gNB)

1.1.2 Preparation of PLMN list supporting 5G NR

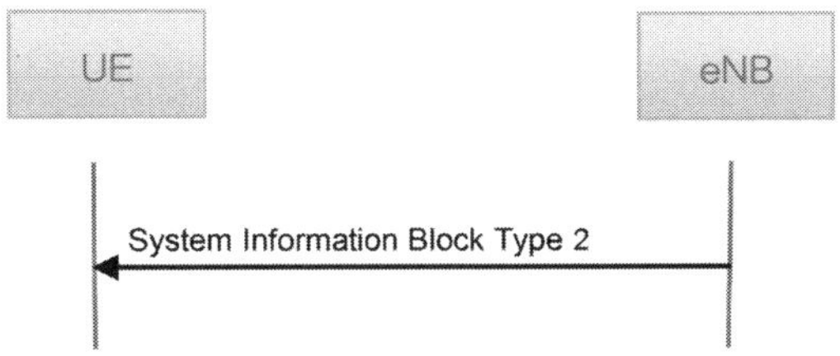

Figure 1-4. 5G NR을 지원하는 PLMN list 준비 절차

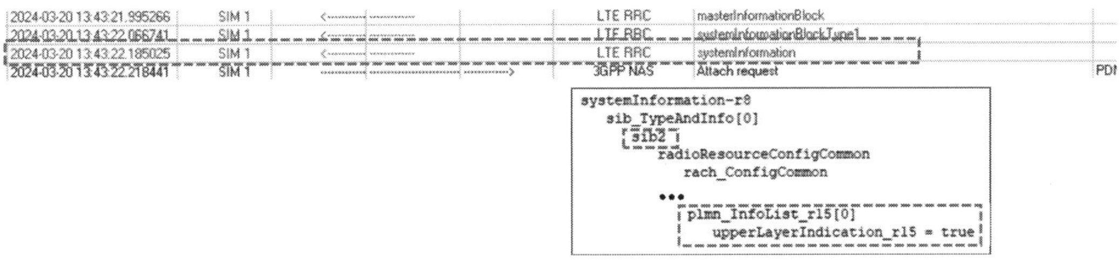

Figure 1-5. Signaling flow view의 5G NR 지원 PLMN list 준비 절차

SIB2(System Information Block Type 2)

MN-eNB에서 broadcast된 SIB2 Message PLMN-InfoList-r15를 통해서 5G NR을 지원하는 PLMN의 존재를 UE에 알립니다.

1.1.3 RRC Connection Establish

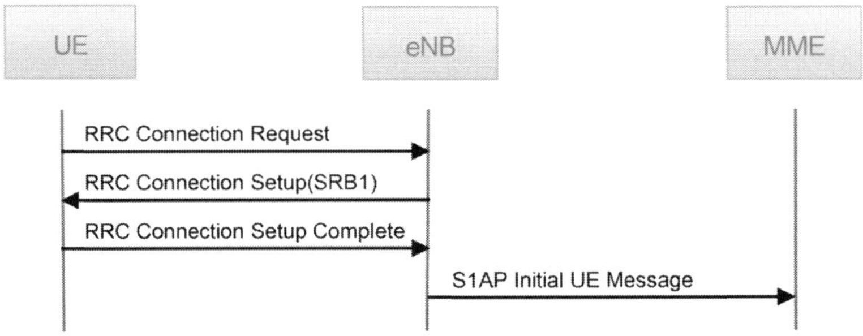

Figure 1-6. RRC Connection Establish 절차

Figure 1-7. Signaling flow view에서의 RRC Connection Establish 절차

RRC Connection Setup Complete

UE는 RRC Connection이 완료됨을 알리는 Message에 LTE 및 5G NR과의 Dual connectivity를 지원한다는 것을 포함하여 NAS 연결 요청을 합니다.

1.1.4 RRC Connection Reconfiguration

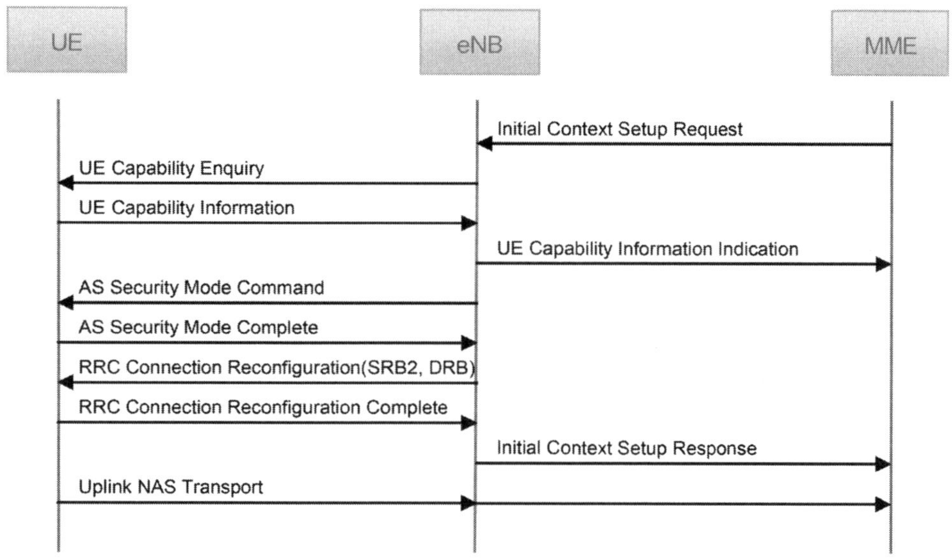

Figure 1-8. RRC Connection Reconfiguration 절차

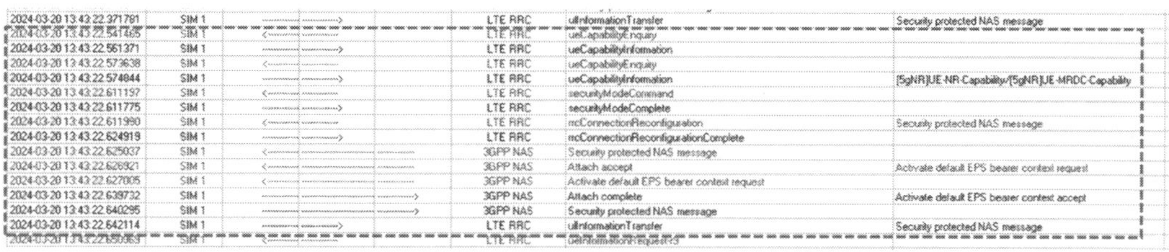

Figure 1-9. Signaling flow view에서의 RRC Connection Reconfiguration 절차

Initial Context Setup Request

MME는 S1AP Initial Context Setup Request, NAS Attach Accept, Activate Default Bearer Request 세가지 Message가 포함된 Message로 eNB에 다시 응답합니다.

UE Capability Enquiry

eNB는 UE에게 LTE(EUTRA), EN-DC(EUTRA-NR), 5G NR에 대한 UE의 Capability를 요청합니다.

UE Capability Information

UE는 eNB에게 EUTRA-NR 무선 접속 기술을 지원한다고 보고합니다.

EUTRA-NR의 지원되는 5G 주파수 대역에 대한 정보를 포함하여 UE-MRDC-Capability 정보를 전달합니다.

UE Capability Info indication

eNB는 UE의 Capability를 MME로 전달합니다.

RRC Connection Reconfiguration

Default radio bearer를 활성화하기 위해 eNB는 UE로 RRC Connection Reconfiguration Message를 전송합니다. 이 Message는 Attach Accept Message 또한 NAS Payload로 전달하며, 5G NR 주파수에 대한 측정 대상도 포함합니다.

RRC Connection Reconfiguration Complete

UE는 eNB에게 RRC Connection Reconfiguration이 완료됨을 알립니다.

Initial Context Setup Response

eNB는 Initial Context Setup Message에 다시 응답합니다. 이 Message는 다운링크 Data를 eNB로 보내는데 사용해야 하는 GTP TEID도 포함됩니다.

Uplink NAS Transport

UE는 Attach 및 default bearer 활성화가 완료됨을 알립니다.

1.1.5 Measure 5G NR Syncronization Signal Blocks

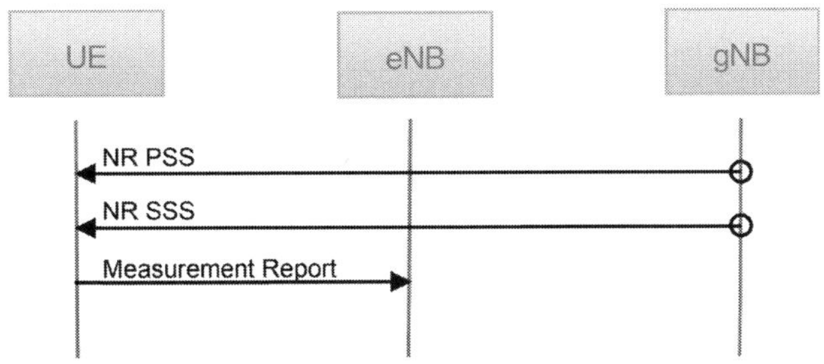

Figure 1-10. Measure 5G NR Syncronization Signal Blocks 절차

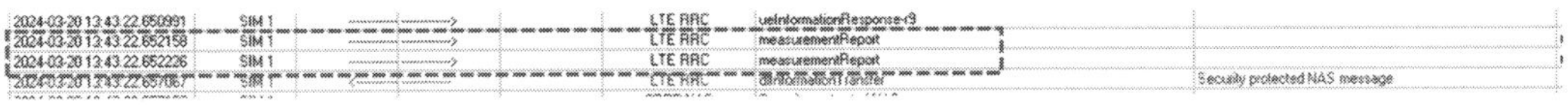

Figure 1-11. Signaling flow view에서의 Measure 5G NR Syncronization Signal Blocks 절차

UE는 수신된 RRC Connection Reconfiguration에서 측정 대상으로 지정된 5G NR 채널의 측정을 시작합니다. UE는 5G NR Primary Synchronization Signal (PSS), 5G NR Secondary Synchronization Signal (SSS)를 획득하고 신호 품질을 측정하여 5G 신호 품질을 eNB에 보고합니다.

1.1.6 RRC Connection Reconfiguration for dual connectivity

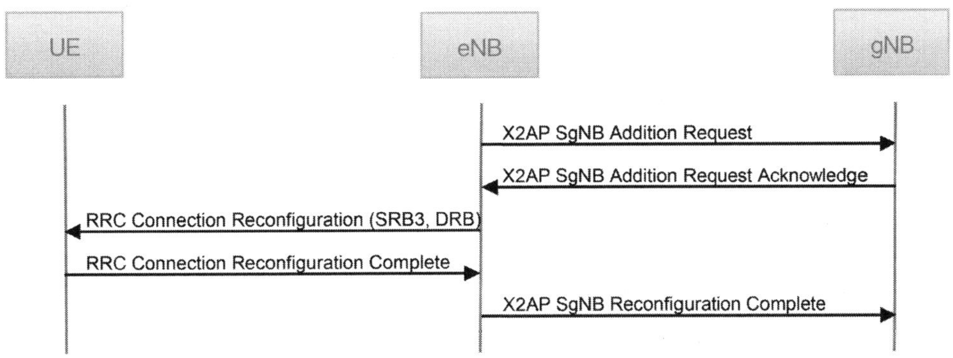

Figure 1-12. RRC Connection Reconfiguration for dual connectivity 절차

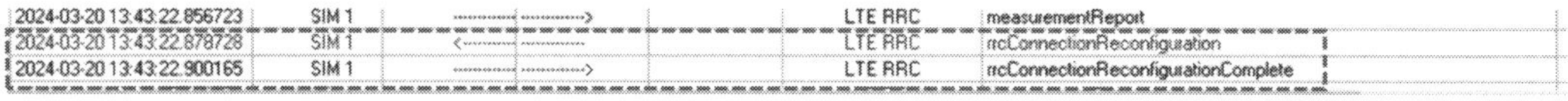

Figure 1-13. Signaling flow view의 RRC Connection Reconfiguration for dual connectivity 절차

eNB는 사용자의 Throughput 요구량에 따라 5G 연결이 필요한지 판단하고, 5G Coverage내에서 신호 품질이 양호한지 확인하여, 네트워크와 Dual Connectivity를 위한 RRC Connection Reconfiguration을 합니다.

X2AP SgNB Addition Request

eNB는 5G NR 기지국을 secondary node로 추가하기로 결정하고, gNB에 Secondary Node Addition Request를 보냅니다. Message에는 RRC와 Radio Bearer configuration 및 UE Capability와 보안 정보가 포함됩니다.

X2AP SgNB Addition Request Acknowledge

gNB는 eNB에 5G 네트워크에서 허용되는 무선 자원 및 bearer에 대한 정보를 응답합니다. NR RRC configuration Message를 포함합니다.

RRC Connection Reconfiguration

eNB는 RRC Connection Reconfiguration을 UE에 보냅니다. 이 Message는 UE에 5G 무선 자원을 할당합니다.

RRC Connection Reconfiguration Complete

UE는 네트워크에 접속하는데 필요한 5G NR RACH 정보를 획득하고 eNB에 RRC Connection Reconfiguration을 수신한 것을 알립니다. 이 Message에는 SN-gNB에 전달하기 위한 "NR RRC Reconfiguration Complete" Message가 포함 되어있습니다.

X2AP S-gNB Reconfiguration Complete

eNB는 재구성이 완료됨을 secondary node (gNB)에 알립니다.

1.1.7 Copy Data to gNB

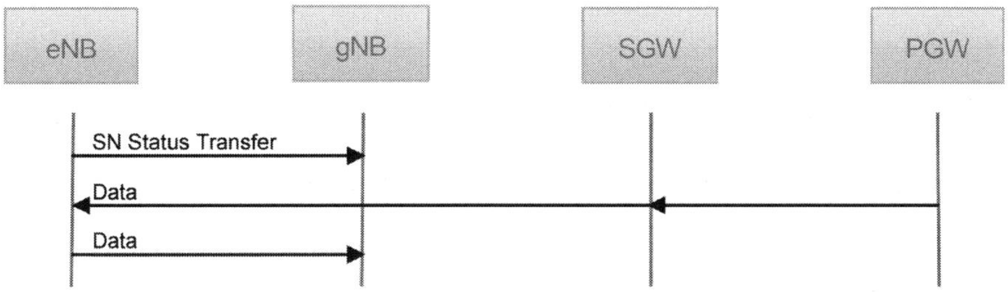

Figure 1-14. Copy Data to gNB 절차

eNB는 5G로 전송되는 모든 bearer에 대한 PDCP SN과 HFN에 대해 gNB에 알립니다.

SGW는 MN-eNB로 데이터를 전송하고 MN-eNB는 데이터를 SN-gNB로 계속 전달합니다. 이 시점에서는 UE가 5G 경로를 설정하지 않았기 때문에 gNB는 데이터를 버퍼링하고 있습니다.

1.1.8 Path Update

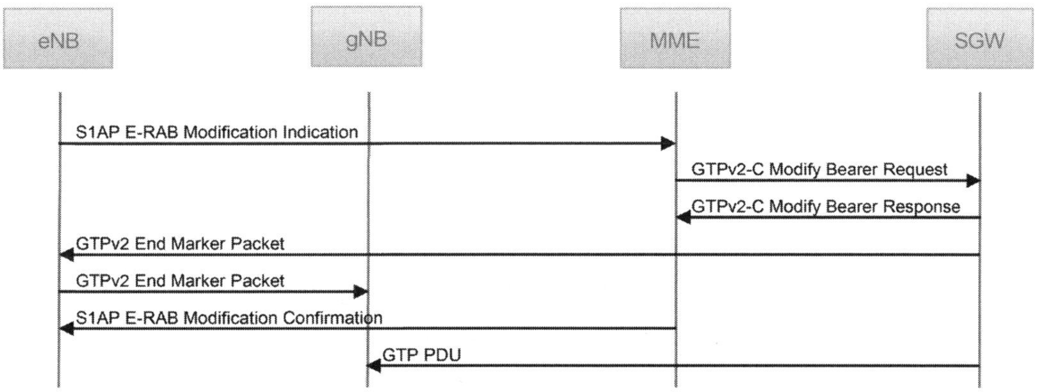

Figure 1-15. Path Update 절차

S1AP E-RAB Modification Indication

eNB는 MME에게 Data bearer가 LTE에서 NR로 전환되고 있음을 알립니다.

GTPv2-C Modify Bearer Request

MME는 SGW에서 bearer를 업데이트 합니다.

GTPv2-C Modify Bearer Response

데이터 경로를 eNB에서 gNB로 전환하고 MME에 응답합니다.

GTPv2 End Marker Packet

eNB로의 데이터 전송이 종료됨을 나타내는 종료 마커를 eNB로 보내고 후속 데이터 전송은 gNB를 향하게 됩니다.

S1AP E-RAB Modification Confirmation

MME는 eNB에 다시 응답합니다.

GTP PDU

이제 데이터는 gNB로 직접 전송됩니다.

1.1.9 Connect to 5G NR

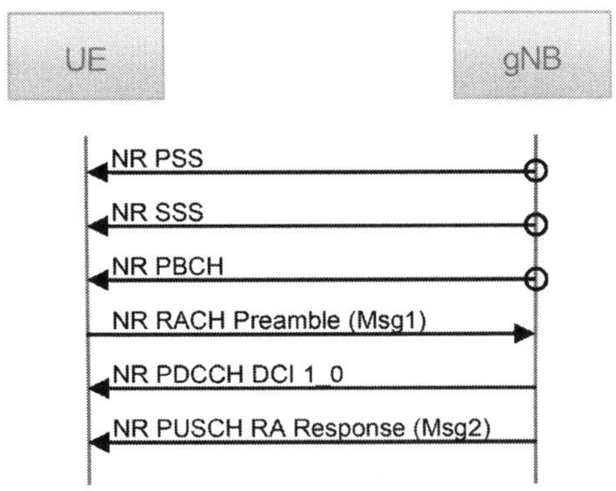

Figure 1-16. Connect to 5G Network 절차

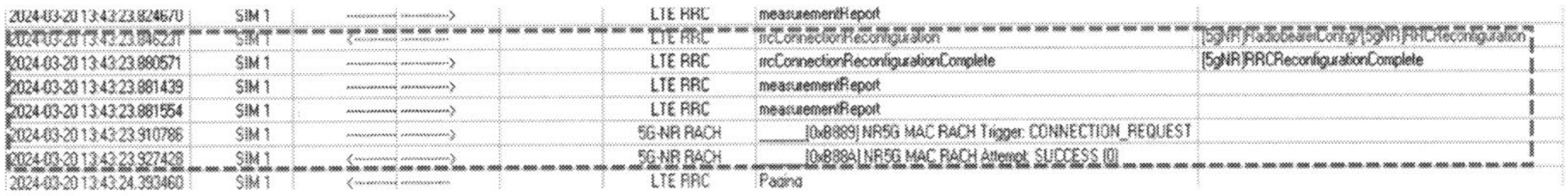

Figure 1-17. Signaling flow view에서의 Connect to 5G Network 절차

UE는 NR의 Primary Synchronization Signal (PSS), Secondary Synchronization Signal (SSS)을 획득하고 NR downlink frame boundary, NR downlink subframe boundary와 동기화되고 NR Physical Cell Identifier를 도출합니다. NR PBCH로부터 NR Broadcast Channel을 획득하고 downlink framing 동기화를 위해 MIB frame number를 읽은 후 UE는 downlink 동기화를 달성합니다.

NR RACH Preamble

UE는 gNB를 사용하여 random-access 절차를 시작합니다. RRC Connection Reconfiguration Message에 preamble assignment가 수신된 경우 Non-contention 기반의 ramdom-access가 시도됩니다.

NR PDCCH

NR PDCCH는 RA 응답에 대한 downlink resource 할당을 알립니다.

NR PUSCH

secondary node gNB는 RA response로 응답합니다.

1.1.10 Data Flow Resume over 5G NR

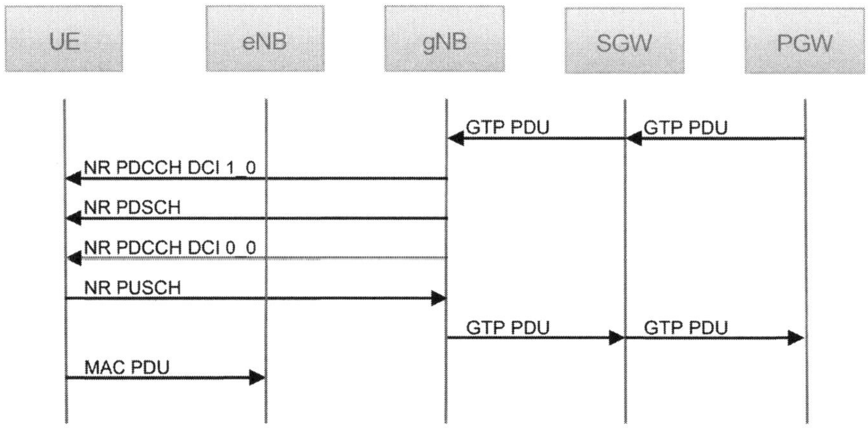

Figure 1-18. Data Flow Resume over 5G 절차

이제 gNB는 데이터 버퍼링을 중지하고 데이터 전송을 시작합니다. 데이터는 4G SGW에서 gNB로 직접 라우팅 됩니다.

NR PDCCH

gNB는 NR PDCCH로 PDSCH에 대한 downlink resource block 할당을 알리고 uplink resource block을 할당합니다.

NR PUSCH

UE는 DCI 승인을 수신하고 uplink 방향으로 PUSCH를 전송합니다. Uplink 데이터는 gNB에서 4G SGW로 전송됩니다.

MAC PDU

UE는 주기적으로 Power Headroom을 MN-eNB에 보고합니다. PHR MAC CE에는 MN-eNB 및 SN-gNB 셀에 대한 power headroom이 포함되어 있습니다.

1.1.11 Periodic Report

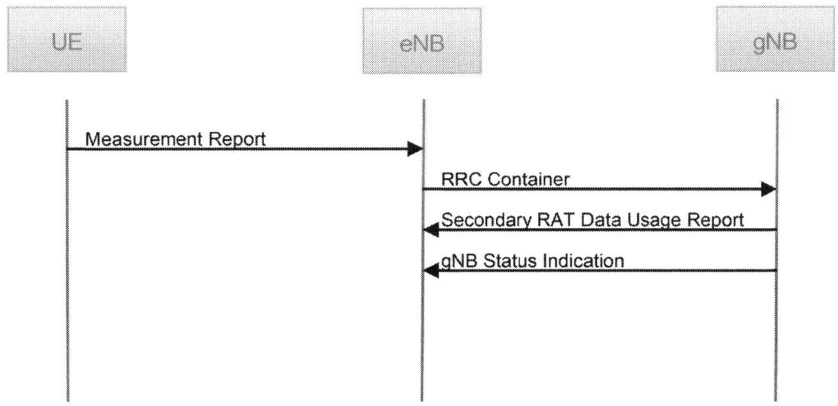

Figure 1-19. Periodic Report 절차

Measurement Report

UE는 NR 셀의 측정값 결과를 MN-eNB에 보고합니다.

RRC Container

MN-eNB는 UE로부터 받은 측정값을 SN-gNB에 보고합니다.

Secondary RAT Data Usage Report

SN-gNB는 주기적으로 NR bearer에 대한 사용통계를 MN-eNB에 보고합니다.

gNB Status Indication

SN-gNB는 MN-eNB에 과부하 정보를 보고합니다.

Memo

CHAPTER 2

5G NR NSA Initial Access Flow

2.1 DL Sync

2.2 UL Sync

2.3 SRB(Signaling Radio Bearer)

2.4 Registration Procedure

2.5 NAS Procedure (Identify, Authentication, Securiy Mode Command)

2.6 5G RRC Procedure(AS Security Mode Command, ueCapability)

2.7 5G RRC Procedure(Reconfiguration)

2.8 PDU Session Establishment

CHAPTER 2

5G NR SA Initial Access Flow

Initial Access Flow의 단계를 구분하는 방법은 관점에 따라 다르게 표현될 수 있지만, 본서에서는 다음과 같은 단계로 구분합니다.

① DL Sync: UE와 gNB 간의 Downlink 동기를 맞추는 단계
② UL Sync: UE와 gNB 간의 Uplink 동기를 맞추는 단계
③ SRB Setup(SRB0, SRB1): UE와 gNB간의 RRC 연결 설정을 위한 Bearer 생성 단계
④ Registration Request: UE를 5G Core에 등록하여 서비스 받을 수 있도록 준비하는 단계
⑤ NAS Procedure: 5G Core 접속에 필요한 인증, 보안 설정을 진행하는 단계
⑥ UE Capability Acquisition: UE가 이용가능한 Network정보를 확인하여 최적화된 Scheduling을 확인하는 단계
⑦ RRC Security Setup: RRC 전송 Data에 대한 보안 설정을 진행하는 단계
⑧ SRB2 and DBR Setup: UE의 RRC Reconfiguration과 User data 전송을 위한 Bearer 설정을 진행하는 단계
⑨ PDU Session Establishment: UE에 Network 서비스를 제공하기 위한 PDU Session을 생성하는 단계

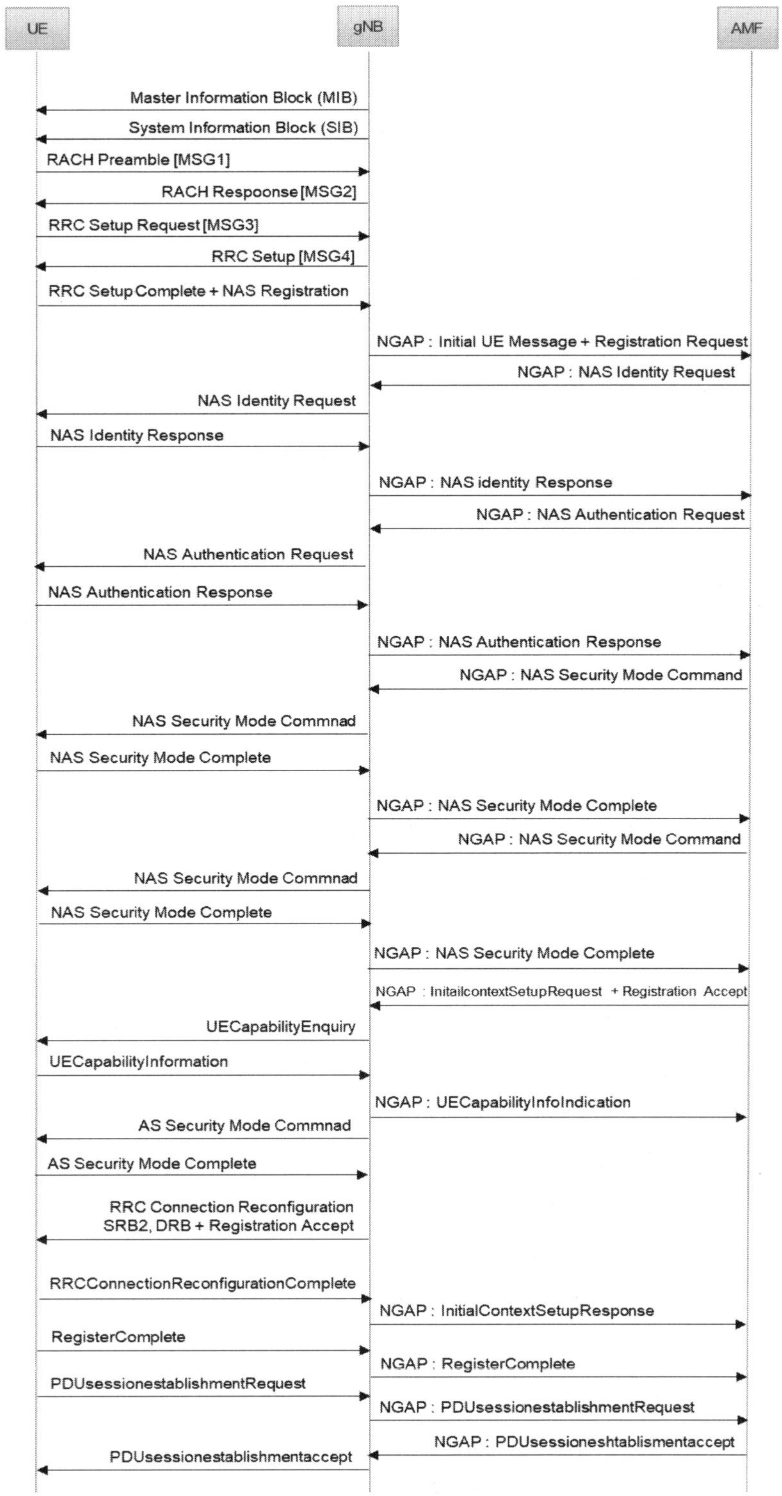

Figure 2-1. 5G SA Initial Access Flow

2.1 DL Sync

Initial Access의 DL Sync 과정은 Cell Search, Cell Selection을 통해 SSB 정보를 찾고, SSB를 decoding하는 과정으로 진행됩니다.

DL Sync 과정에서 확인할 수 있는 정보는 아래 장에서 설명합니다.

2.1.1 Cell Search
2.1.2 SSB Acquisition
2.1.3 Cell Selection
2.1.4 MIB and SIB Message

2.1.1 Cell Search

UE가 전원이 켜지면, 주변에 있는 기지국을 찾고, 원하는 기지국으로 접속을 시도하는 것을 셀 탐색(Cell Search)이라고 합니다. 이 과정에서 UE는 3가지 동작을 수행합니다.

1. UE 주변의 Cell을 Search 한 후 PCI 정보 획득
2. CELL과 DL Sync
3. System Information 획득

UE는 탐색 가능한 주파수 대역을 스캔하고, 기지국이 주기적으로 broadcast 하고 있는 동기 신호(Synchronization Signal, SS)를 찾습니다.

동기 신호는 PSS(Primary SS)와 SSS(Secondary SS) 두 종류가 있습니다.
UE가 주파수를 스캔하는 과정 중에 PSS를 탐색하면, 해당 Cell의 주파수를 동기화할 수 있으며, 이를 통해 SSS 전송 타이밍을 알 수 있습니다.
UE는 이제 동기 신호를 통해서 PCI를 획득합니다.

- PCI = PSS + SSS * 3
- PSS = 0,1,2 (Cell 그룹 내 ID)
- SSS = 0~167(LTE), 0~335(NR) (Cell 그룹)

2.1.2 SSB Acquisition

SSB(SS/PBSH block)는 PSS, SSS, PBCH를 한개의 단위로 전송합니다.
SSB의 기본 구조입니다.

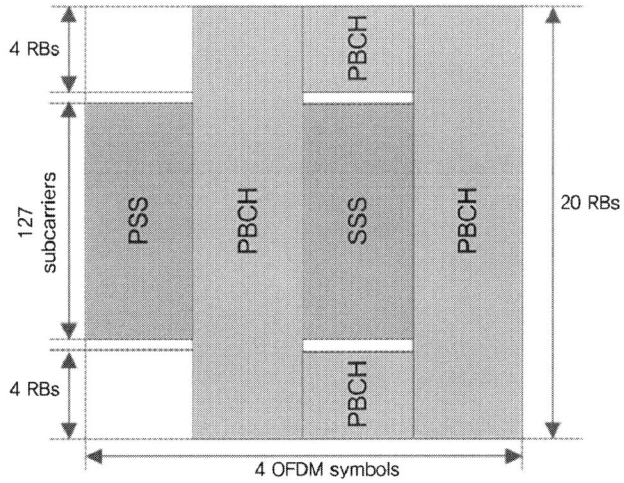

Figure 2-2. SSB Structure

PBCH(Physical Broadcast Channel)는, MIB를 전송하는 Broadcast Channel입니다. PBCH를 통해, MIB(Maseter Information block)를 전송합니다.
UE는 맨 처음 MIB를 수신하고, 간략한 System 정보를 획득합니다.
SSB Position Information의 Message 정보는 다음과 같이 정의되어 있습니다.

```
ssb_PositionsInBurst
   inOneGroup 10000000
ssb_PeriodicityServingCell = ms20
ss_PBCH_BlockPower = 20
```

Figure 2-3. SSB Position Information

2.1.3 Cell Selection

UE 주변에는 여러 셀이 존재합니다. 이들 셀 중에서 UE는 IDLE 상태에서 검출한 SSB 정보를 바탕으로 접속 가능한 셀인지 판단하는 과정이 필요합니다. 이를 Cell Selection이라고 합니다.

Cell Selection 과정은 MIB Message에 있는 pdcch-configSIB1의 Parameter에서 SIB를 찾습니다.

MIB와 SIBMessage를 수신한 UE는 연결할 System 정보를 확인하면, Cell과 연결 준비 상태가 됩니다.

Pdcch-ConfigSIB1에 포함된 CORESET 0과 Search Space는 PDCCH/DCI를 위한 정보로, SIB 정보를 찾으면, 셀의 기본 정보를 확인할 수 있습니다.

```
MIB ::=                             SEQUENCE {
    systemFrameNumber                   BIT STRING (SIZE (6)),
    subCarrierSpacingCommon             ENUMERATED {scs15or60, scs30or120},
    ssb-SubcarrierOffset                INTEGER (0..15),
    dmrs-TypeA-Position                 ENUMERATED {pos2, pos3},
    pdcch-ConfigSIB1                    PDCCH-ConfigSIB1,
    cellBarred                          ENUMERATED {barred, notBarred},
    intraFreqReselection                ENUMERATED {allowed, notAllowed},
    spare                               BIT STRING (SIZE (1))
}
```

Figure 2-4. 38.331 MIB

2.1.4 MIB and SIB Message

XCAP에서 MIB와 SIB Message에 어떤 정보가 있는지 확인해 보겠습니다.

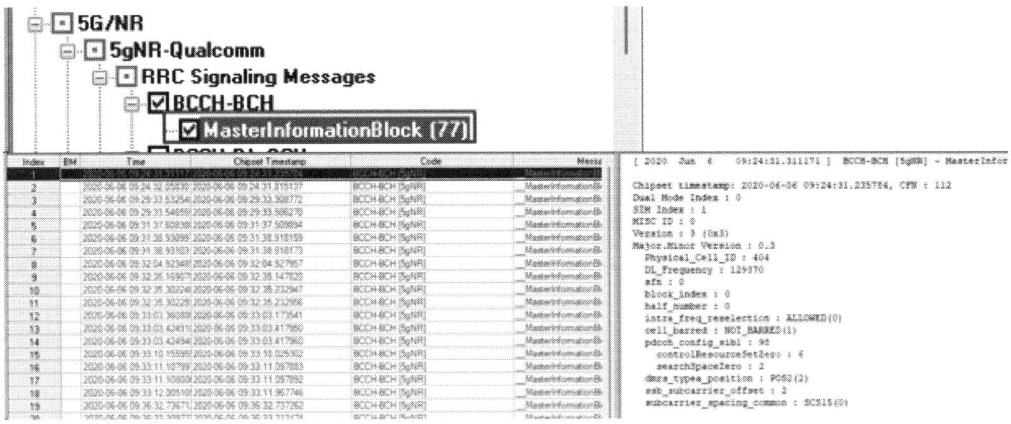

Figure 2-5. MIB message on logging message viewer

```
[ 2020  Jun  6    09:24:31.311171 ]  BCCH-BCH [5gNR] - MasterInfor

Chipset timestamp: 2020-06-06 09:24:31.235784, CFN : 112
Dual Mode Index : 0
SIM Index : 1
MISC ID : 0
Version : 3 (0x3)
Major.Minor Version : 0.3
  Physical_Cell_ID : 404
  DL_Frequency : 129370
  sfn : 0
  block_index : 0
  half_number : 0
  intra_freq_reselection : ALLOWED(0)
  cell_barred : NOT_BARRED(1)
  pdcch_config_sib1 : 98
    controlResourceSetZero : 6
    searchSpaceZero : 2
  dmrs_typea_position : POS2(2)
  ssb_subcarrier_offset : 2
  subcarrier_spacing_common : SCS15(0)
```

Figure 2-6. MIB message on logging message viewer

- subcarrier_spacing_common에서 SIB1, Initial Access를 위한 SCS정보를 확인할 수 있습니다. 참고로, **SCS는 FR1에서 15kHz, 30kHz, FR2에서 60kHz,120kHz가 정의됩니다.
- drms_typea_positon에서는 DL-DM-RS의 첫번째 Position을 지정합니다.
- pdcch_config_sib1 항목은 PDCCH/SIB의 Bandwidth를 결정하고 common ControlResourceSet(**CORESET), common search space와 필수적인 PDCCH 파라미터의 정보를 지정합니다.

** SCS: Subcarrier Spacing을 의미하며 할당된 spacing에 따라 subframe의 slot count에 영향이 있습니다.

** CORESET : Control Resource Set을 의미하며 Control Channel이 될 수 있은 후보군 Set 정보를 의미합니다.

SIB1에는 PLMN, Random access 정보(RACH configuration 등), OSI(Other System Information) 수신을 위한 정보 등 Cell Selection에 필요한 정보들이 포함되어 있습니다.

SIB1에 포함하고 있는 정보들을 대략적으로 살펴보면, CORESET(Control Resource Set) 정보를 통해 원하는 만큼의 주파수 대역만 선택적으로 사용할 수 있습니다.

```
pdcch_ConfigCommon
  setup
    commonSearchSpaceList[0]
      searchSpaceId = 1
      controlResourceSetId = 0
      monitoringSlotPeriodicityAndOffset
        sl1
      monitoringSymbolsWithinSlot 10000000 000000
      nrofCandidates
        aggregationLevel1 = n0
        aggregationLevel2 = n0
        aggregationLevel4 = n0
        aggregationLevel8 = n1
        aggregationLevel16 = n0
      searchSpaceType
        common
          dci_Format0_0_AndFormat1_0
    searchSpaceSIB1 = 0
    searchSpaceOtherSystemInformation = 1
    pagingSearchSpace = 1
    ra_SearchSpace = 1
```

Figure 2-7. SIB-pdcch_ConfigCommon

```
rach_ConfigCommon
  setup
    rach_ConfigGeneric
      prach_ConfigurationIndex = 17
      msg1_FDM = one
      msg1_FrequencyStart = 1
      zeroCorrelationZoneConfig = 12
      preambleReceivedTargetPower = -106
      preambleTransMax = n10
      powerRampingStep = dB4
      ra_ResponseWindow = sl10
    totalNumberOfRA_Preambles = 16
    ssb_perRACH_OccasionAndCB_PreamblesPerSSB
      one = n16
    ra_ContentionResolutionTimer = sf16
    prach_RootSequenceIndex
      l839 = 312
    restrictedSetConfig = unrestrictedSet
```

Figure 2-8. SIB-rach_ConfigCommon

마지막으로, UE는 수신한 신호세기와 가입된 **PLMN 등을 기준으로, Cell Selection기준에 맞는지 확인합니다.

**PLMN : 통신사마다 고유하게 부여되는 식별자

```
BCCH_DL_SCH_Message
   message
      c1
         systemInformationBlockType1
            cellSelectionInfo
               q_RxLevMin = -70
            cellAccessRelatedInfo
               plmn_IdentityInfoList[0]
                  plmn_IdentityList[0]
                     mcc[0] =
                     mcc[1] =
                     mcc[2] =
                     mnc[0] =
                     mnc[1] =
                     mnc[2] =
```

Figure 2-9. SIB-plmn_IdentityInfoList

Cell selection완료 후, UE는 SIB1을 바탕으로 UL Sync를 맞추고, 셀 접속을 위해 Random Access 절차 진행합니다.

2.2 UL Sync

DL Sync를 통해 UE는 gNB의 정보를 Decoding할 수 있는 시간과 주파수를 동기화 했습니다.

다음 단계로 UE는 Cell에 대한 정보를 가지고, gNB에 데이터를 전송할 수 있도록 Uplink 동기화 과정이 필요합니다.

UL Sync를 맞추기 위한 일련의 과정을 3GPP 38.300에서는 RACH(Random-Access Channel) 절차로 정의했고, RACH 발생 조건을 다음과 같이 정의하고 있습니다.

- Initial access from RRC_IDLE;
- RRC Connection Re-establishment procedure;
- DL or UL data arrival during RRC_CONNECTED when UL synchronisation status is "non-synchronised";
- UL data arrival during RRC_CONNECTED when there are no PUCCH resources for SR available;
- SR failure;
- Request by RRC upon synchronous reconfiguration (e.g. handover);

- Transition from RRC_INACTIVE;
- To establish time alignment for a secondary TAG;
- Request for Other SI ;
- Beam failure recovery;
- Consistent UL LBT failure on SpCell.

위와 같이 정의된 내용은, 초기 접속 등으로 새로운 동기화기 필요한 경우, 연결 실패와 Handover 등으로 재설정이 필요한 경우로 구분됩니다.

3GPP 38.300에서는 MSG1이 포함된 4단계 Random Access 절차와 MSGA가 포함된 2단계 Random Access 절차로 정의했고, 이를 Contention 진행 여부에 따라 CBRA와 CFRA로 구분했습니다.

2단계 Random Access 절차는 Handover에서만 지원하고 있습니다.

CBRA Contention Based Random Access
CFRA Contention Free Random Access

Initial Access 시의 기본적인 RACH 절차는 다음과 같습니다.

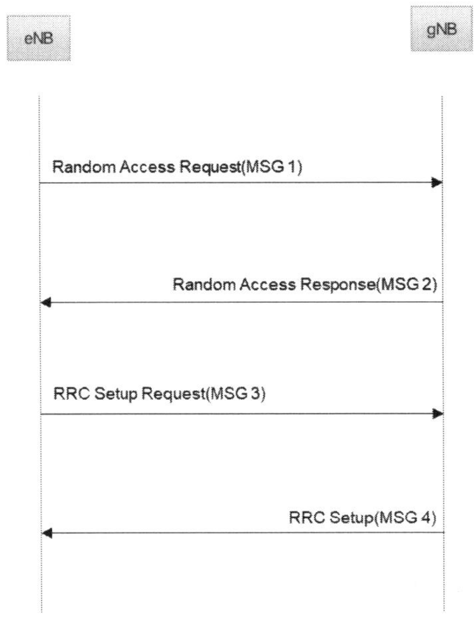

Figure 2-10. RACH Procedure

본서에서는 4단계 CBRA의 절차를 다루도록 하겠습니다.

MSG1과 MSG2는 UPLINK 동기화가 진행되고, MSG3과 MSG4에서는 경쟁이 해결(Conetention Resolution)되는 절차입니다.

2.2.1 Random Access Request (MSG1) – Random Access Preamble

UE는 UL Sync를 진행하기 위해 먼저, gNB에게 Data를 보낼 수 있는지 확인합니다. 이때, gNB 주변에 여러 UE가 있을 수 있기 때문에, 64개의 Preamble중 임의로 1개 Preamble을 전송하고, 수신한 gNB는 UL Sync 과정의 진행이 필요하다는 것을 알 수 있습니다.

2.2.2 Random Access Response (MSG2) – Random Access Response

MSG1을 수신한 gNB는 MSG2(RAR, Random Access Response)를 UE에게 전송합니다.

MSG2에는 UL Sync를 맞추기 위해 UE가 설정해야 하는 **정보(TAC, UL Grant, TC-RNTI 등)들이 포함됩니다.

```
rach_msg2
  sfn
    frame : 765
    sub_frame : 8
    slot : 0
    scs_value : 0
  max_backoff_duration : 0
  t_rnti : 18166
  ta_value : 23
  result : 1
  scs : 15KHz (0)
```

Figure 2-11. rach_msg2

** TAC: TA Command를 의미. 기지국이 MSG1 수신 시 발생한 시간 오차를 보정하기 위한 정보
** UL Grant: UE가 MSG3을 전송하려 할 때 UE가 사용할 수 있도록 할당한 PUSCH UL 자원 정보
** TC-RNTI: temporary C-RNTI를 의미. UE에게 임시로 발급되는 RNTI로, MSG3, MSG4 송수신에 사용

2.2.3 RRC Setup Request (MSG3) – Scheduled Transmission

MSG2을 수신한 UE는 RRC Setip Request message(MSG3)를 전송합니다.
RRC Setup Requset 메지시는 다양한 Cause가 정의되어 있습니다.
3GPP 38.331에서는 Cause의 종류를 다음과 같이 정의했습니다.

```
EstablishmentCause ::=          ENUMERATED {
                                   emergency, highPriorityAccess, mt-Access, mo-Signalling,
                                   mo-Data, mo-VoiceCall, mo-VideoCall, mo-SMS, mps-PriorityAccess, mcs-PriorityAccess,
                                   spare6, spare5, spare4, spare3, spare2, spare1}
```

Figure 2-12. EstablishmentCause in 3GPP 38.331

RRC Setup Request에는 UE를 식별할 수 있는 5G-S-TMSI도 포함되어 있습니다.

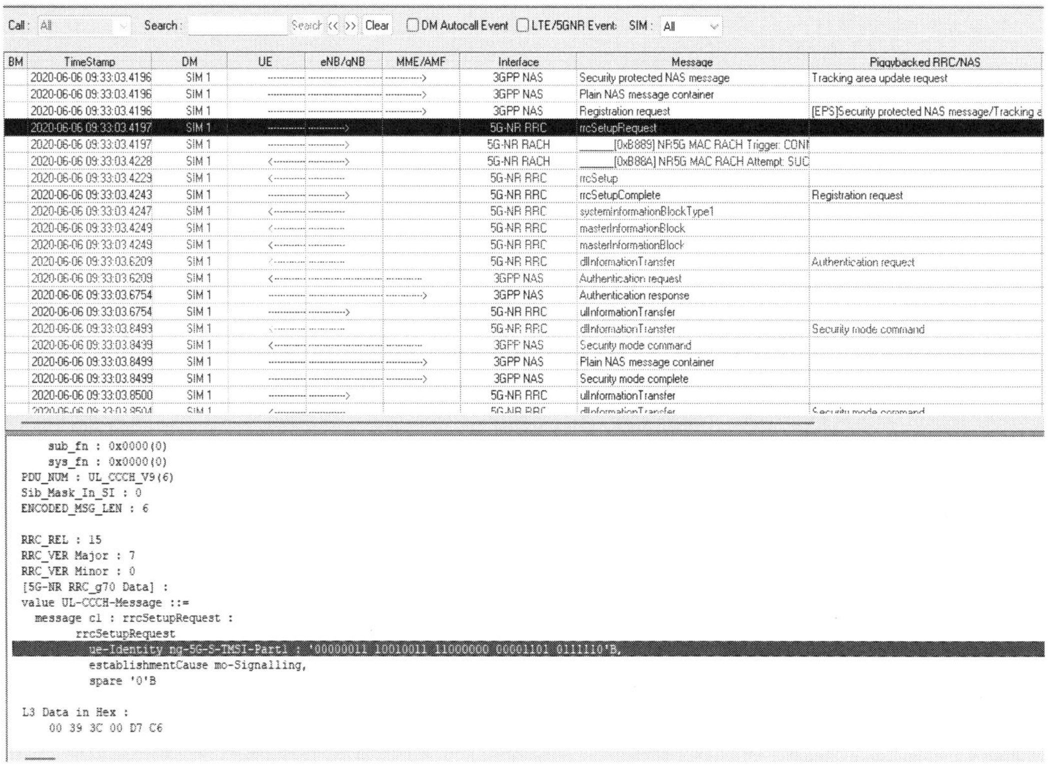

Figure 2-13. RRC Setup Request on signaling flow

2.2.4 RRC Setup (MSG4) - Contention Resolution

MSG4 Message는 여러 개의 Preamble 중 동일한 Preamble로 기지국에 전송한 단말 간의 경쟁(Contention)이 발생하며, 이를 해결한 UE는 고유의 C-RNTI(Cell Radio Network Temporary Identifier) 값이 포함되어 있습니다.

```
rach_msg4
  sfn
    frame : 90
    sub_frame : 6
    slot : 0
    scs_value : 0
  contention_start_sfn
    frame : 90
    sub_frame : 2
    slot : 0
    scs_value : 0
  contention_end_sfn
    frame : 91
    sub_frame : 8
    slot : 0
    scs_value : 0
  c_rnti : 18115
```

Figure 2-14. rach_msg4

2.3 SRB(Signaling Radio Bearer)

SRB란 Signaling Radio Bearer 약자로, RRC 및 NAS Message 전송에 사용되는 무선 bearer입니다.

5G NR Initial Access에서는 SRB 특성, 초기 접속 과정에서 사용되는 Message에서 SRB 역할을 설명합니다.

3GPP에 따르면 5G NR에서 SRB는 4가지로 정의했습니다.

- SRB 0: CCCH에서 사용하는 RRC Message입니다.
- SRB 1: RRC Message(Piggyback 된 NAS Message 포함 가능)와 SRB2 설정 이전의 NAS Message로 모두 DCCH 채널을 사용합니다.

- SRB 2: SRB1보다 우선순위가 낮으며, 보안 활성화 후 항상 네트워크구성 할 수 있습니다. AMF와 연동하기 위해 DCCH Logical channel을 사용하고, RRC와 NAS Message를 전송합니다. SRB1 보다 우선순위가 낮습니다.
- SRB 3: UE가(NG)EN-DC 또는 NR-DC에 있을 때, 특정 RRC Message를 전송하기 위해서 DCCH Logical channel을 사용합니다.

2.3.1 초기 접속 과정에서의 SRB 및 역할

초기 접속 과정에서, RRC 연결을 위한 각 Message 정의와 Message 전송 방법에 대해 설명합니다.

- RRC Setup Request: UL-CCCH에서 SRB0을 통해서 전송되며, RACH 과정 중 UE는 RRC 연결 설정을 위해서 RRC Setup Request Message를 전송합니다.
  해당 Message는 MSG3로도 불리며 ue-Identity, establishment cause를 포함합니다.

TimeStamp	DM	UE	eNB/gNB	MME/AMF	Interface	Message
2020-06-06 09:33:03.419713	SIM 1	------------	------------>		5G-NR RRC	rrcSetupRequest
2020-06-06 09:33:03.419728	SIM 1	------------	------------>		5G-NR RACH	______[0xB889] NR5G MAC RACH Trigger: CONNECTION_REQUEST
2020-06-06 09:33:03.422835	SIM 1	<------------	------------>		5G-NR RACH	______[0xB88A] NR5G MAC RACH Attempt: SUCCESS
2020-06-06 09:33:03.422940	SIM 1	<------------	------------		5G-NR RRC	rrcSetup
2020-06-06 09:33:03.424395	SIM 1	------------	------------>		5G-NR RRC	rrcSetupComplete

Figure 2-15. RRC Setup Request - SRB 0

- RRC Setup: DL-CCCH에서 SRB0을 통해서 전송되며, 기지국은 UE에게 SRB1과 경쟁 해결 (Contention Resolution) 및 Master Cell 구성을 위해서 RRC Setup Message를 전송합니다.
  Radio Bearer Config와 Master Cell Group 정보를 포함합니다.

```
DL_CCCH_Message
  message
    c1
      rrcSetup
        rrc_TransactionIdentifier = 0
        criticalExtensions
          rrcSetup
            radioBearerConfig
              srb_ToAddModList[0]
                srb_Identity = 1
[MasterCellGroup] :
CellGroupConfig
  cellGroupId = 0
  rlc_BearerToAddModList[0]
    logicalChannelIdentity = 1
    servedRadioBearer
    rlc_Config
    mac_LogicalChannelConfig
  mac_CellGroupConfig
    schedulingRequestConfig
    bsr_Config
    tag_Config
    phr_Config
    skipUplinkTxDynamic = FALSE
  physicalCellGroupConfig
    pdsch_HARQ_ACK_Codebook = dynamic
```

Figure 2-16. RRC Setup message

- RRC Setup Complete: UL-DCCH에서 SRB1를 통해서 전송되며, UE는 기지국으로 Dedicated NAS Message에 Registration Request 요청을 위해서, RRC Setup Complete Message를 전송합니다.
  SelectedPLMN-Identity, registeredAMF, snssai-list에 대한 정보를 포함하고 있습니다.

```
UL_DCCH_Message
  message
    c1
      rrcSetupComplete
        rrc_TransactionIdentifier = 0
        criticalExtensions
          rrcSetupComplete
            selectedPLMN_Identity = 1
            dedicatedNAS_Message = 0x
            ng_5G_S_TMSI_Value
[Nas Data] :
P5G_SECURITY_PROTECTED_5GS_NAS_MESSAGE:
```

Figure 2-17. RRC Setup Complete message

- RRC Reconfiguration: 기지국은 DL-DCCH 채널을 통해 SRB2와 DRB(Data Radio Bearer)를 설정하기 위해, RRC Reconfiguration Message를 UE에게 전송합니다.
  할당된 DRB ID내용이 포함되어 있습니다. Initial Access Procedure에서 RRC 연결은 되었으나(RRC Setup Complete), UE가 접속 승인을 받고, 할당 받은 자원에 연결하기 위해서, 파라미터를 재 설정합니다.

TimeStamp	DM	UE	eNB/gNB	MME/AMF	Interface	Message	Piggybacked
2020-06-06 09:38:13.837053	SIM 1	<----------	----------		5G-NR RRC	rrcReconfiguration	
2020-06-06 09:38:13.837468	SIM 1	----------	--------->		5G-NR RRC	rrcReconfigurationComplete	
2020-06-06 09:38:13.854558	SIM 1	<----------	----------		5G-NR RRC	dlInformationTransfer	Registration accept
2020-06-06 09:38:13.854567	SIM 1	<----------	--------------------	----------	3GPP NAS	Registration accept	
2020-06-06 09:38:13.854575	SIM 1	----------	--------------------	--------->	3GPP NAS	Registration complete	

Figure 2-18. RRC Reconfiguration on signaling flow

- RRC Reconfiguration Complete: SRB2, DRB(Data Radio Bearer)가 설정되면, UE는 UL-DCCH 채널을 통해 기지국으로 RRC Reconfiguration Complete Message를 전송합니다. DRB 설정이 완료되어, UE와 기지국 사이에 Traffic을 송수신 할 수 있는 상태가 됩니다.

2.4 Registration Procedure

UE가 전원이 켜지거나, 새로운 위치로 이동했을 경우, 현재 위치를 등록하는 절차입니다.

UE가 gNB를 통해 네트워크에 등록해서 서비스를 하기 위해서는 *AMF에 Registration Request Message를 전달하고, 네트워크은 Accept Message를 UE에 전달하면서 Complete 되는 과정을 설명합니다.

*AMF (Access and Mobility Management Function): 4G의 MME의 진화형으로 단말과 NAS Message 신호 처리, 보안 제어 기능, 위치 등록과 관리 기능, 사용자 인증, Network Slicing 기능을 제공합니다.

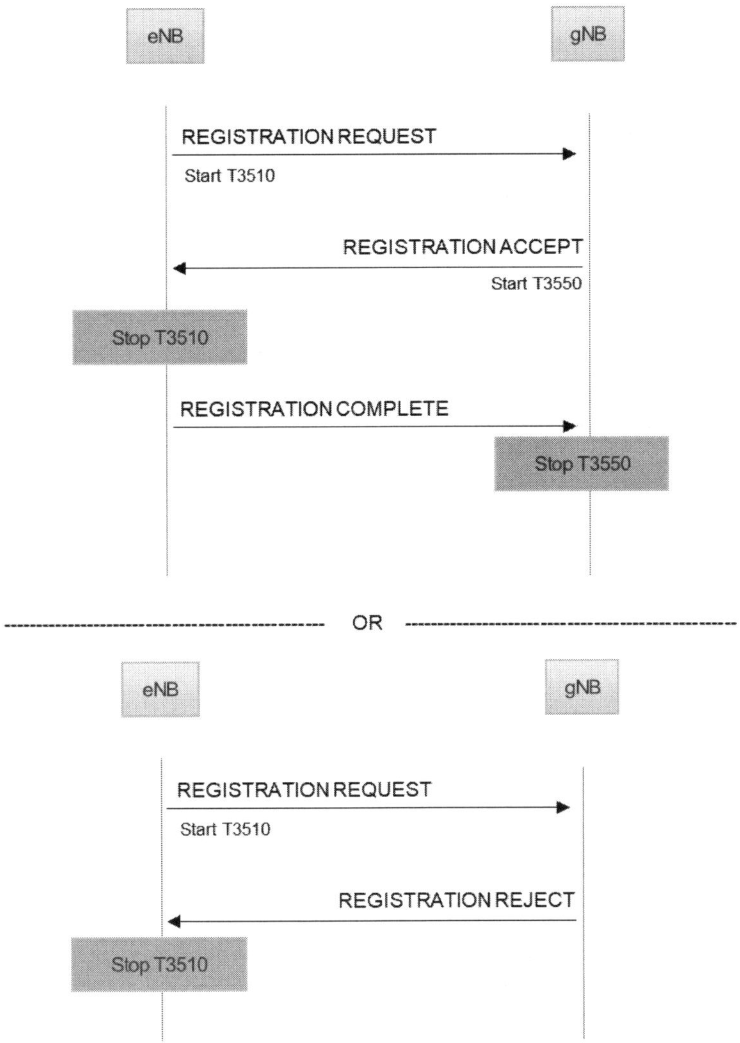

Figure 2-19. Registraion Procedure on 5G NR

2.4.1 Registration Request

UE는 UL Sync 과정에서 RACH procedure를 완료하고, gNB와의 DL/UL 신호 동기를 맞추면 Network에 연결해서 서비스를 받을 수 있도록 준비합니다.

이를 위해서 UE는 rrcSetup Complete message와 함께 NAS Registration Request message를 gNB에 전송하고, gNB는 5G Core 중 AMF에 Registration Request message를 전달합니다.

Registration Request message는 Registration Type, 5G-GUTI, Last Visited Registered TAI, Requested NSSAI 등을 포함하고 있습니다.

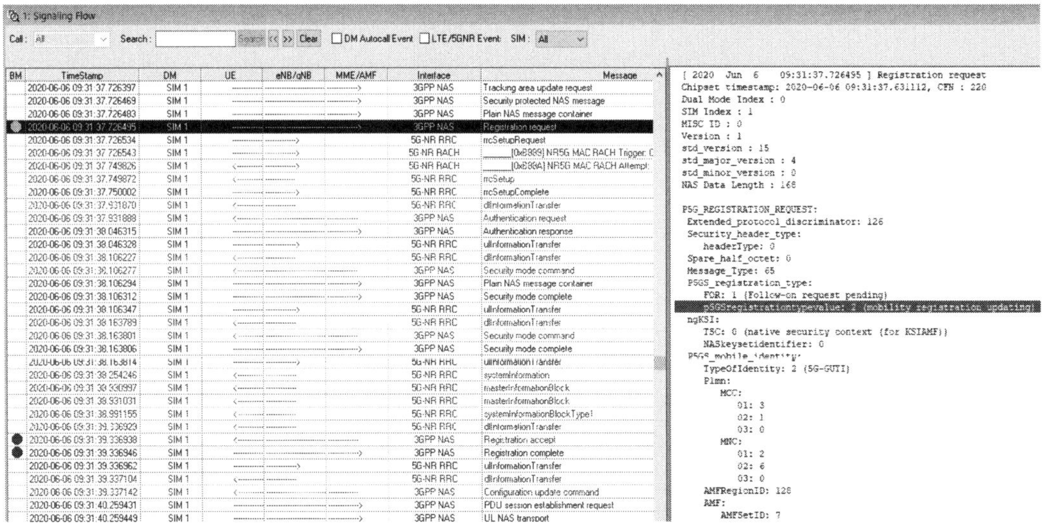

Figure 2-20. Registraion Request on signaling flow

[Registration Type]

- initial registration (최초 등록)
  UE가 전원이 켜지거나,SIM 카드를 새로 삽입하는 경우
- mobility registration updating (사용자의 위치가 변경될 때 등록을 갱신)
  셀이 변경되거나 현재 위치를 벗어나 새로운 위치로 이동하는 경우
- periodic registration updating (사용자의 위치 정보를 주기적으로 업데이트)
  주기적으로 업데이트함으로 리소스가 효율적으로 관리를 할 수 있고, 사용자의 이동을 더 효과적으로 추적하고, 처리할 수 있어, 항상 최신 위치 정보를 유지가 가능합니다.
- emergency registration (긴급 등록)
  긴급한 상황에서 사용자가 통화, Message, 위치 기반 서비스 등을 이용할 수 있도록 하는 프로세스, 사용자의 안전과 긴급 상황에서의 통신을 보장합니다.

[5G-GUTI]

- 5G-GUTI (5G Globally Unique Temporary UE Identity) : 네트워크에 등록될 때 일시적으로 할당되는 고유한 UE식별자. MCC,MNC,AMF(Authentication Management Function),5G-TMSI를 포함한다.

[Last Visited Registered TAI]

- Last Visited Registered TAI(Tracking Area Identity)는 UE가 마지막으로 등록되

었던 Tracking Area의 정보입니다.

[Requested NSSAI]

- 사용자 서비스가 **Network Slice서비스를 원할 때, 사용되는 정보를 나타냅니다.

** Slice Service Type : eMBB(Enhanced Mobile Broadband), URLLC(Ultra-Reliable Low Latency Communications), mMTC(Massive Machine Type Communications) 등

2.4.2 Registration Accept

5G Core에서의 위치 등록, 인증, 보안 절차가 마무리되면, UE에게 Registration Accept Message를 전송합니다.

UE가 5G Core Network 등록됨을 알리는 Message로 5G GUTI, Registration Area (TAI List), Allowed NSSAI를 포함됩니다.

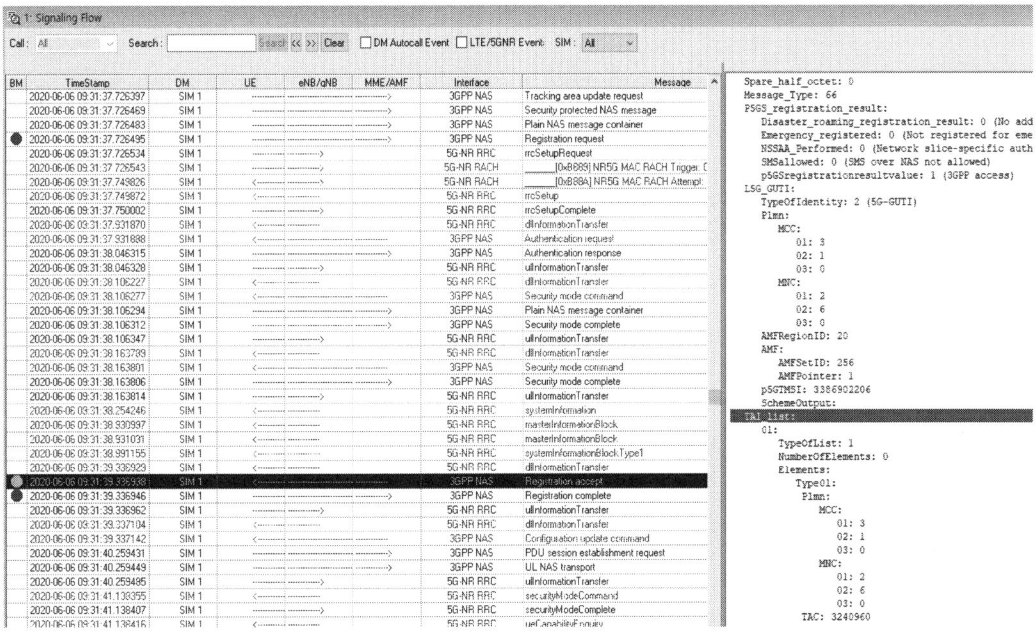

Figure 2-21. Registration Accept on signaling flow

2.4.3 Registration Complete

Registration Request에 대한 Registration Accept가 정상적으로 처리되면, UE는 Complete Message를 전송합니다.

Registration Complete Message를 수신 후, 5G 통신서비스를 이용할 수 있게 됩니다.

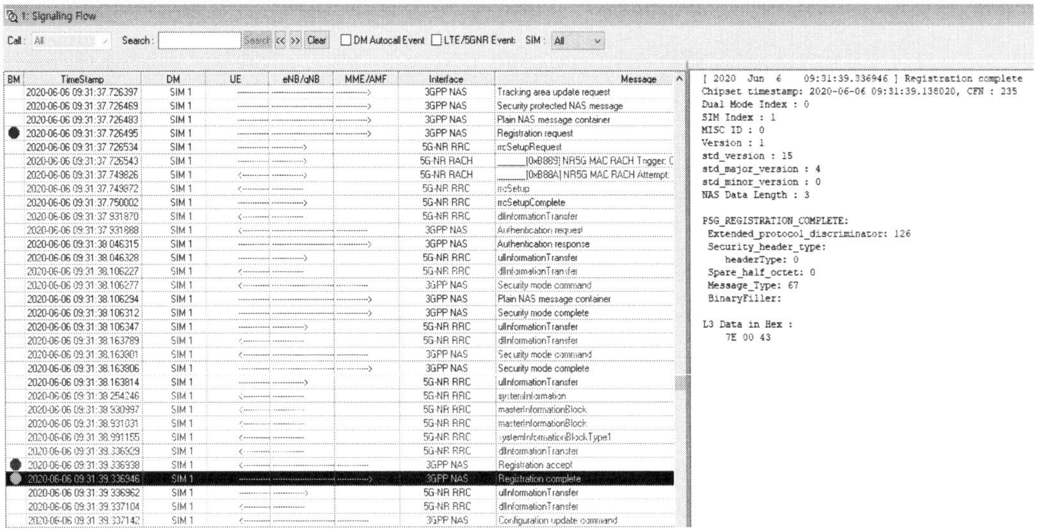

Figure 2-22. Registration Complete on signaling flow

2.5 NAS Procedure (Identify, Authentication, Securiy Mode Command)

5G NR SA Initial Access Flow에서의 NAS Procedure는 2.4.1의 Registration Request로부터 시작됩니다.

UE가 RRC Setup이 완료된 상태에서 5G NR SA의 NAS Access Procedure를 설명합니다.

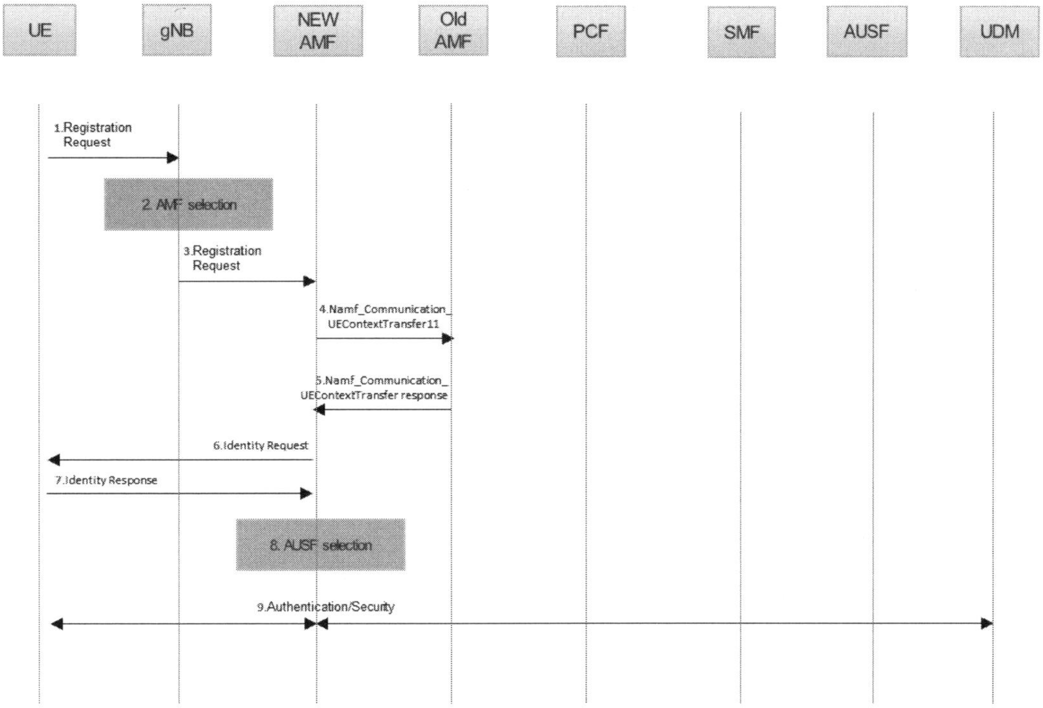

Figure 2-23. 5G NR Access Procedure-1

Step 1 : UE가 5G RAN에 Registration Request 요청

Step 2 : AMF Selection

5G-TMSI 또는 GUAMI가 없거나, 유효한 AMF 정보가 확인되지 않으면, RAN은 미리 설정된 AMF로 Registration Request를 전달합니다.

Step 3 : Registration Request [gNB→AMF]

Step1에서 Registration Request는 N2 Interface를 통해 AMF로 전달됩니다.

N2 Interface는 gNodeb와 AMF간의 인터페이스입니다.

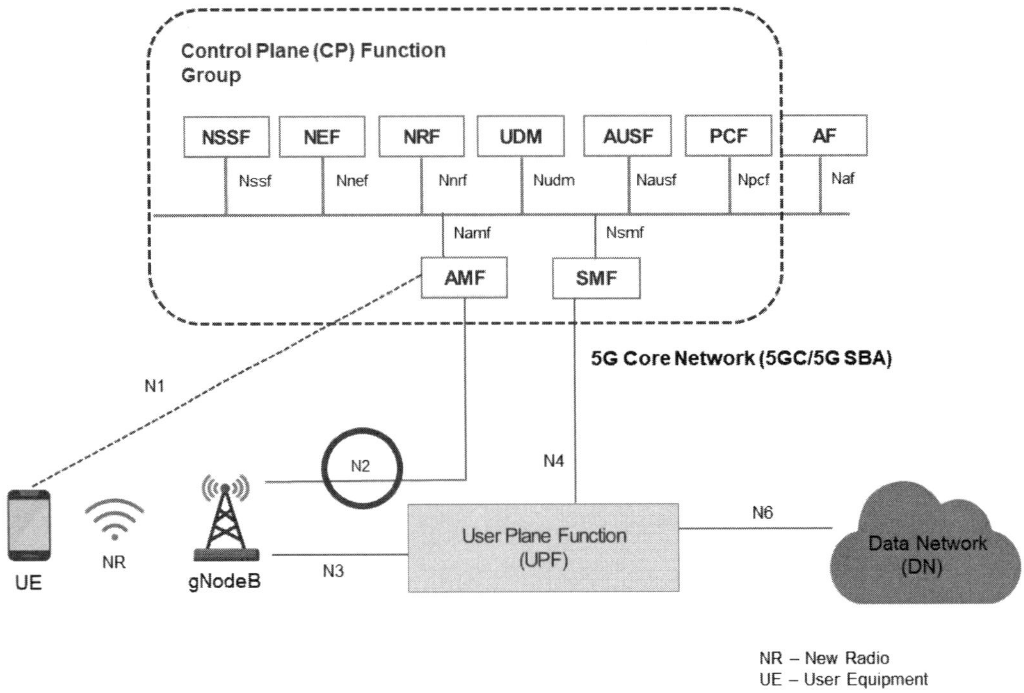

Figure 2-24. 5G Core Network Architecture

N2 Interface를 통해 AMF로 전송된 Parameter는 PLMN Information, Location Information, UE가 가지고있는,IDLE 상태에서Cell 정보,UE Security information, Establishment Cause가 포함됩니다.

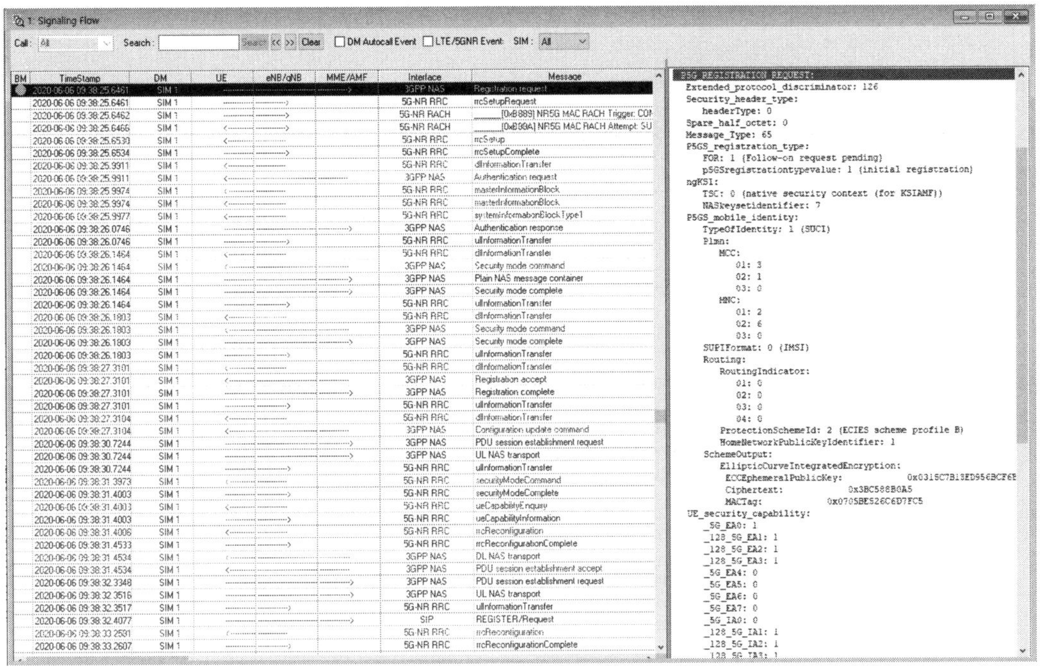

Figure 2-25. Registration request on signaling flow

Registration Type이 Periodic Registration Update 일 경우, Step 4~Step 19를 진행 하지 않습니다.

Step 4: Namf_Communication_UEContextTransfer [New AMF→Old AMF]
New AMF는 UE로부터 전달받은 5G-GUTI정보을 활용해서, 이전 AMF를 찾아 내고, Nudsf_UnstructuredDataManagent_Query를 통해 저장되어 있는 UE의 SUPI와 UE context를 요청합니다.

Step 5: Namf_Communication_UEContextTransfer response [New AMF ←Old AMF]
이전 AMF는 new AMF에게 UE의 SUPI와 UE context를 회신한다.

Step 6: Identity Request [UE←AMF]
AMF는 UE로부터 **SUCI를 제공받지 못한 경우, Identity Request message를 통해 SUCI전송을 요구합니다.

**SUCI: Subscription Concealed Identifier를 의미하며 암호화된 SUPI를 포함한 privacy 보존 식별자를 의미한다.

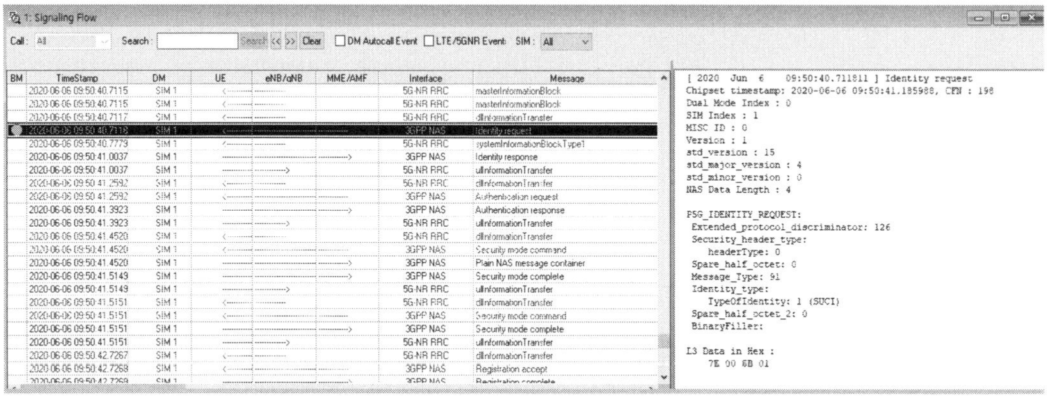

Figure 2-26. Identity Request on signaling flow

Step 7: Identity Response[UE→AMF]

UE는 SUCI가 포함된 Identity Response를 회신합니다.

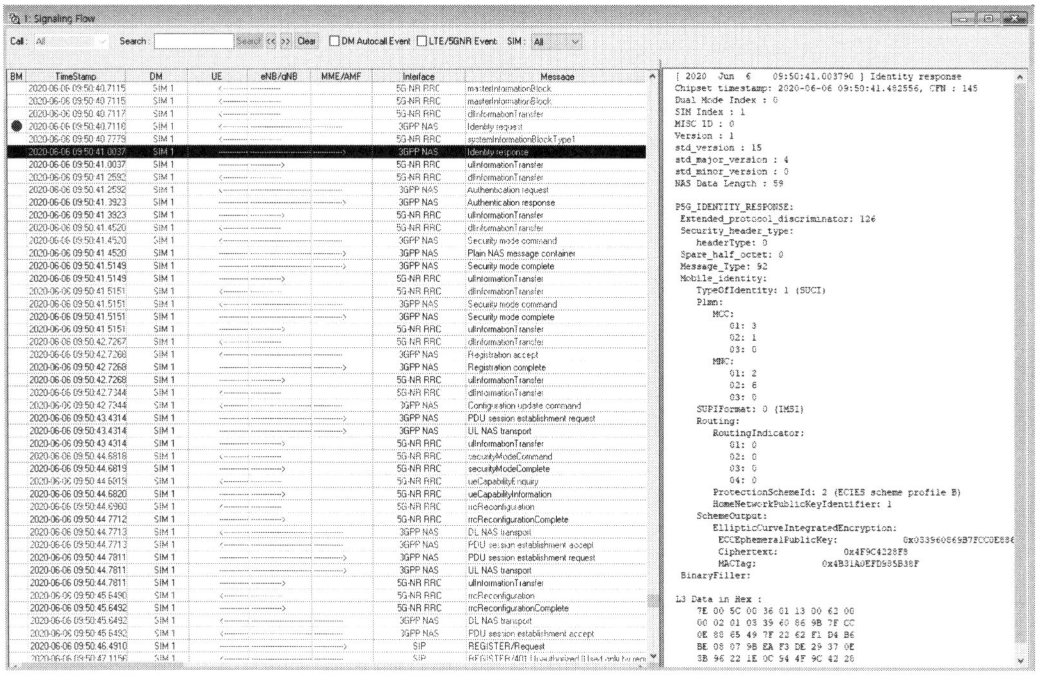

Figure 2-27. Identity Response on signaling flow

Step 8: AUSF selection

AMF가 UE의 Authentication을 진행해야 할 경우, AMF는 적합한 **AUSF(Authentication Server Function)를 선택하여, Authentication procedure를 진행할 수 있도록 합니다.

**AUSF : Authentication Server Function를 의미하며 저장된 가입자의 인증데이터를 가지고 UE의 인증을 수행한다. 이전 LTE 시스템에서 HSS와 같이 가입자 인증데이터가 저장되는 Database의 역할을 수행한다.

Step 9: Authentication/Security [AMF↔UDM, AUSF]

Authentication/Security의 과정을 상세히 정리하면 다음과 같습니다.

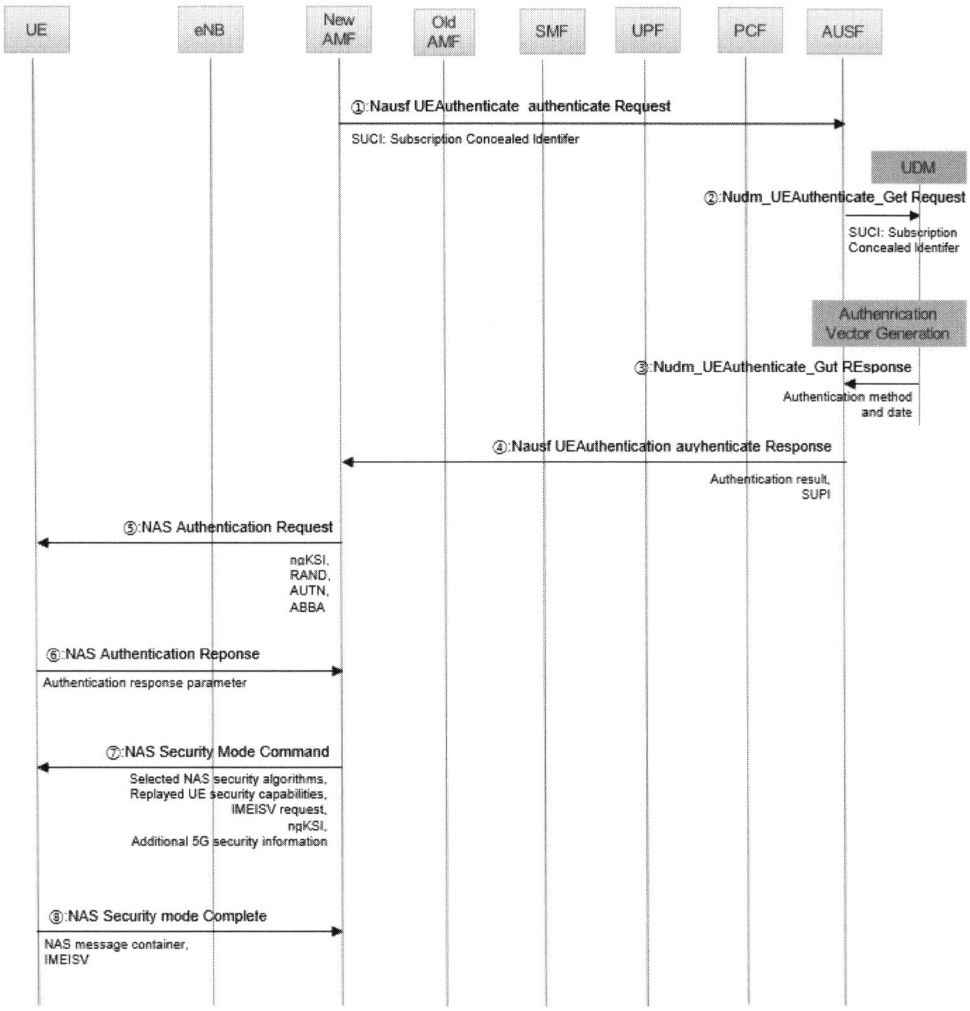

Figure 2-28. Authentication/Security Procedure

① Nausf_UEAuthenticate_authenticate Request [AMF→AUSF]

AMF는 AUSF에게 UE의 Authentication 요청을 전달하고

② Ndum_UEAuthenticate_Get_Request[AUSF→UDM]

AUSF는 SUCI를 **UDM을 통해 authentication 진행에 필요한 인자를 확인 요청합니다.

③ Nudm_UEAutenticathion_Get_Response[[AUSF←UDM]

UDM은 인증에 필요한 인자를 AUSF에 회신하며

④ Nausf_UEAuthentication_authenticate Response[AMF←AUSF]

AUSF는 AMF에게 Authentication data(NAS Security key,other security key,SUPI etc)를 전달합니다.

⑤ NAS Authentication Request message[UE←AMF]

AMF는 UE가 authentication procedure를 수행하도록 NAS Authentication Request message를 전달합니다.

NAS Authentication Request message에는 **ngKSI,RAND,AUTN,ABBA의 정보가 포함되어 있습니다.

**UDM: Unified Data Management을 의미하며 가입자의 Subscription Data와 Authentication Data를 저장한다.

**ngKSI,RAND,AUTN,ABBA : NAS authentication 수행에 필요한 Key 조합 정보
ngKSI indicates the 5G NAS security context identifier
ABBA is Anti-Bidding down Between Architectures
RAND carries the random challenge from the AUSF
AUTN carries the authentication token from the AUSF

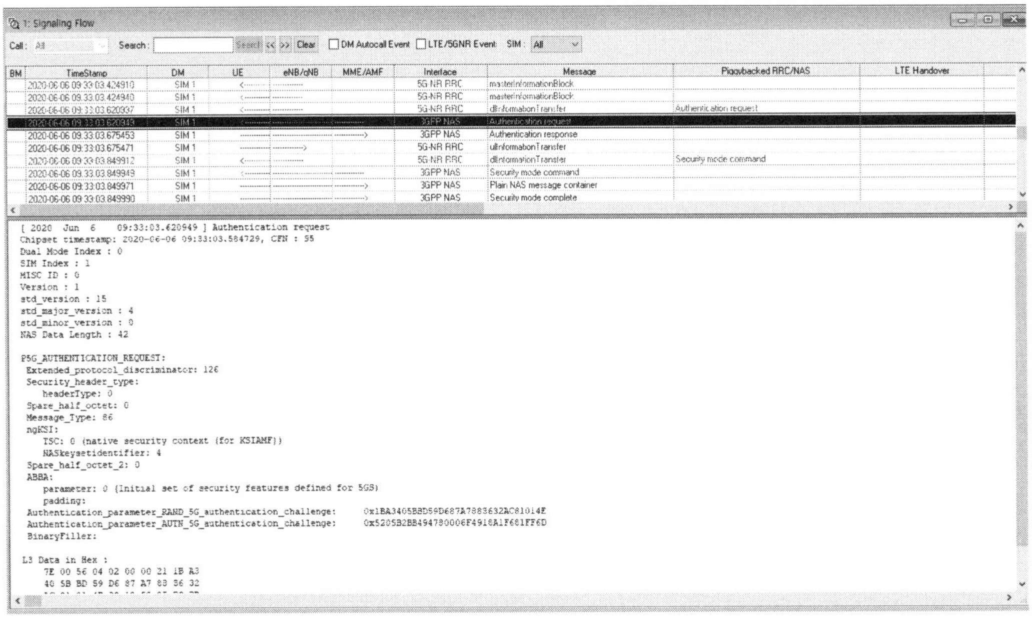

Figure 2-29. NAS Authentication Request on signaling flow

⑥ NAS Authentication Responsre message[UE→AMF]

UE는 전달받은 NAS Authentication Request의 data를 참조하여 인증 절차 완료 후 NAS Authentication response message를 전송합니다.

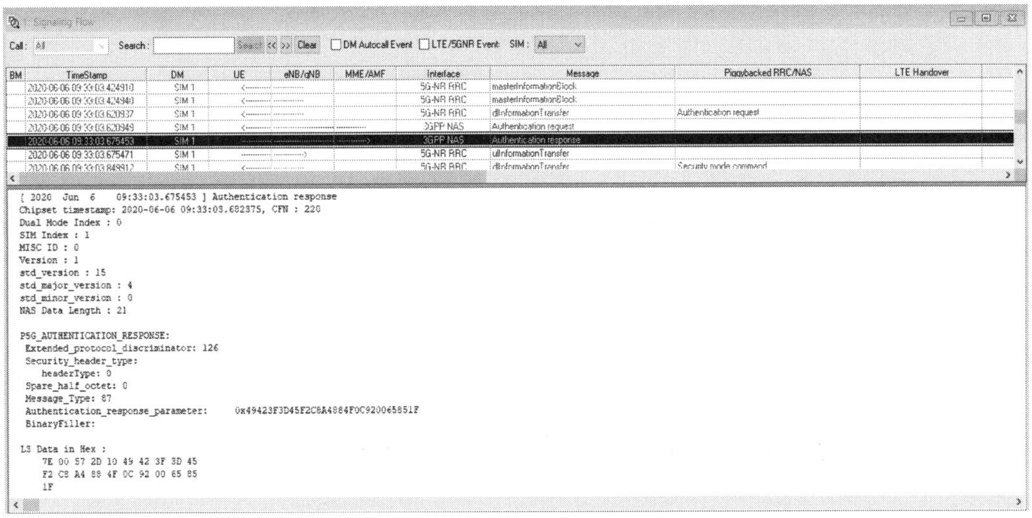

Figure 2-30. NAS Authentication Response on signaling flow

⑦ NAS Security Mode Command message [UE←AMF]

NAS Authentication이 완료된 이후 AMF는 UE에게 NAS Security Mode Command message를 전송하여 보안절차를 진행합니다. NAS Security Mode Command에는 NAS security algorithms, ngKSI의 정보가 포함됩니다.

⑧ NAS Security Mode Complete message [UE→AMF]

UE는 NAS Security Mode Command의 Security data를 사용하여 보안절차를 마무리한 후 NAS Security Mode Complete message를 회신하여 보안절차가 완료되었음을 회신합니다.

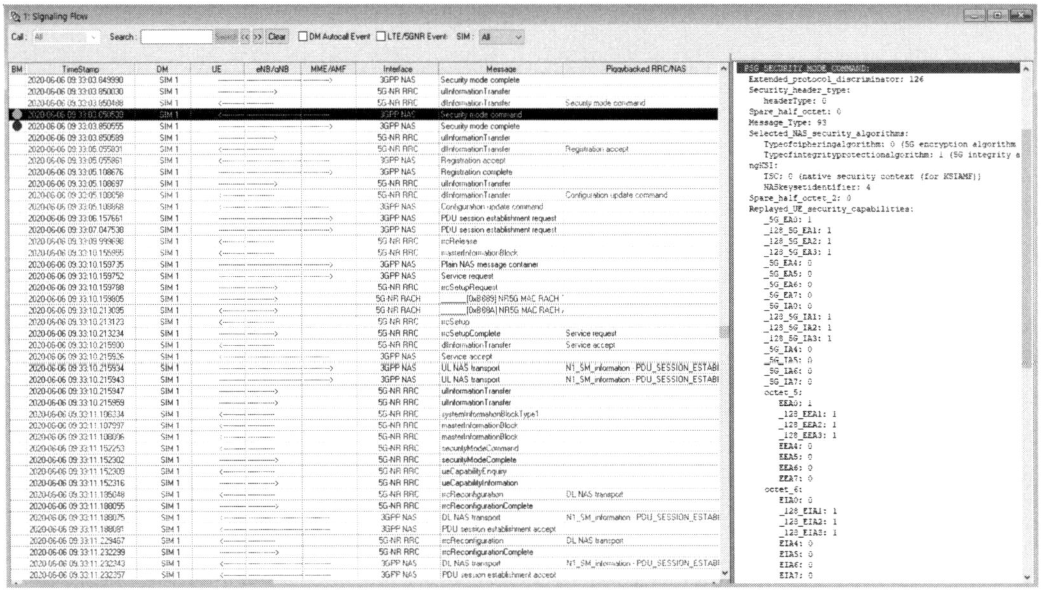

Figure 2-31. NAS Security Mode Command/Complete in signaling flow

NAS Security Mode Complete 이후의 절차는 다음과 같습니다.

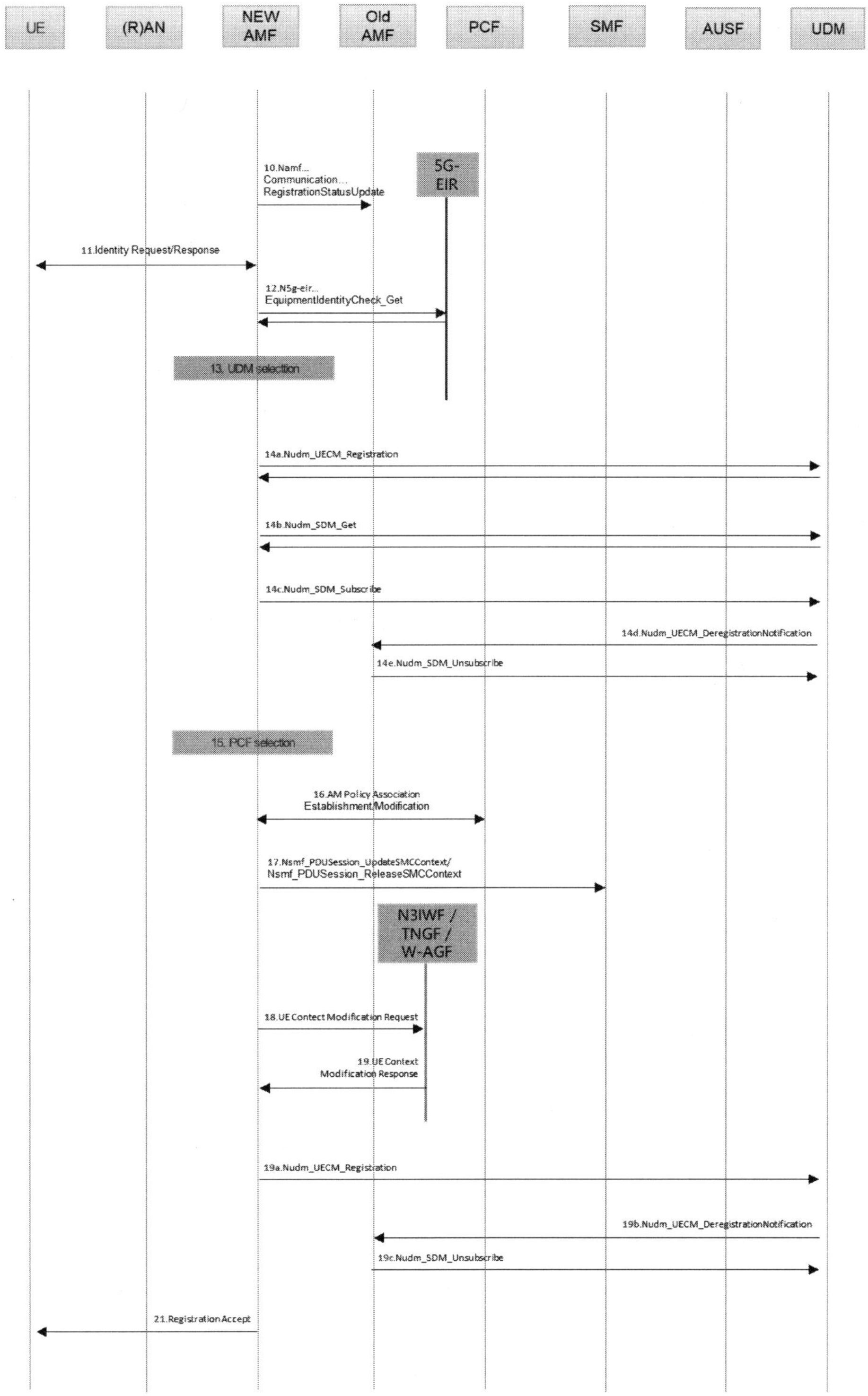

Figure 2-32. 5G NAS Access Procedure-2

Step 10: Namf_Communication_RegistrationStatusUpdate [New AMF→Old AMF]

New AMF로 변경이 완료된 이후, New AMF는 이전 AMF에게 AMF 변경이 완료되었음을 알립니다. 만약 Authentication/Security 절차가 실패한 경우에도 AMF는 reject indication을 포함한 Namf_Communication_RegistrationStatusUpdate message를 이전 AMF에게 회신합니다.

Step 11: Identity Request/Response [UE↔New AMF]

New AMF가 UE로부터 혹은 이전 AMF로부터 **PEI를 전달받지 못하였다면, New AMF는 Identity Request message를 통해 UE의 PEI를 요청합니다.

**PEI: A permanent Equipment Identifier (PEI) is the means by which the network identifies the User Equipment for devices that are capable of accessing a 3GPP network.

Step 12 : N5g-eir EquipmentIdentityCheck_Get [AMF→5G-EIR]

New AMF는 UE의 PEI를 **5G-EIR에 전달하여 서비스 가능한 UE인지 확인합니다.

**5G EIR : 5G-Equipment identity Register(EIR) determine that device should be allowed onto the network or not

Step 13~Step 14: UDM Selction [AMF↔UDM]

이전 Step에서 확보한 UE 정보를 토대로 New AMF는 UDM에 UE가 새로운 AMF에 접속되었음을 알리고 UDM을 통해 Access and Mobility Subscription data, **SMF Selection subscription data, UE context 등의 정보를 회신 받습니다.

UDM은 New AMF의 존재를 인지한 이후, DeregistrationNotify message를 통해 이전 AMF와의 연결을 종료합니다.

**SMF : Session Management Function을 의미하며 UE와 Data Network간의 session에 대한 제어를 처리한다. AMF, UPF(User Plane Function)와 함께 5G Core망을 구성한다.

Step 15~Step 19: PCF Selection [AMF→PCF, UDM]

New AMF는 **PCF를 통해 5G network의 policy association(UE policy, Access and Mobility control policy)정보를 회신 받습니다.

**PCF : Policy Control Function(PCF)을 의미하며 5G Network에서 Control Plane Function에 대한 policy rule을 결정하고 배포한다.

Step 21 : Registration Accept [UE←AMF]

위 과정이 완료된 이후 비로소 AMF는 Registration Accept message를 UE에게 전송합니다

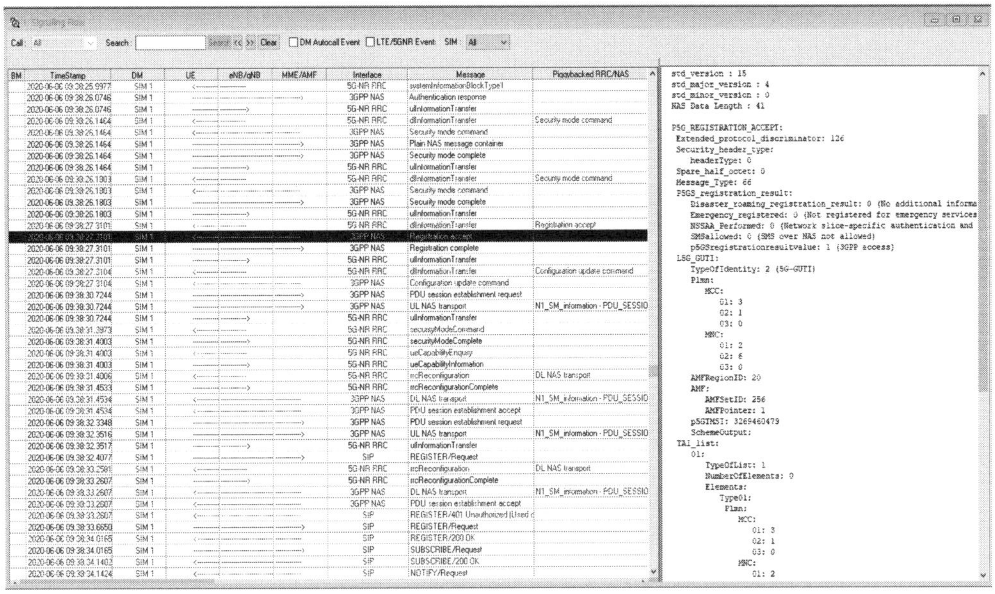

Figure 2-33. Registration Accept on signaling flow

2.6 5G RRC Procedure (AS Security Mode Command, ueCapability)

NAS Registration Procedure를 통해 UE가 Network에 접속한 이후 UE는 gNB와의 *RRC Connection Procedure를 진행합니다.

NAS Registration Accept 전후의 과정을 UE Side에서 살펴보면 아래와 같습니다.

**RRC Connection: Radio Resource Control (RRC) Protocol을 의미하며 UE와 기지국 간의 Data를 주고받는 Air Interface를 지칭합니다.

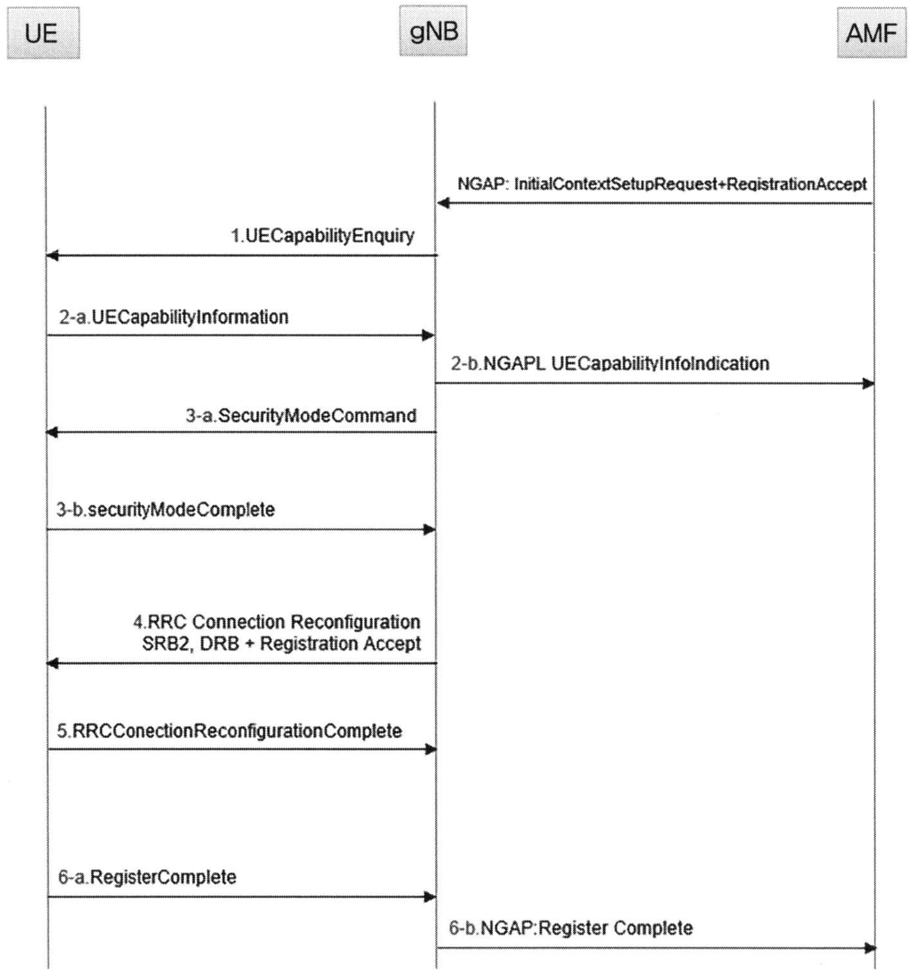

Figure 2-34. 5G AS Procedure

Step 1 : UECapabilityEnquiry [UE← gNB]

gNB는 AMF로부터 InitialContextSetupRequest Message를 전송받은 직후 UECapabilityEnquiry message를 통해 UE의 capability 정보를 요청합니다. UE는 RAT Type, bandInformationNR 같은 자신의 성능정보를 UEcapabilityInformation message로 회신합니다.

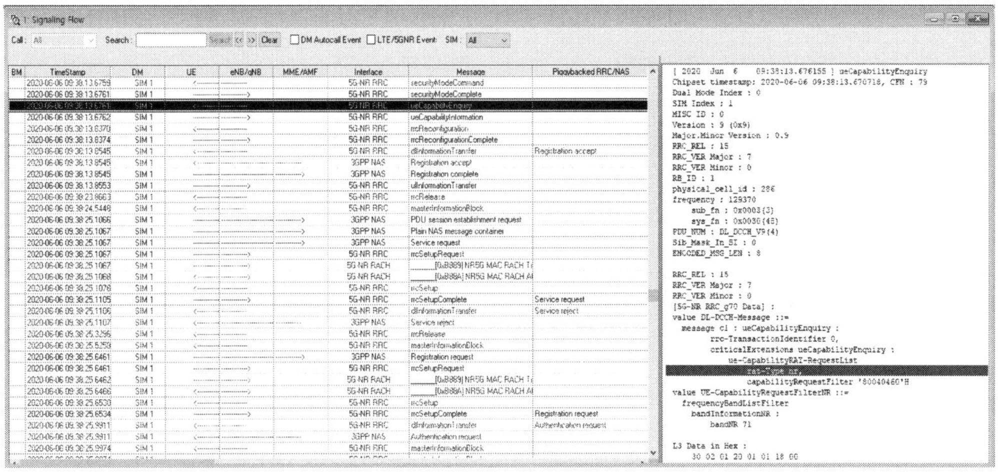

Figure 2-35. UECapabilityEnquiry on signaling flow

Step 2 : UECapabilityInformation [UE→gNB]

UE는 UEcapabilityEnquiry message에 지시된 정보와 더불어 AccessStratum (pdcp,rlc,mac,phy,rf parameter etc.)와 그 외 UE 자신의 다양한 정보를 UECapabilityInformation에 담아 gNB에 회신합니다.

gNB는 해당 UE의 정보를 AMF에 공유하여 UE의 최적화된 scheduling이 가능하도록 합니다.

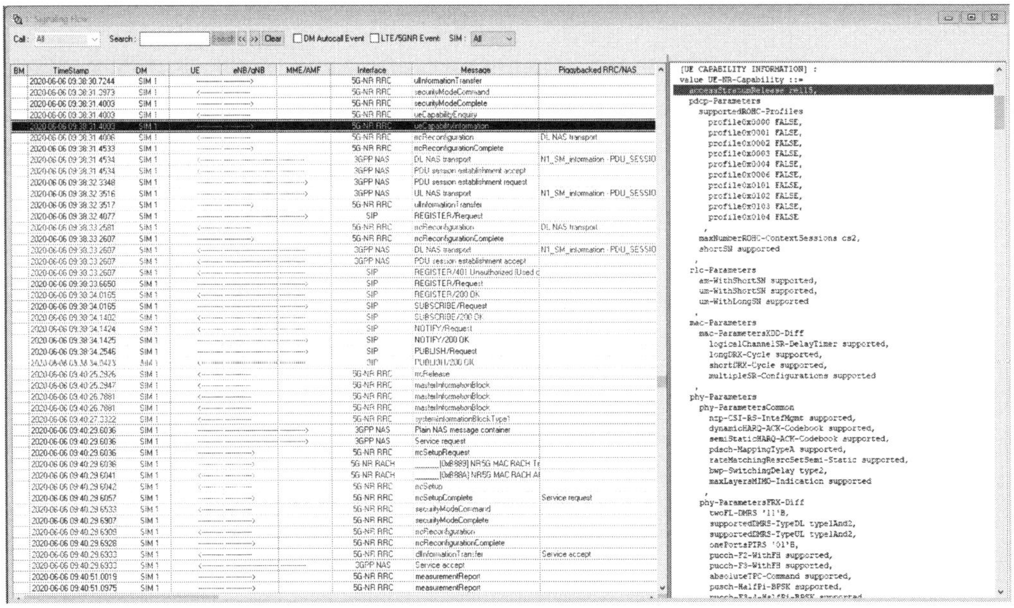

Figure 2-36. UECapabilityInformation on signaling flow

Step 3: Security Mode Command/Complete [UE↔gNB]

gNB가 UE로부터 UE Capability를 입수한 이후, gNB는 UE에게 **RRC Security Mode Command message를 전달합니다. Security setup 완료 후 UE는 Security Mode Complete message를 회신합니다. 해당 시점 이후부터 모든 RRC message는 암호화되어 송수신됩니다.

**RRC Security Mode Command: 이전 NAS Security Mode Command 와는 구분되는 message로써 AS Security Mode Command 로도 불립니다. Control Plane에서 RRC message를, User Plane에서 IP Packet을 안전하게 전송하기 위해 사용되며 RRC 상태가 IDLE에서 active상태로 변경될 때마다 새로 만들어집니다.

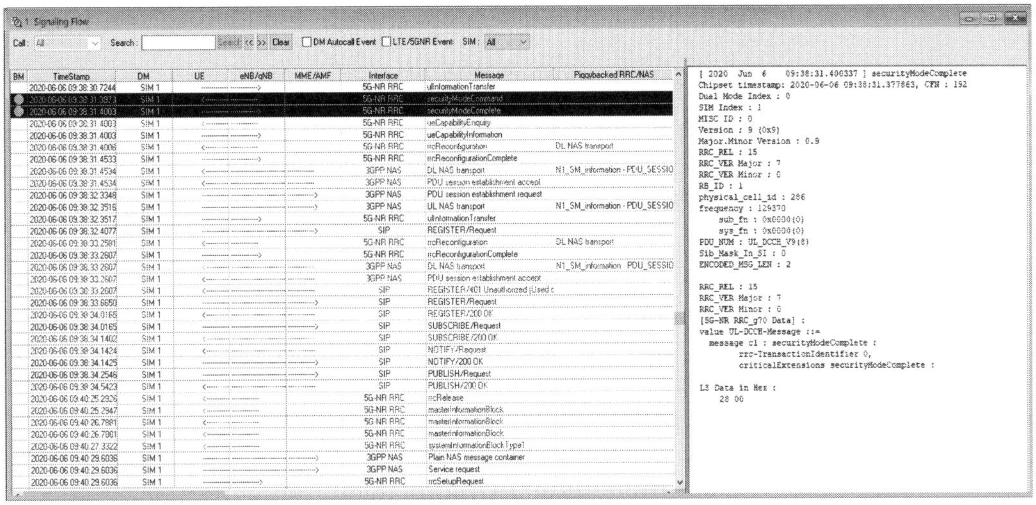

Figure 2-37. Security Mode Command/Complete on signaling flow

Step 4: RRC Connection Reconfiguration [UE←gNB]

RRC Security Procedure가 완료된 이후 gNB는 UE에게 RRC Reconfiguration message를 전송하여 **SRB2와 **DRB를 생성하도록 지시합니다.

**SRB2: Signaling Radio Bearer 2(SRB 2)를 의미하며 NAS Message 전송을 위한 signaling bearer로 활용된다.

**DRB: Data Radio Bearer (DRB)를 의미하며 UE와 gNB 간의 data를 전송하기 위한 bearer로 정의된다.

Step 5: RRC Connection Reconfiguration Complete [UE→gNB]

UE는 Reconfiguration message 지시사항을 수행한 후 Reconfiguration Complete message를 gNB에 회신하여 SRB2와 DRB가 성공적으로 생성되었음을 알립니다.

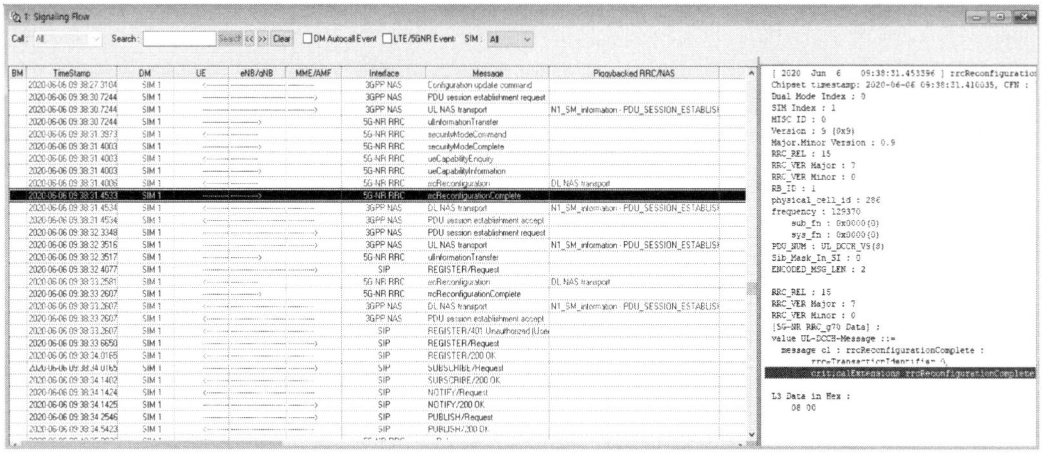

Figure 2-38. RRC Reconfiguration Complete on signaling flow

Step 6: Registration Complete [UE→AMF]

Reconfiguration Complete를 회신한 직후 비로소 UE는 gNB에 Registration Complete message를 회신하여 UE를 5G Network에 등록하는 과정이 마무리되었음을 알립니다. gNB는 N2 Interface를 통해 AMF에 Registration Complete message를 전달합니다.

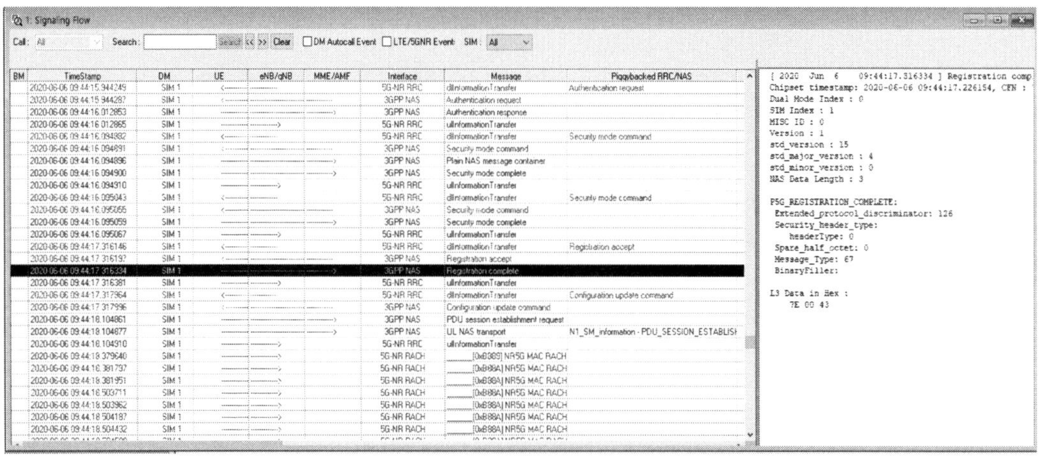

Figure 2-39. Registration Complete on signaling flow

2.7 5G RRC Procedure(Reconfiguration)

2.6장에서 언급한대로 5G NR SA Initial Access 과정에서 UE는 RRC Reconfiguration request/Complete 과정을 수행합니다.

이때, rrcReconfiguration 목적은 RRC구성을 설정하거나 수정하는 것으로 RRC Setup 이후 RRC 연결을 재구성하기 위한 정보가 Reconfiguration request에 포함되어 있으며 그 중 Cell Group 및 Radio Bearer의 추가/수정/릴리즈에 관련된 필드는 다음과 같습니다.

- CellGroupConfig〉masterCellGroup
- CellGroupConfig〉secondaryCellGroup
- radioBearerConfig
- MeasConfig

2.7.1 Cell Group Configuration

RRC Reconfiguration를 통해 네트워크는 UE의 MCG(Master Cell Group)과 SCG(Secondary Cell Group)을 구성합니다. SCG는 구성되지 않을 수도 있습니다.

1. Reconfiguration with Sync
   - Handover 관련 정보를 의미하며 목표 **SpCell이 physCellId로 표시된 물리적 셀 ID와 SSB 주파수 정보로 구성됩니다.

   **spCell: spcell은 LTE anchor에 SCG로 추가된 첫번째 NR Cell을 의미합니다.

2. RLC Bearer 릴리즈
   - rlc-BearerToReleaseList가 포함된 경우, 각 RLC entity 및 해당 논리 채널이 해제됩니다.

3. RLC Bearer 추가/수정
   - RLC Bearer가 구성된 경우, RLC entity 및 논리 채널이 재구성됩니다.

4. SpCell 구성
   - 네트워크에서 정의된 Cell group에 대한 특수 Cell 구성을 설정합니다. 기본적

으로 지정된 Group에서의 기본 Cell을 나타내며 MCG는 PCell, SCG는 PSCell 을 의미합니다.

5. SCell 릴리즈

- UE는 수신된 sCellToReleaseList에 포함된 각 sCellIndex 값에 SCell이 포함되어있는 경우, SCell 릴리즈를 수행합니다.

6. SCell 추가/수정

- UE는 수신된 sCellToAddMoDList에 포함된 각 sCellIndex 값에서 sCellConfig-Dedicated에 따라 SCell 구성을 수정합니다.

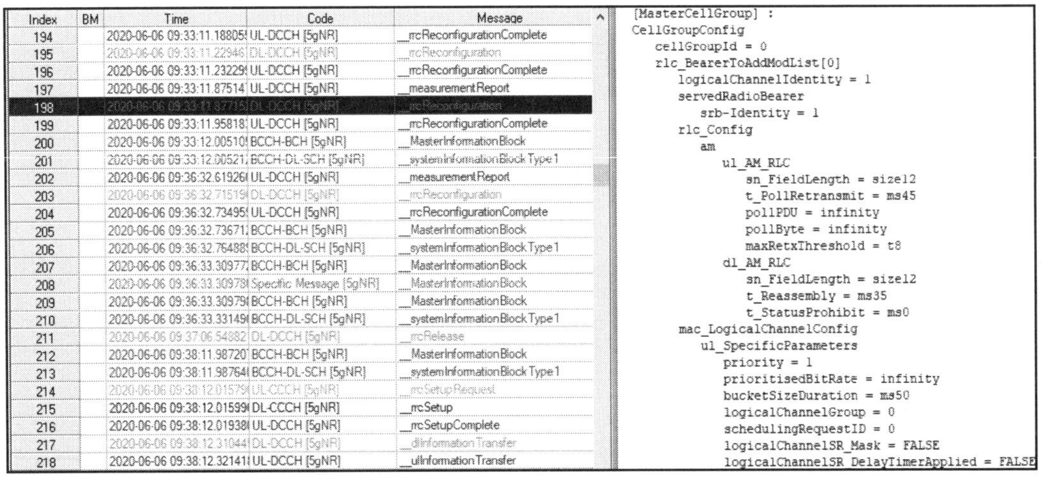

Figure 2-40. Reconfiguration〉CellGroupConfig message

2.7.2 Radio Bearer Configuration

RRCReconfiguration를 통해 네트워크는 UE에 대한 Radio Bearer 구성 절차를 수행합니다. 이를 통해 네트워크는 QoS 및 서비스 요구 사항을 만족할 수 있도록 UE가 사용하는 Radio Bearer를 제어할 수 있습니다.

1. SRB 릴리즈

- srb-ToRelease가 포함된 경우 SRB에 대한 PDCP Entity, srb-Identity를 해제합니다.

2. SRB 추가/수정

- DAPS Bearer가 구성된 경우, 각 SRB의 Cell Group에 대한 PDCP Entity를 구성합니다.
- 목표 대상 RAT를 기반을 보안(암호화/무결성)을 구성합니다.
- PDCP entity를 구성하고 새로운 srb-Identity에 대해 구성합니다. 만약 기존 srb-Identity가 구성되어 있을 경우, PDCP에 대해 재구성한다.

3. DRB 릴리즈

- 각 drb-Identity에 대해 PDCP entity 및 drb-Identity를 해제합니다.
- SDAP와 상위 계층에 DRB 릴리즈를 표시합니다.

4. DRB 추가/수정

- DAPS Bearer가 구성된 경우, 기존 drb-Identity에 대한 PDCP를 재구성합니다.
- 목표 대상 RAT를 기반을 보안(암호화/무결성)을 구성합니다.
- PDCP entity를 구성하고 각각의 새로운 drb-Identity에 대해 구성합니다.
- sdap-Config가 포함된 경우, SDAP entity를 재구성합니다.

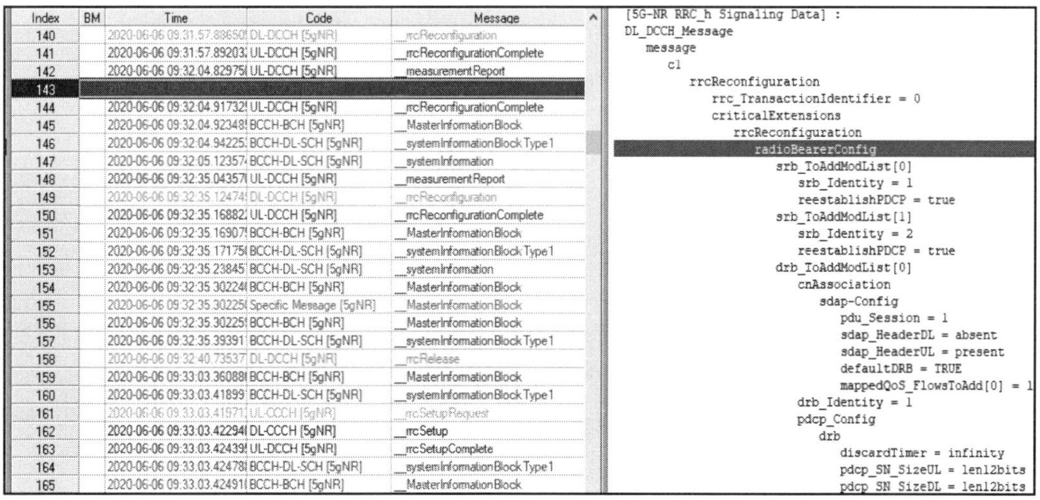

Figure 2-41. Reconfiguration〉Radio Bearer Configuration

2.8 PDU Session Establishment

PDU Session Establishment는 5G NR SA Initial Access 과정에서 마지막 단계로 UE와 Data Network (DN) 간의 연결을 제공하여 Data가 전달될 수 있는 연결 통로를 생성하는 역할을 합니다.

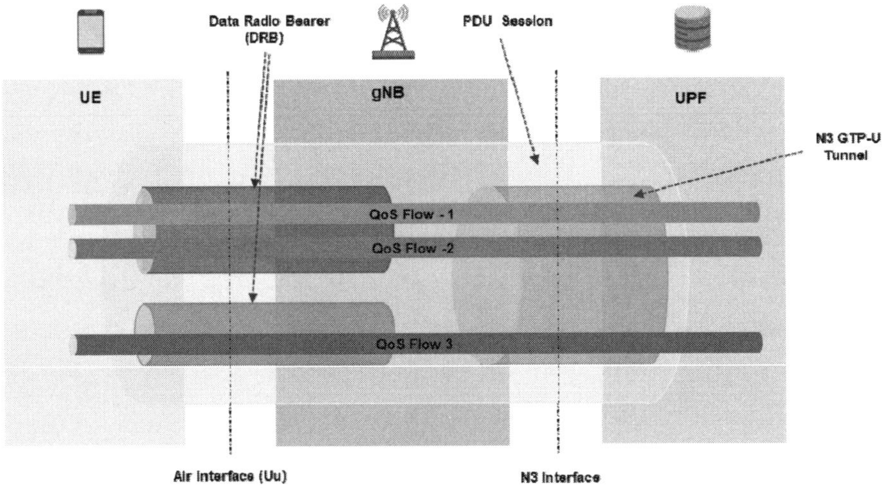

Figure 2-42. PDU Session Structure on 5G NR

2.8.1 PDU Session Establishment Request

PDU_SESSION_ESTABLISHMENT_REQUEST에는 다음과 같은 정보가 포함됩니다.

- RRC-Transaction-Id: PDU Session 설정 요청의 ID
- PTI(PDU Session Traffic Identifier): PDU Session의 각 트래픽 스트림을 식별하고, QoS요구 사항 별로 분류, PDU 세션의 트래픽을 라우팅한다.
- PDU-Session-Type: PDU Session의 유형

```
PDU_session_type:
    PDUSessionTypeValue: 3 (IPv4v6)
```

Figure 2-43. PDU Session Type

• PDU-Session-Id: PDU Session을 식별하는 ID

```
N1_SM_information:
  PDU_SESSION_ESTABLISHMENT_REQUEST:
    Extended_protocol_discriminator: 46
    PDU_session_ID: 1
```

Figure 2-44. PDU Session ID

• Service-Type: PDU Session에서 제공하는 서비스
• QoS-Flow-Info: PDU Session에 필요한 QoS 요구 사항

2.8.2 PDU Session Establishment Accept

P5G_PDU_SESSION_ESTABLISHMENT_ACCEPT 에는 다음과 같은 정보가 포함됩니다.

• QoSRuleIdentifier: QoS 규칙을 고유하게 식별하는 값
• RuleOperationCode: 네트워크에 어떤 작업을 요구하는지 나타내는 값
• PacketFilterList: QoS 규칙이 적용되는 패킷을 정의하는 필터 규칙 목록
• PacketFilterDirection: 필터가 들어오는 패킷, 나가는 패킷 또는 양방향에 적용되는지 여부를 나타내는 값
• PacketFilterContents: 패킷을 분류하기 위한 조건 목록
• QoSRulePrecedence: 여러 규칙이 동일한 패킷에 적용될 때 어느 규칙이 우선하는지 결정하는 값

```
⊟ Authorized_QoS_rules:
   ⊟ 01:
      QoSRuleIdentifier: 255
      RuleOperationCode: 1 (Create new QoS rule)
      DQR: 1 (the QoS rule is the default QoS rule.)
      ⊟ PacketFilterList:
         ⊟ 01:
            PacketFilterDirection: 3 (bidirectional)
            PacketFilterIdentifier: 0
            ⊟ PacketFilterContents:
               ⊟ 01:
                  ComponentTypeIdentifier: 1
                  ComponentValue:
      QoSRulePrecedence: 255
      Segregation: 0 (Segregation not requested)
      QoSFlowIdentifier: 6
```

Figure 2-45. PDU Session Establishment Accespt

- S_NSSAI: Slice Network Slice Association Identifier의 약자로, 5G 코어 네트워크에서 UE가 속한 네트워크 슬라이스를 식별하는 데 사용되는 값
  - SST = 1, SD = 100: 비디오 스트리밍 슬라이스, 중요도가 높은 UE
  - SST = 2, SD = 50: 게임 슬라이스, 중요도가 중간인 UE

CHAPTER

3

Others

3.1 UE State and State Transition

3.2 Handover

3.3 Measurement Events

3.4 Voice Service Flow

3.5 Radio Link & SCG Failure

CHAPTER 3

Others

3.1 UE State and State Transition

3.1.1 5G NR

RRC Protocol에 주요 기능은 RRC Connection 설정 및 Release기능, System Information Broadcast, Radio Bearer 설정, RRC Reconfiguration, RRC Release, RRC Connection Mobility 절차, Paging Notification 등이 있습니다. 이를 통해 무선 환경 상태에 따라 무선자원 관리 및 사용자 RRC 설정을 할 수 있습니다.

아래 그림과 같이 5G NR에서는 RRC_INACTIVE State가 추가되었습니다.

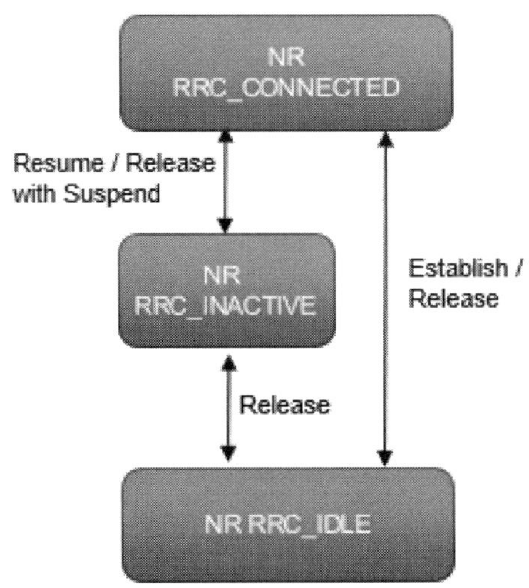

Figure 3-1. NR RRC STATE

- NR-RRC_IDLE
- NR-RRC_INACTIVE
- NR-RRC_CONNECTED

UE는 RRC_CONNECTED State에서 Release와 함께 RRC_IDLE State로 천이 되고, 반대로 Establish와 함께 RRC_CONNECTED State로 천이 됩니다.

UE 는 RRC_INACTIVE State에서 RRC_CONNECTED 또는 RRC_IDLE State로 천이 될 수 있습니다. 하지만 RRC_IDLE State에서는 RRC_INACTIVE State로 천이 될 수 없습니다.

NR RRC는 NR뿐 아니라 다른 무선 액세스 기술에도 관여합니다. 아래 그림은 NR RRC와 LTE RRC의 State Machine입니다.

- RRC_CONNECTED State에서는 NR Cell과 LTE Cell 간 Handover를 수행할 수 있습니다.
- RRC_IDLE State에서는 NR에서 LTE(EUTRA), LTE(EUTRA)에서 NR로 Reselect 할 수 있습니다.
- RRC_INACTIVE State에서는 NR에서 LTE(EUTRA)로 Reselect 할 수 있지만, LTE(EUTRA)는 NR_RRC_INACTIVE State로 재선택할 수 없습니다.

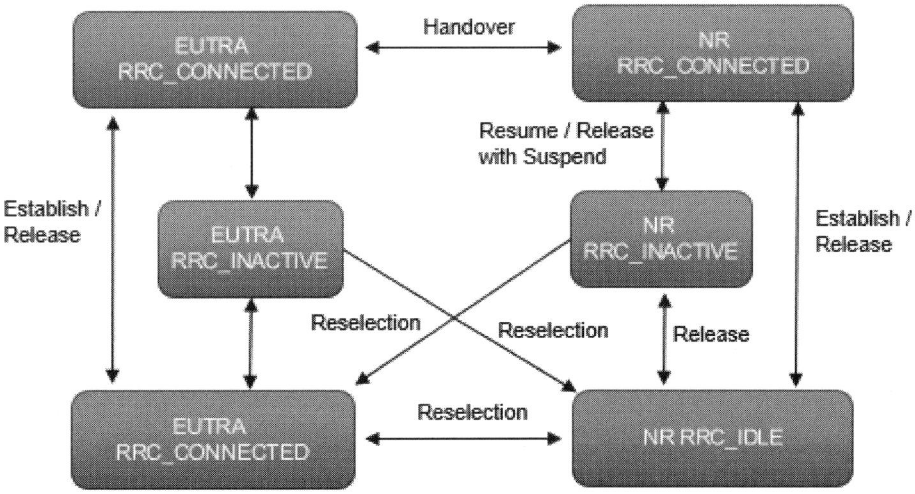

Figure 3-2. NR, E-UTRA UE State Machine

3.2 Handover

3.2.1 Intra LTE Handover(Handover to EUTRA)

3GPP의 36.331에서는 LTE UE의 Handover 절차에 대해 Handover to EUTRA, Mobility form EUTRA 로 설명하고 있으며, 아래는 Handover to EUTRA의 기본적인 Call Flow입니다. (3GPP 36.331 5.4 inter RAT Mobility)

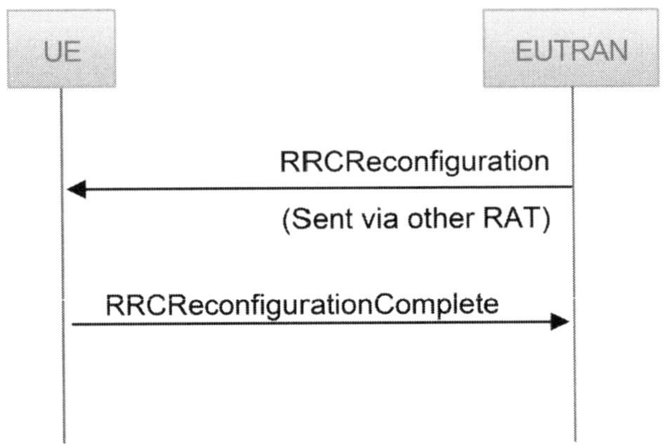

Figure 3-3. Handover to EUTRA

Handover를 결정하기 전 UE가 Report하는 주변 Cell의 신호세기를 통해 Serving Cell이 UE를 Handover 시킬 것을 결정하는데, 이부분은 3.3절 Measurement Events에서 자세히 다루도록 하겠습니다.

Measurement report로 결정된 Target PCI의 경우 RRCConnectionRecongiguration을 통해 단말로 전송됩니다. 이 과정 전에 Serving Cell은 UE가 새로 접속할 Target Cell에게 Handover 사실을 알립니다.

RRCConnectionRecongiguration Message 내에는 Mobility control info가 존재하며, 이때 T304가 start 됩니다. Mobility Control info내의 Message는 아래와 같습니다.

Contens	Description
targetPhysCellId	Target Physicall Cell ID
carrierFreq	Provides the EARFCN to be used by the UE in the target cell.
carrierBandwidth	Provides the parameters Downlink bandwidth, and Uplink bandwidth.
t304	Timer T304 as described in 36.331 clause 7.3. ms50 corresponds with 50ms, ms100 corresponds with 100ms and so on. EUTRAN includes extended value ms10000-v1310 only when UE supports CE.

RRCConnectionRecongiguration을 수신한 UE는 새로운 eNB(Target Cell)에 접속되며, Handover가 완료된 UE는 T304 이내에 RRCConnectionRecongigurationComplete를 송신해야 합니다.

만약 T304 이내에 RRCConnectionRecongigurationComplete를 송신하지 못할 경우 Handover Failure가 됩니다.

LTE에서 Intra Handover는 UE가 이동하면서 eNB간 Handover 방식으로 X2 based Handover와 S1 based Handover가 있습니다.

eNB간의 HO이므로 eNB를 구분할 수 있는 지표는 SIB1의 Cell Identity이며, Handover 전후에 해당 값의 변화가 생긴 경우 X2 handover라고 할 수 있습니다.
아래는 단말 입장에서 본 X2 Based Handover 절차입니다.

UE	eNB/gNB	MME/AM	Interface	Message	Pi	LTE Handover
<------	------		LTE RRC	systemInformationBlockType1		
<------	------		LTE RRC	ueInformationRequest-r9		
------	------>		LTE RRC	ueInformationResponse-r9		
<------	------		LTE RRC	systemInformation		
			SIP	UPDATE		
			SIP	200 OK		
------	------>		LTE RRC	measurementReport		eventA3ServCell[rsrp -87dBm, rsrq -10.5dB] NeighCells[earfcn 9410, PCI 352[rsrp -83dBm, rsrq -6.5dB]]
<------	------		LTE RRC	rrcConnectionReconfiguration		Attempt[Source:402, Target:352]
------	------>		LTE RRC	rrcConnectionReconfigurationComplete		Success
<------	------		LTE RRC	masterInformationBlock		
<------	------		LTE RRC	systemInformationBlockType1		

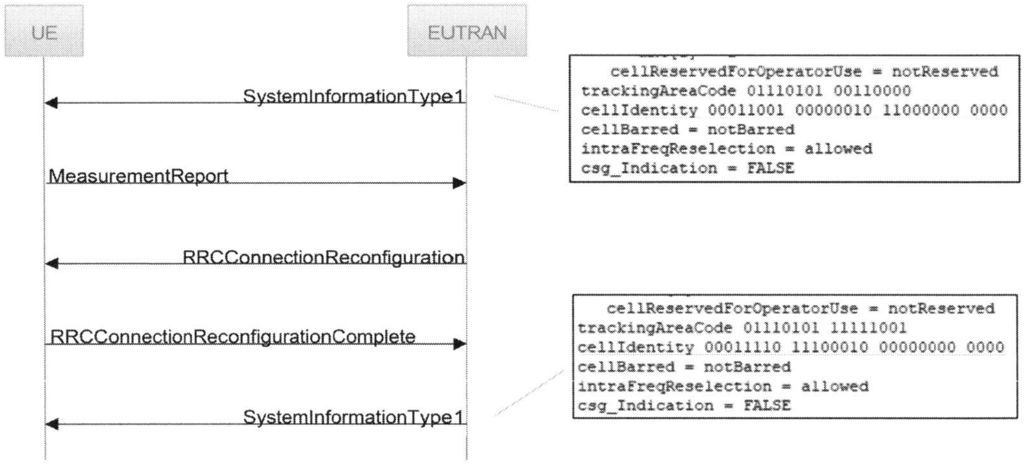

Figure 3-4. X2 Based Handover

UE는 기지국에서 Measurement report를 Serving Cell로 전송합니다. Serving Cell은 RRC connection reconfiguration 내 Target Cell정보를 UE로 전송하며, 이를 수신한 UE는 Target Cell로 Handover하게 됩니다. UE는RRC connection re-configuration에 대한 응답으로 RRC connection reconfiguration Complete를 전송하면 Handover 절차를 마무리합니다.

UE 입장에서의 S1 Handover 절차는 X2 Handover와 동일합니다. 다만 S1이 정확히 변경되었는지는 유추만 가능할 뿐 정확하지는 않습니다.

단말의 로그로 유추할 수 있는 부분은 MME가 변경되는 것인데, MME변경은 Tracking Area Update발생 유무로 확인 가능하며, 이때 발생한 MME Group ID가 Handover 전후 변경되었다면, S1을 통한 Handover로 유추할 수 있습니다.

아래는 단말 입장에서 본 S1 Based Handover 절차입니다.

UE	eNB/gNB	MME/AM	Interface	Message	Pi	LTE Handover
------	------>		LTE RRC	measurementReport		eventA3ServCell[rsrp -73dBm, rsrq -9.0dB] NeighCells[earfcn 9410, PCI 23[rsrp -70dBm, rsrq -8.0dB]]
<------	------		LTE RRC	rrcConnectionReconfiguration		Attempt[Source:359, Target:23]
------	------>		LTE RRC	rrcConnectionReconfigurationComplete		Success
<------	------		LTE RRC	masterInformationBlock		
<------	------		LTE RRC	systemInformationBlockType1		
------	------	------>	3GPP NAS	Tracking area update request		
------	------	------>	3GPP NAS	Security protected NAS message	Tra	
------	------>		LTE RRC	ulInformationTransfer	Se	
<------	------		LTE RRC	systemInformation		
<------	------		LTE RRC	systemInformation		
<------	------		LTE RRC	dlInformationTransfer	Se	
<------	------		LTE RRC	dlInformationTransfer	Se	
<------	------	------	3GPP NAS	Security protected NAS message		
<------	------	------	3GPP NAS	EMM information		
<------	------	------	3GPP NAS	Security protected NAS message		
<------	------	------	3GPP NAS	Tracking area update accept		
------	------	------>	3GPP NAS	Tracking area update complete		

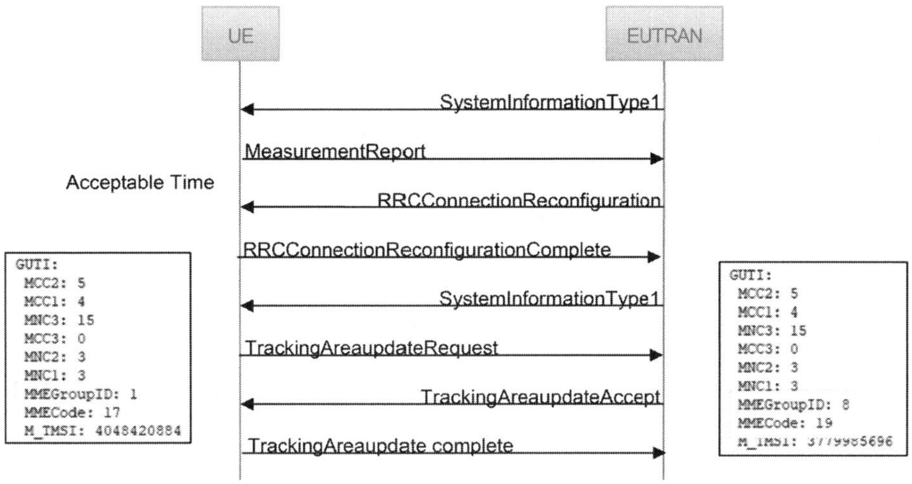

Figure 3-5. S1 Based Handover

3.2.2 Intra NR HO

5G Network상에서 UE가 다른 Site로 이동할 때, UE의 상태에 따라 아래 두가지 유형으로 구분됩니다.

- RRC Connected State : 보통 Traffic 상태로 이야기하며, 통화를 하거나 데이터를 주고받는 상태 입니다. 이 상태에서 UE가 다른 사이트로 이동할 때,Handover 절차가 진행됩니다.
- RRC IDLE State : 대기 상태라고 부르며, 이 상태에서는 Selection/Reselection 절차가 진행됩니다.

UE가 Connected Mode에서 Handover를 진행하는 경우, Handover는 Multi frequency deployment를 고려하여 다음과 같은 3가지 시나리오로 나눌 수 있습니다.

- Coverage Based Intra Frequency Handover

- Coverage Based Inter Frequency Handover
- Frequency Priority Based Inter Frequency Handover

Coverage Based Intra Frequency Handover

Coverage Based Intra Frequency Handover는 A3 Event를 사용하여 UE가 Serving Cell 신호보다 더 나은 dB offset의 Neighbor cell 신호를 감지하면 gNB가 Handover를 결정할 수 있습니다. Frequency 내 Handover를 최적화할 때 다음 Layer 3 Parameter가 중요합니다.

A3 Offset / A3 Hysteresis / A3 Time to trigger

Coverage Based Inter Frequency Handover

Coverage Based Inter Frequency Handover는 A2 Event를 사용합니다. UE가 Serving cell 신호가 정의된 임계 값보다 낮아지는 A2 Event 측정을 보고하면, gNB는 UE가 Cell 무선 상태가 불량한 것으로 판단하고 주파수 간 측정을 위해 Event A5 및 Event A1을 구성합니다.

UE가 Event A5, 즉 Serving cell 신호가 임계 값 1 이하로 떨어지고 Neighbor Cell의 신호가 임계 값 2보다 좋아지는 것을 보고하면 gNB는 측정 결과에 따라 Target cell 또는 Target Frequency를 생성합니다.

Frequency Priority Based Inter Frequency Handover

다중 대역 공동 Coverage 시나리오에서 주파수 우선순위 기반 주파수 간 Handover 저주파 대역의 부하를 줄이고, Coverage를 지속하기 위해 고주파가 최대한 많은 서비스를 전달할 수 있도록 하는 데 사용됩니다.

이 시나리오에서는 Neighbor Cell 신호가 임계 값보다 좋아지는 Frequency 간 Handover와 관련된 Event A4를 사용합니다. Event A4 측정값을 수신하고 트래픽 우선순위가 가장 높은 Frequency가 보고되면, gNB는 해당 Frequency를 Target Frequency로 선정하고 즉시 Handover를 시작합니다.

3GPP 38.300에 설명되어 있는 Inter-gNB Handover 절차를 살펴보겠습니다.

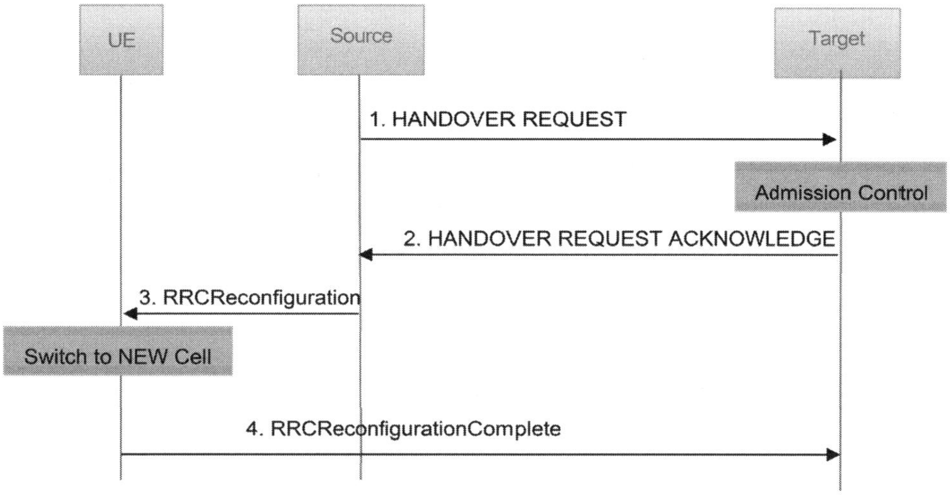

Figure 3-6. Inter-gNB Handover

Cell Level Mobility에서는 RRC Signaling Message가 Trigger되며, 이는 rrcReconfiguration Message에 해당되며, 절차는 아래와 같습니다.

1. Source gNB는 Xn Interface를 통해 Target gNB에게 Handover를 요청합니다.
2. Target gNB는 승인을 하고, Handover 요청에 대한 응답의 일부로 새로운 RRC configuration을 전송합니다.
3. Source gNB는 Target gNB에서 전달받은 RRC Reconfiguration Message를 UE에게 전달하며, 해당 Message에는 Target Cell에 Access 하는데 필요한 모든 정보를 포함합니다.
4. UE는 RRC Connection을 Target gNB로 이동하고, rrcReconfigurationComplete Message로 응답합니다.

rrcReconfiguration Message 내에 ReconfigurationWithSync가 포함되어 있으면 T304 timer가 동작합니다.

T304 안에 rrcReconfigurationComplete Message가 수신되면 T304 timer가 종료되며, Handover가 성공한 것입니다.

ReconfigurationWithSync내 physCellId, absolutefrequency를 통해 Handover type을 유추할 수 있습니다.

아래는 rrcReconfiguration Message 내 포함된 항목 중 Target cell 이동에 필요한 정보 중 일부 내용입니다.

Contents	Description
ReconfigurationWithsync	Target SpCell에 대한 synchronous reconfiguration입니다.
physCellId	물리적 Cell ID를 식별합니다(PCI).
absoluteFrequencyPointA	Absolute frequency position of the reference resource block (Common RB 0)
t304	Enum으로 ms50, ms100, ms150 ... 정의되어 있습니다.

3.2.3 NR to LTE HO & LTE to NR HO

NR과 E-UTRA 사이의 네트워크 제어 RAT 간 이동성이 지원되며, 여기서 E-UTRA는 EPC 또는 5GC에 연결될 수 있습니다. 3.1.1 절의 Figure 3-2 NR, E-UTRA UE State Machine를 참조합니다.

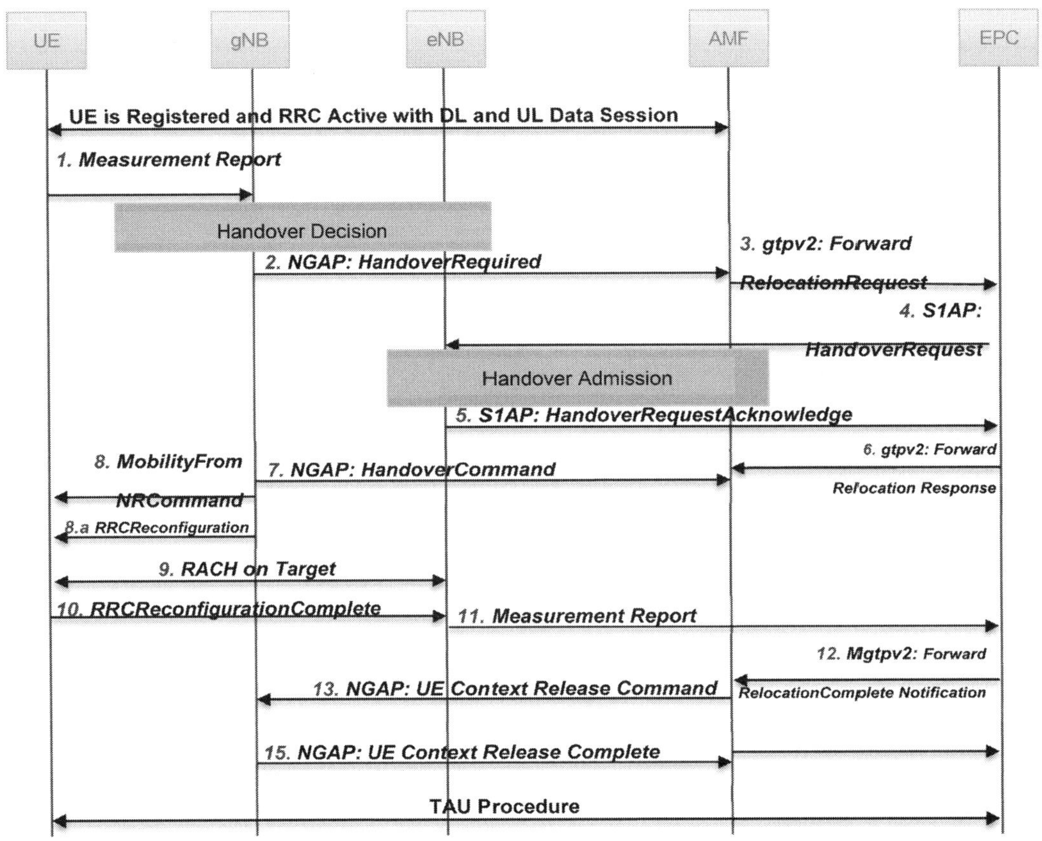

Figure 3-7. Handover Call Flow (NR to LTE)

NR to LTE Handover Call Flow

1) Measurement Report : UE가 Serving cell 및 인접 LTE Cell 신호강도를 포함하는 Measurement report Message를 gNB로 전송합니다.
2) Handover Required : Measurement report 를 수신한 후, Serving gNB는 Neighbor relation table(NRT)에서 보고된 LTE Cell PCI를 확인하고, neighbor가 있는 경우 AMF로 HandoverRequired Message를 전송합니다. 이 Message에는 UE ID(AMF-UE-NGAP-ID, RAN-UE-NGAP-ID), Handover Type/Cause, Target Cell ID, PDU session 등이 포함됩니다.
3) Forward Relocation Request : Serving AMF가 gtp Protocol을 사용하여 N26 Interface를 통해 target MME에 Forward Relocation Request를 보냅니다. 여기에는 IMSI, TEID, UE PDN 정보, Target 정보 및 cause가 포함됩니다.
4) HandoverRequest : MME는 MME-UE-S1AP-ID, Handover Type/Cause, E-RAB 정보, UE 기능 및 UE Security Context 포함하는 Handover Request를 Target eNB로 전송합니다.
5) HandoverRequestAcknowledge : MME 로부터 Handover 요청을 수신한 후, Target 4G eNB 는 Resource를 사용할 수 있다면 UE 승인 절차를 시작하고 Handover Request Acknowledgement 로 응답합니다. eNB가 UE를 승인하기에 충분한 Resource가 없을 경우, 사용 가능한 Resource가 없음을 알리는 적절한 케이스와 함께 Handover Failure를 전송할 수 있습니다.
6) Forward Relocation Response: Handover 승인 후 MME는 5G AMF에 Forward Relocation Response를 전송합니다.
7) HandoverCommand : AMF가 Handover Command를 Source gNB로 보냅니다. 이 Message에는 5)번 과정에서 수신한 정보가 포함됩니다. 이제 Source gNB는 Handover 명령을 RRC Message mobilityFromNRCommand 로 UE(띄어쓰기 삭제)에 전송할 수 있습니다. Handover 명령을 수신한 후 UE는 Source Cell을 떠나 Target Cell을 향해 연결을 시작합니다.
8) mobilityFromNRCommand : gNB가 UE에 Handover 명령으로 전송하며, 여기에는 target RAT-Type EUTRA, target RAT Container 및 nas-SecurityParamFromNR 정보가 포함됩니다.

   RRCReconfiguration : UE RRC는 대상 RAT Container를 이동통신사 대역폭과 같은 모든 4G 대상 Cell 정보, UE-CRNTI, RACH 구성 및 기타 채널 정보를 나타내는 mobilityControlInfo를 포함하는 RRCReconfiguration으로 디코딩합니다.

9) RACH: rach-ConfigCommon 또는 rach-ConfigDedicated의 일부로 Random Access Procedure가 수행됩니다.

10) RRCReconfigurationComplete: UE가 Target Cell에 성공적으로 접속한 후, Target eNB에 RRCReconfigurationComplete Message를 전송하여 Handover 절차를 완료합니다. UE는 Target eNB에 대한 데이터 Uplink를 시작합니다.

11) HandoverNotify : UE가 eNB에서 RACH에 성공하고 RRCReconfigurationComplete가 완료되면 eNB는 MME에 Handover가 성공했음을 나타내는 HandoverNotify를 통해 이를 알립니다.

12) ForwardRelocationCompleteNotification : MME가 타겟 eNB로부터 Handover 알림을 수신하는 즉시, MME는 N26 인터페이스를 통해 Forward Relocation 완료 알림을 AMF에 알려 UE가 Target Cell에 도달했음을 표시하고 AMF가 5G 시스템에서 UE Context 정리를 진행할 수 있도록 합니다.

13) UEContextReleaseCommand : UEContextReleaseCommand를 전송함으로써 AMF는 Source gNB에 이 UE와 관련된 Resource를 Release하도록 지시합니다.

14) ForwardRelocationCompleteNotificationAcknowledge : AMF가 5G RAN 및 5G Core에서 UE Context 정리 절차를 시작하자마자 Relocation Complete 알림에 대한 확인을 보냅니다.

15) UEContextReleaseComplete : 소스 gNB가 UE Context를 성공적으로 삭제하고 UE에 대한 모든 관련 Resource를 Release하면 UEConextReleaseComplete를 전송합니다.

LTE to NR Handover Call Flow

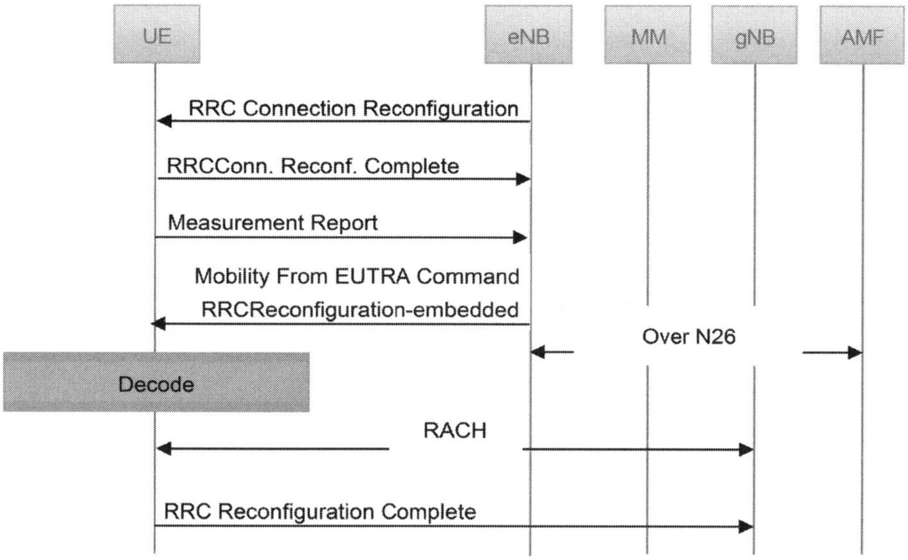

Figure 3-8. Handover Call Flow (LTE to NR)

1) eNB는 측정 설정과 함께 rrcConnectionReconfiguration을 전송합니다. 세부 구성은 eNB에 따라 다르지만, Handover를 위한 전력 요구 사항을 충족하기 위해 eNB와 gNB 전력 모두 B2-NR을 포함할 가능성이 높습니다.
2) UE가 Measurement Report를 전송합니다.
3) eNB가 필요한 MeasurementReport를 받으면, eNB는 MobilityFromEUTRACommand를 전송합니다. MobilityFromEUTRACommand는 NR rrcReconfiguration Message가 포함된 명령을 내립니다.
4) UE는 MobilityFromEUTRACommand에 포함된 rrcReconfiguration을 디코딩하고 Cell을 gNB로 전환한 후 gNB로 RACH Process를 수행합니다.
5) RACH가 정상적으로 완료되면 UE는 rrcReconfiguration을 gNB로 전송합니다.

3.3 Measurement Events

UE가 서비스되고 있는 Network의 Serving Cell과 Neighbor Cell의 신호 품질을 측정하여 주기적으로 보고하는데 이 보고를 Measurement Report합니다.

기지국은 UE에서 받은 Messurement Reports 기반으로 Handover절차를 진행합니다.

단말이 실시간으로 계속 기지국에 신호 품질을 보고하고 Handover 하면 좋겠지만, 불필요한 상황에서의 reports로 인한 과부하가 발생할 수 있는데, 이를 방지하기 위해 사전에 정의된 특정 시점에만 보고하도록 3GPP에서 Type별 Event로 정의하고 있습니다. 신호 품질 측정 항목에는 RSRP, RSRQ or SINR이 있으며 Event Trigger 정보는 기지국으로부터 수신한 RRC Signaling Message(DL DCCH rrcConnectionReconfiguration)에 의해 지정됩니다.

3.3.1 5G NR

3GPP specification 38.331에 정의된 5G NR Measurement Event Type에 대해 알아보겠습니다.

- Event A1 (Serving becomes better than threshold)
  "Event A1" Serving Cell이 Threshold 값보다 높아지면 발생됩니다.
  일반적으로 Handover 절차를 취소하는데 사용됩니다. 단말이 약전계로 이동하면 Handover 절차가 동작하지만, 다시 양호한 지역으로 이동하는 경우 사용할 수 있습니다.

- Event A2 (Serving becomes worse than threshold)
  "Event A2"는 Serving Cell이 Threshold 값보다 낮아질 때 발생됩니다.
  일반적으로 단말이 약전계로 이동하고 Threshold 보다 낮아지면 Handover 절차를 진행하고 Intra/Inter 주파수 간 Handover를 합니다.

- Event A3 (Neighbor becomes offset better than SpCell)
  "Event A3"는 Neighbor Cell의 신호가 SpCell(Special Cell)의 신호보다 Offset 만큼 커졌을 때 발생됩니다.

예시) "a3-offset.rsrp = 6 (=6*0.5dB)"일 경우에 단말기는 Serving Cell 보다 Neighbor Cell의 RSRP가 3dB 더 좋으면 "Event A3"를 보고합니다.

- Event A4 (Neighbor becomes better than threshold)
  "Event A4"는 Neighbor Cell의 신호가 Threshold보다 크면 발생됩니다.
  이 Event는 Serving Cell의 Coverage에 의존하지 않는 Handover 절차에 사용될 수 있습니다.

  예시) a4-Threshold : RSRP = -80dBm, hys 및 offset은 0으로 가정
  Neighbor Cell의 RSRP가 -78dBm이면 "Event A4"를 보고합니다.

- Event A5 (SpCell becomes worse than threshold1 and neighbor becomes better than threshold2)
  "Event A5"는 SpCell의 신호가 Threshold1보다 낮고, Neighbor Cell의 신호가 Threshold2보다 클 때 발생됩니다.

  예시) a5-Threshol1 : RSRP = -85dBm, a5-Threshold2 : RSRP = -80dBm, hys 및 offset은 0으로 가정
  Serving Cell의 RSRP = -90dBm이고, Neighbor Cell의 RSRP= -75dBm 이면 "Event A5"를 보고합니다.

- Event A6 (Neighbour becomes offset better than SCell)
  "Event A6"는 Neighbor Cell의 신호가 Scell의 신호보다 A6 offset만큼 커졌을 때 발생됩니다. "Event A3"와의 차이점은 A3는 Pcell(Primary Cell)에 대한 Handover에 사용되고 A6는 Scell(Secondary Cell)의 Handover에 사용됩니다.

- Event B1 (Inter RAT neighbour becomes better than threshold)
  "Event B1"은 주변 Inter-RAT Cell의 신호가 Threshold보다 높으면 발생됩니다.
  Neighbor Cell에 대한 Handover가 아닌Inter-RAT Handover 절차에 사용됩니다.

- Event B2 (PCell becomes worse than threshold1 and inter RAT neighbor becomes better than threshold2)
  "Event B2"는 Serving Cell의 신호가 Threshol1보다 낮고, 주변 Inter-RAT Cell의 신호가 Threshold2 보다 높으면 발생됩니다.

[로그분석] Event A2, Event A3

1) 단말은 기지국DL DCCH – 5G NR rrcReconfiguration 수신하고 Measurement Config 정보를 확인합니다.

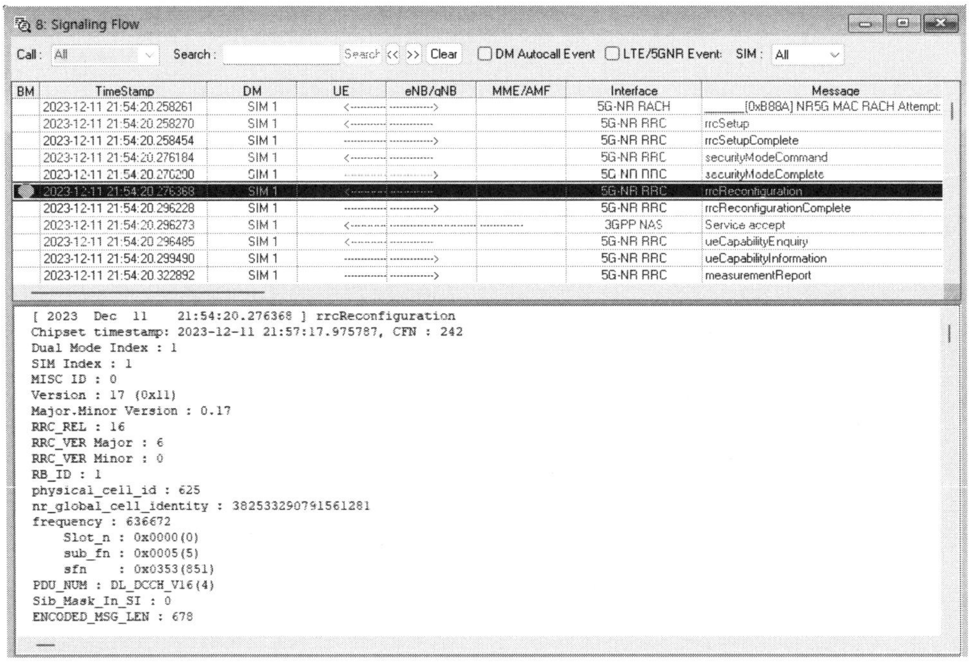

Figure 3-9. 5GNR rrcReconfiguration

Measconfig를 보면 MeasObjectId = 1의 RAT는 NR, ssbFrequecny = 636672 (Band 78)을 확인할 수 있습니다.

```
    keyToUse = master
measConfig
   measObjectToAddModList[0]
      measObjectId = 1
      measObject
         measObjectNR
            ssbFrequency = 636672
            ssbSubcarrierSpacing = kHz30
            smtc1
               periodicityAndOffset
                  sf20 = 5
               duration = sf2
            referenceSignalConfig
               ssb_ConfigMobility
                  deriveSSB_IndexFromCell = TRUE
            nrofSS_BlocksToAverage = 2
            quantityConfigIndex = 1
            offsetMO
               rsrpOffsetSSB = dB0
               rsrqOffsetSSB = dB0
               sinrOffsetSSB = dB0
               rsrpOffsetCSI_RS = dB0
               rsrqOffsetCSI_RS = dB0
               sinrOffsetCSI_RS = dB0
            freqBandIndicatorNR = 78
   reportConfigToAddModList[0]
      reportConfigId = 1
      reportConfig
         reportConfigNR
            reportType
```

Figure 3-10. 5GNR rrcReconfiguration – measConfig

다음으로 reprtConfig 정보에서는 report configid, event type 정보를 확인할 수 있습니다.

reportConfigToAddMoDList[0]의 정보를 보면 Report ConfigId = 1, event = A3으로 설정되어 있으므로, A3_offset은 RSRP = 6으로 6을 2로 나누면 Offset은 3dB로 단말기는 Neighbor Cell의 RSRP가 Serving Cell의 RSRP보다 3dB 이상 높으면 A3 Event에 대한 Measurement Report를 전송해야 합니다.

```
            freqBandIndicatorNR = 78
   reportConfigToAddModList[0]
      reportConfigId = 1
      reportConfig
         reportConfigNR
            reportType
               eventTriggered
                  eventId
                     eventA3
                        a3_Offset
                           rsrp = 6
                        reportOnLeave = FALSE
                        hysteresis = 4
                        timeToTrigger = ms480
                        useAllowedCellList = FALSE
                  rsType = ssb
                  reportInterval = ms240
                  reportAmount = r8
                  reportQuantityCell
                     rsrp = TRUE
                     rsrq = TRUE
                     sinr = FALSE
                  maxReportCells = 8
                  reportQuantityRS_Indexes
                     rsrp = TRUE
                     rsrq = TRUE
                     sinr = FALSE
                  maxNrofRS_IndexesToReport = 8
                  includeBeamMeasurements = TRUE
                  reportAddNeighMeas = setup
```

Figure 3-11. 5GNR rrcReconfiguration – reportConfigToAddModList[0]

reportConfigToAddMoDList[1]는 Report ConfigId = 2, event = A2이고, a2_Threshold는 RSRP = 38입니다. Threshold 값은 38 - 156으로 -118 dBm으로 Serving Cell이 -118 dBm 이하면 A2 Event에 대한 Measurement Report를 전송합니다.

```
reportConfigToAddModList[1]
   reportConfigId = 2
   reportConfig
      reportConfigNR
         reportType
            eventTriggered
               eventId
                  eventA2
                     a2_Threshold
                        rsrp = 38
                     reportOnLeave = FALSE
                     hysteresis = 0
                     timeToTrigger = ms480
               rsType = ssb
               reportInterval = ms240
               reportAmount = r8
               reportQuantityCell
                  rsrp = TRUE
                  rsrq = TRUE
                  sinr = FALSE
               maxReportCells = 8
               reportQuantityRS_Indexes
                  rsrp = TRUE
                  rsrq = TRUE
                  sinr = FALSE
               maxNrofRS_IndexesToReport = 8
               includeBeamMeasurements = FALSE
               reportAddNeighMeas = setup
reportConfigToAddModList[2]
   reportConfigId = 3
```

Figure 3-12. 5GNR rrcReconfiguration - reportConfigToAddModList[1]

measIds는 MeasObject와 ReportConfig를 식별하는데 사용됩니다.
measId = 1은 measObjectId 1, reportConfigId 1로 NR - Band78에 A3 Event이며, measId = 2는 measObjectId 1, reportConfigId 2로 NR - Band78에 A2 Event 입니다.

2) MeasurementReport - event a2

MeasId = 2로 measconfig에서 정의한 measObjectId 1, reportConfigId 2로 NR - Band78에 A2 Event로 a2_Threshold는 -118dBm 입니다.

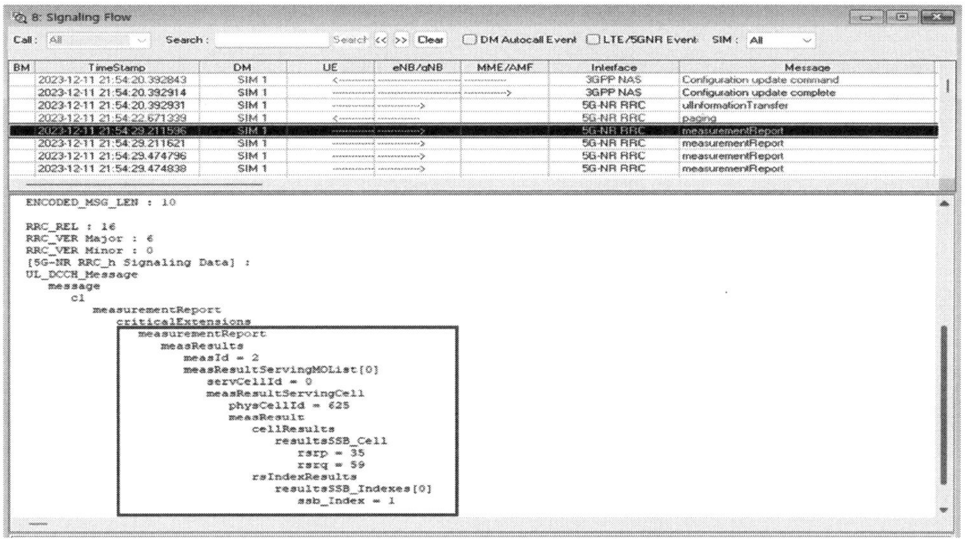

Figure 3-13. 5GNR MeasurementReport – Event A2

A2_Threshold RSRP=35로 RSRP계산값은 –121 dBm (35 - 156)로 a2_threshold–118 dBm보다 낮기 때문에 Measurement Report를 전송했습니다.

[ResultsSSB_Cell RSRP = 35 → –121 dBm (35 - 156)]

3) MeasurementReport - event a3

MeasId = 1은 measconfig에서 정의한 measObjectId 1, reportConfigId 1로 NR - Band78에 A3 Event로 a3_offset = 3dB입니다.

Serving Cell RSRP = –102dBm (54–156)은 Neighbor Cell RSRP = –97dBm (59–156)로 a3_offset 조건에 만족했기 때문에 MesruementReport를 전송했습니다.

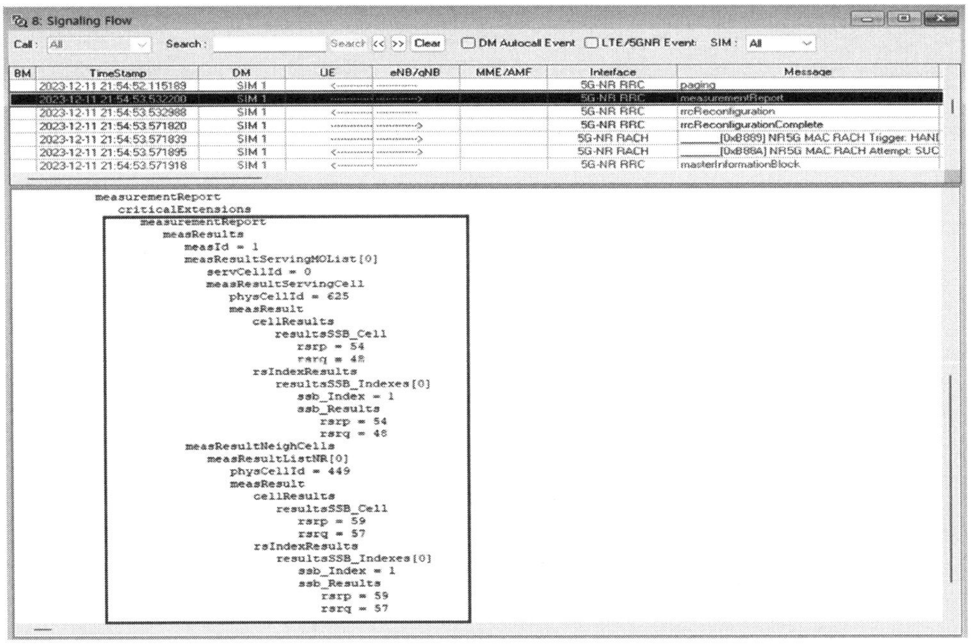

Figure 3-14. 5GNR MeasurementReport – Event A3

3.3.2 LTE

LTE의 Measurement Event의 경우 NR과 동일합니다. Event 별 설명은 생략합니다.

- Event A1 : Serving becomes better than threshold
- Event A2 : Serving becomes worse than threshold
- Event A3 : Neighbor becomes offset better than serving
- Event A4 : Neighbor becomes better than threshold
- Event A5 : Serving becomes worse than threshold1 and neighbor becomes better than threshold2
- Event A6 : Neighbor become offset better than S Cell (This event is introduced in Release 10 for CA)
- Event B1 : Inter RAT neighbor becomes better than threshold
- Event B2 : Serving becomes worse than threshold1 and inter RAT neighbor becomes better than threshold2

[로그분석]

1) 기지국으로부터 rrcConnectionReconfiguration 수신
MeasConfig에서 MeaObjectId별 정보를 확인합니다.

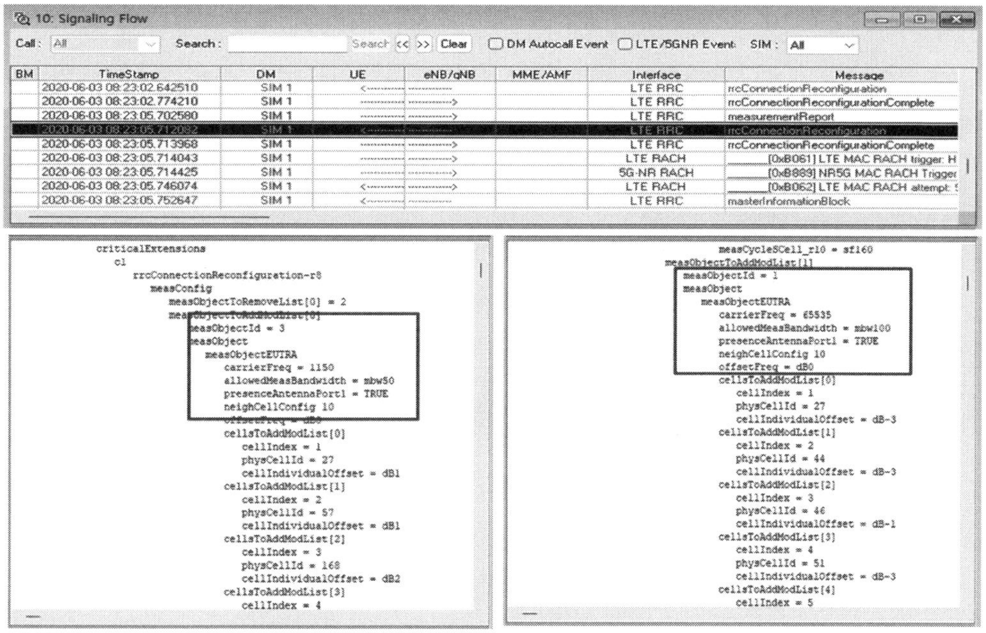

Figure 3-15. LTE rrcConnectionReconfiguration

2) reportConfig 정보 확인

- reportConfigId = 1는 Event A3 이고, a3_offset = 6으로 계산값은 6/2 = 3dB 입니다.
- reportConfigId = 6는 Event A2이고, a2_Threshold = 22로 RSRP값을 계산하면 22−140 = −118 dBm입니다.

```
reportConfigToAddModList[0]
   reportConfigId = 1
   reportConfig
      reportConfigEUTRA
         triggerType
            event
               eventId
                  eventA3
                     a3_Offset = 6
                     reportOnLeave = FALSE
               hysteresis = 2
               timeToTrigger = ms320
         triggerQuantity = rsrp
         reportQuantity = both
         maxReportCells = 4
         reportInterval = ms480
         reportAmount = infinity

reportConfigToAddModList[5]
   reportConfigId = 6
   reportConfig
      reportConfigEUTRA
         triggerType
            event
               eventId
                  eventA2
                     a2_Threshold
                        threshold-RSRP 22 (-118 dBm)
               hysteresis = 2
               timeToTrigger = ms320
         triggerQuantity = rsrp
         reportQuantity = both
         maxReportCells = 1
         reportInterval = ms480
         reportAmount = infinity
```

Figure 3-16. LTE rrcConnectionReconfiguration – reportConfigToAddModList

3) MeasId에 정의된 measObjectId, reportConfigId 확인

```
            reportInterval = ms480
            reportAmount = infinity
measIdToAddModList[0]
    measId = 1
    measObjectId = 1
    reportConfigId = 1
measIdToAddModList[1]
    measId = 2
    measObjectId = 1
    reportConfigId = 2
measIdToAddModList[2]
    measId = 3
    measObjectId = 1
    reportConfigId = 3
measIdToAddModList[3]
    measId = 4
    measObjectId = 2
    reportConfigId = 4
measIdToAddModList[4]
    measId = 5
    measObjectId = 3
    reportConfigId = 5
measIdToAddModList[5]
    measId = 6
    measObjectId = 4
    reportConfigId = 6
quantityConfig
    quantityConfigEUTRA
        filterCoefficientRSRP = fc4
```

Figure 3-17. LTE rrcConnectionReconfiguration – MeasID

4) Measurement Report

- MeasId 6은 measObjectId = 4, reportConfigId = 6으로 Event A2입니다. Serving Cell의 RSRP가 –120 dBm으로 A2_threshold = –118dBm 보다 낮아지면서 Measurement Report를 전송했습니다.

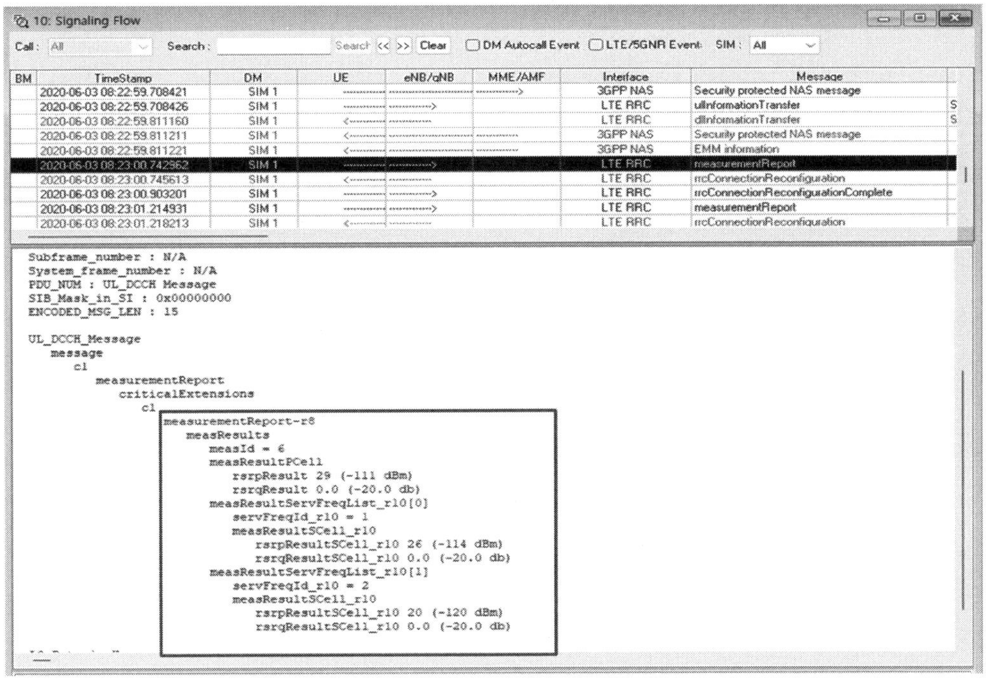

Figure 3–18. LTE Measurement Report – Event A2

3.4 Voice Service Flow

Voice Service Call Flow는 Packet 기반으로 LTE에서 사용하는 VoLTE, 5G에서 사용하는 VoNR, 과 5G네트워크에 등록된 UE가 VoNR 서비스를 받지 못해 LTE 네트워크에서 서비스 받는 EPSFB(EPS Fallback)를 다루도록 하겠습니다.

3.4.1 VoLTE

VoLTE는 Voice over LTE 약자로, LTE망을 통해 VoIP(Voice over IP)와 같이 패킷을 이용하여 음성통화를 제공합니다. LTE는 IP 패킷 교환을 기반으로 하고 있으며, 음성을 IP 패킷으로 변환하여 음성통화를 가능하게 하여 기존 3G 환경 보다 효율적인 주파수 사용과 고 품질의 음성 서비스를 제공됩니다.

SIP(Session Initiation Protocol), NAS(Non Access Stratum), RRC(Radio Resource Control)는 호의 설정, 해지 과정을 관리하며, RTP(Real-Time Protocol)는 음성을 패킷으로 변환하여 LTE망을 통해 송수신 되게 됩니다.

네트워크 망에서 품질을 보장하기 위해 QCI (QoS Class Identifier)를 통해 최소 품질을 보장받을 수 있으며 3GPP TS 23.203에서 QCI 값이 명시되어 있습니다.

SIP, NAS, RRC Message를 통해 요청과 응답을 통해 호가 성립되며 전체적은 VoLTE flow는 아래와 같습니다.

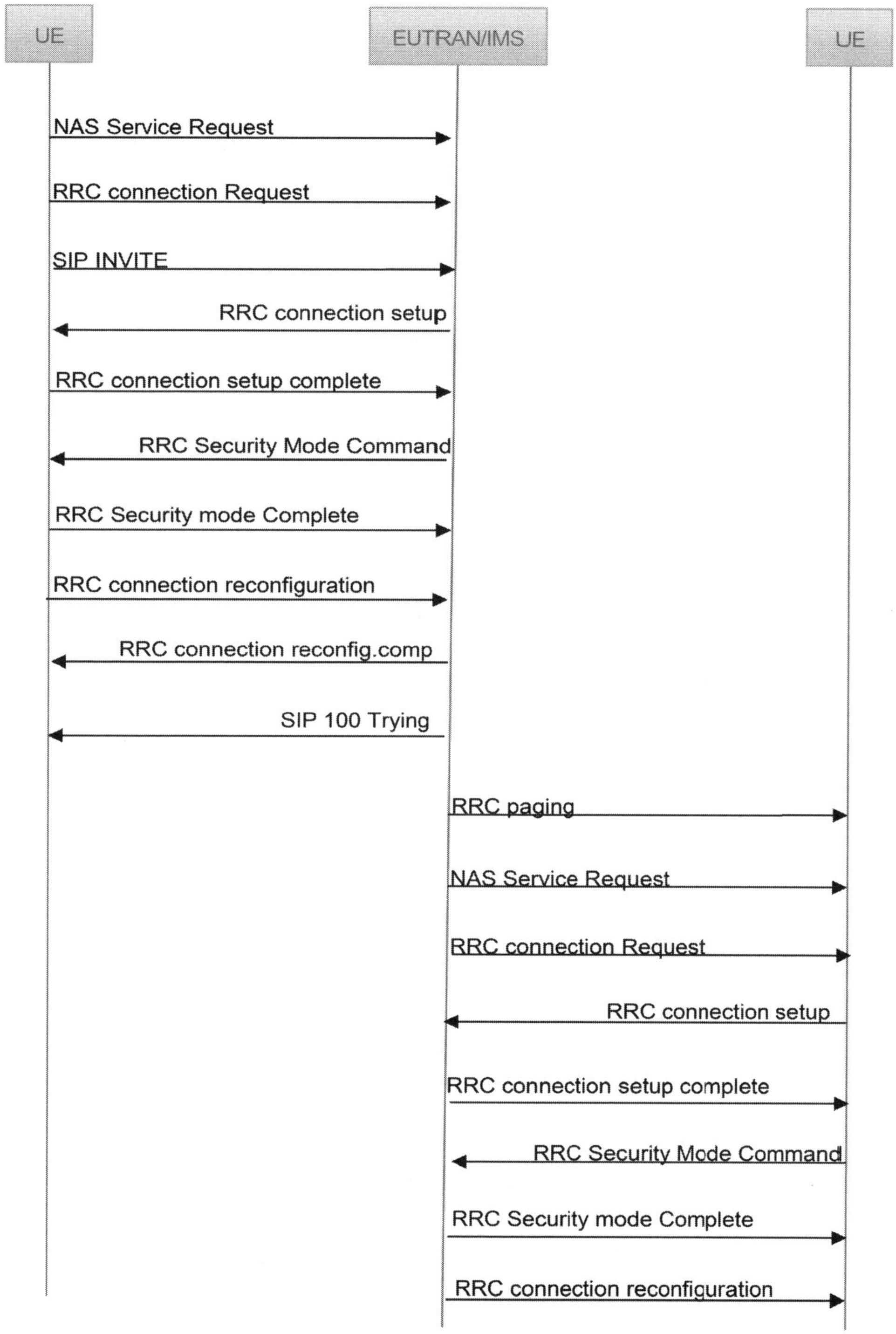

Figure 3-19. Call Flows for volte

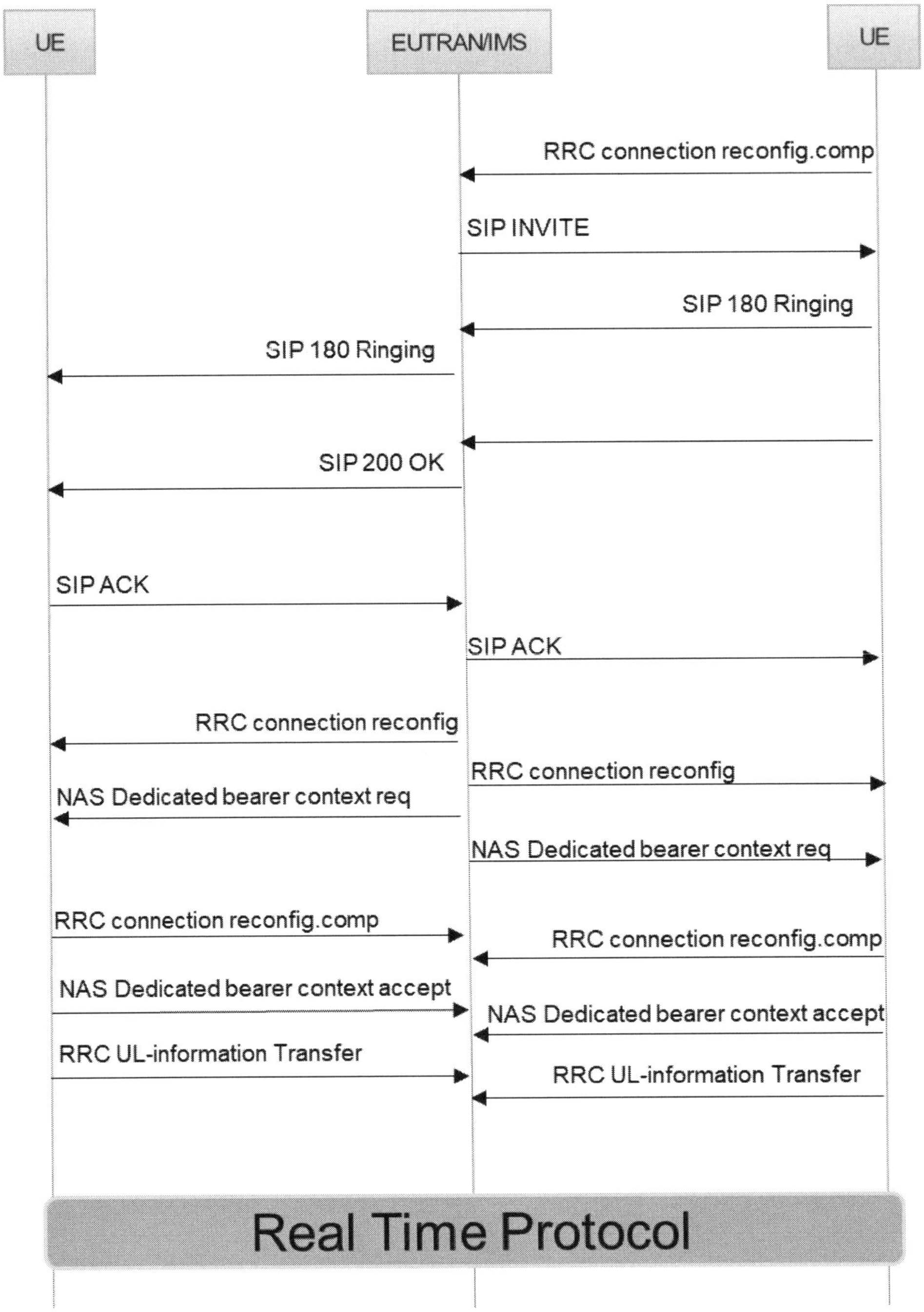

Figure 3-20. Call Flows for volte

1. 발신 호 요청 시 UE는 E-UTRAN으로 SIP INVITE를 송신하게 됩니다.
2. SIP INVITE 송신 시 MME로 service request, E-UTRAN으로 RRC conncetion

requeset를 송신합니다.

3. RRC connceted 상태가 될 경우 E-UTRAN은 발신 UE에게 100 Trying을 수신합니다.
4. 수신 UE 또한 RRC connected 상태로 변경 후 E-UTRAN은 수신 UE에게 100 Trying를 송신하게 되며 수신 단말은 발신 단말에게 180 Ringing를 송신하게 됩니다.
5. 수신 UE에서 호 승인 시 200 OK를 송신하게 되며 QoS가 정해진후 Bearer가 열리며 RTP를 통해 음성 호가 진행됩니다.

호를 관리하는 SIP Method중 주요 Message는 아래와 같으며 호 연결 시 SIP Message를 통해 VoLTE Call flow를 보면 아래와 같습니다.

- INVITE: 세션에 참가 혹은 사용자를 초대하기 위한 Method
- ACK: 3 Hand-Shake를 기반으로 하는 SIP에서 응답에 대한 확인 Method
- BYE: 세션을 종료하기 위한 Method
- CANCEL: 200 OK (호 설립 이전) 세션을 취소하기 위한 Method
- OPTION: 서버에서 사용 가능한 옵션을 확인하는 Method
- REGISTER: 망에 단말을 등록하기 위한 Method
- ACCEPT: 요청을 승인하는 응답
- REJECT: 요청을 거절하는 응답
- REDIRECT: 요청을 보류 후 재송신 할 다른 주소를 송신하는 응답

Absolute Time	Chipset Timestamp	D.Time	Dir	Protocol	Summary	Total Length	Packet ID	Checksum
2024-01-11 19:43:10.2778	2024-01-11 19:42:45.1425	0.000000	Tx	SIP	INVITE sip:+491715936348@ims	1116		Correct
2024-01-11 19:43:10.2778	2024-01-11 19:42:45.1428	0.000259	Tx	SIP	INVITE sip:+491715936348@ims	2136		Correct
2024-01-11 19:43:10.2778	2024-01-11 19:42:45.1430	0.000181	Tx	SIP	INVITE sip:+491715936348@ims	2372		Correct
2024-01-11 19:43:10.3564	2024-01-11 19:42:45.2116	0.000000	Rx	SIP	[TcpFlag : ACK]	84		Correct
2024-01-11 19:43:10.3564	2024-01-11 19:42:45.2119	0.000271	Rx	SIP	[TcpFlag : ACK]	84		Correct
2024-01-11 19:43:10.3564	2024-01-11 19:42:45.2120	0.000146	Rx	SIP	[TcpFlag : ACK]	84		Correct
2024-01-11 19:43:10.6047	2024-01-11 19:42:45.4951	0.283083	Rx	SIP	SIP/2.0 100 Trying [TcpFlag : A(	416		Correct
2024-01-11 19:43:10.6047	2024-01-11 19:42:45.4954	0.352412	Tx	SIP	[TcpFlag : ACK]	92		Correct
2024-01-11 19:43:11.4800	2024-01-11 19:42:46.3445	0.849435	Rx	SIP	SIP/2.0 183 Session Progress [T(	1104		Correct
2024-01-11 19:43:11.4800	2024-01-11 19:42:46.3451	0.849743	Tx	SIP	[TcpFlag : ACK]	92		Correct
2024-01-11 19:43:11.4800	2024-01-11 19:42:46.3452	0.000682	Rx	SIP	SIP/2.0 183 Session Progress [T(	1464		Correct
2024-01-11 19:43:11.4800	2024-01-11 19:42:46.3456	0.000529	Tx	SIP	[TcpFlag : ACK]	92		Correct
2024-01-11 19:43:11.4802	2024-01-11 19:42:46.3601	0.014483	Tx	SIP	PRACK sip:sgc_c@[2a01:598:5:	988		Correct
2024-01-11 19:43:11.8342	2024-01-11 19:42:46.7006	0.355386	Rx	SIP	SIP/2.0 200 OK	512		Correct
2024-01-11 19:43:11.8598	2024-01-11 19:42:46.7255	0.024906	Rx	SIP	SIP/2.0 180 Ringing [TcpFlag : A	980		Correct
2024-01-11 19:43:11.8598	2024-01-11 19:42:46.7260	0.365870	Tx	SIP	[TcpFlag : ACK]	92		Correct
2024-01-11 19:43:13.0587	2024-01-11 19:42:47.9379	1.212380	Rx	SIP	SIP/2.0 200 OK [TcpFlag : ACK]	1104		Correct
2024-01-11 19:43:13.0587	2024-01-11 19:42:47.9386	1.212620	Tx	SIP	[TcpFlag : ACK]	92		Correct
2024-01-11 19:43:13.0587	2024-01-11 19:42:47.9388	0.000869	Rx	SIP	SIP/2.0 200 OK [TcpFlag : ACK](	1136		Correct
2024-01-11 19:43:13.0587	2024-01-11 19:42:47.9391	0.000510	Tx	SIP	[TcpFlag : ACK]	92		Correct
2024-01-11 19:43:13.0591	2024-01-11 19:42:47.9543	0.015184	Tx	SIP	ACK sip:sgc_c@[2a01:598:5:840	812		Correct
2024-01-11 19:43:13.1340	2024-01-11 19:42:48.0045	0.065764	Rx	SIP	[TcpFlag : ACK]	84		Correct
2024-01-11 19:44:38.8170	2024-01-11 19:44:13.7026	85.74834	Tx	SIP	BYE sip:sgc_c@[2a01:598:5:84(	1052		Correct
2024-01-11 19:44:38.9187	2024-01-11 19:44:13.8176	85.81308	Rx	SIP	SIP/2.0 200 OK	484		Correct

Figure 3-21. SIP for Origination

2024-01-11 19:43:11.0598	2024-01-11 19:42:45.9784	0.000000	Rx	SIP	INVITE sip:f1bf5022-b61e-4118-a	1104		Correct
2024-01-11 19:43:11.0598	2024-01-11 19:42:45.9791	0.000000	Tx	SIP	[TcpFlag : ACK]	92		Correct
2024-01-11 19:43:11.0598	2024-01-11 19:42:45.9793	0.000874	Rx	SIP	INVITE sip:f1bf5022-b61e-4118-a	1908		Correct
2024-01-11 19:43:11.0598	2024-01-11 19:42:45.9797	0.000597	Tx	SIP	[TcpFlag : ACK]	92		Correct
2024-01-11 19:43:11.0600	2024-01-11 19:42:45.9888	0.009139	Tx	SIP	SIP/2.0 100 Trying [TcpFlag : AC	540		Correct
2024-01-11 19:43:11.0982	2024-01-11 19:42:46.0210	0.032194	Tx	SIP	SIP/2.0 183 Session Progress [Tc	1116		Correct
2024-01-11 19:43:11.0982	2024-01-11 19:42:46.0214	0.000357	Tx	SIP	SIP/2.0 183 Session Progress [Tc	1464		Correct
2024-01-11 19:43:11.1299	2024-01-11 19:42:46.0366	0.057280	Rx	SIP	[TcpFlag : ACK]	84		Correct
2024-01-11 19:43:11.1574	2024-01-11 19:42:46.0686	0.032011	Rx	SIP	[TcpFlag : ACK]	84		Correct
2024-01-11 19:43:11.1574	2024-01-11 19:42:46.0690	0.000483	Rx	SIP	[TcpFlag : ACK]	84		Correct
2024-01-11 19:43:11.6580	2024-01-11 19:42:46.5777	0.508618	Rx	SIP	PRACK sip:f1bf5022-b61e-4118-a	604		Correct
2024-01-11 19:43:11.6580	2024-01-11 19:42:46.5784	0.556963	Tx	SIP	[TcpFlag : ACK]	92		Correct
2024-01-11 19:43:11.6582	2024-01-11 19:42:46.5902	0.011820	Tx	SIP	SIP/2.0 200 OK [TcpFlag : ACK]	748		Correct
2024-01-11 19:43:11.6583	2024-01-11 19:42:46.5977	0.007556	Tx	SIP	SIP/2.0 180 Ringing [TcpFlag : A	988		Correct
2024-01-11 19:43:11.7019	2024-01-11 19:42:46.6364	0.058740	Rx	SIP	[TcpFlag : ACK]	84		Correct
2024-01-11 19:43:11.7327	2024-01-11 19:42:46.6524	0.015952	Rx	SIP	[TcpFlag : ACK]	84		Correct
2024-01-11 19:43:12.8372	2024-01-11 19:42:47.7300	1.132299	Tx	SIP	SIP/2.0 200 OK [TcpFlag : ACK]	1068		Correct
2024-01-11 19:43:12.8789	2024-01-11 19:42:47.7883	1.135993	Rx	SIP	[TcpFlag : ACK]	84		Correct
2024-01-11 19:43:13.8153	2024-01-11 19:42:48.7376	0.949279	Rx	SIP	ACK sip:f1bf5022-b61e-4118-a67	644		Correct
2024-01-11 19:43:13.8153	2024-01-11 19:42:48.7382	1.008144	Tx	SIP	[TcpFlag : ACK]	92		Correct
2024-01-11 19:44:38.8157	2024-01-11 19:44:13.7251	84.98693	Tx	SIP	BYE sip:sgc_c@[2a01:598:5:84(	1036		Correct
2024-01-11 19:44:38.9000	2024-01-11 19:44:13.8170	85.07936	Rx	SIP	SIP/2.0 200 OK	464		Correct

Figure 3-22. SIP for Termination

1. 발신 측에서 전화 시작 시 INVITE를 송신하게 되고 수신 측에서 INVITE를 수신하게 됩니다.
2. 호가 성립되기 이전까지 100 Trying, 183 Session Progress를 통해 호 성립 구성을 협상하게 됩니다
3. PRACK를 통해 200 OK이전 호에 성립에 대한 협상을 마칩니다.
4. 180 Ringing을 통해 호 성립 대기 상태임을 알 수 있습니다.
5. INVITE에 대한 200 OK를 통해 호가 성립되었음을 알 수 있습니다.
6. 전화 종료 시 BYE를 송/수신하며 BYE에 대한 200 OK를 끝으로 호가 종료됩니다.

ESP (Encapsulating Security Payload) 해지 시 RTP의 Throughput, Packet Loss, Delay 및 RTP Packet을 확인할 수 있습니다.

2024-01-11 19:43:13.0245	2024-01-11 19:42:47.9305	0.000000	Tx	RTP	EVS/16000/1 SN:0	123		Correct	0
2024-01-11 19:43:13.0245	2024-01-11 19:42:47.9306	0.000131	Tx	RTP	EVS/16000/1 SN:1	123		Correct	1
2024-01-11 19:43:13.0566	2024-01-11 19:42:47.9695	0.038887	Tx	RTP	EVS/16000/1 SN:2	123		Correct	2
2024-01-11 19:43:13.0566	2024-01-11 19:42:47.9696	0.000129	Tx	RTP	EVS/16000/1 SN:3	68		Correct	3
2024-01-11 19:43:13.1443	2024-01-11 19:42:48.0604	0.000000	Rx	RTP	EVS/16000/1 SN:0	62		Correct	0
2024-01-11 19:43:13.1443	2024-01-11 19:42:48.0605	0.000114	Rx	RTP	EVS/16000/1 SN:1	62		Correct	1
2024-01-11 19:43:13.2176	2024-01-11 19:42:48.1267	0.066195	Rx	RTP	EVS/16000/1 SN:2	62		Correct	2
2024-01-11 19:43:13.2176	2024-01-11 19:42:48.1268	0.000148	Rx	RTP	EVS/16000/1 SN:3	68		Correct	3
2024-01-11 19:43:13.2177	2024-01-11 19:42:48.1294	0.159779	Tx	RTP	EVS/16000/1 SN:4	66		Correct	4
2024-01-11 19:43:13.2598	2024-01-11 19:42:48.1695	0.040123	Tx	RTP	EVS/16000/1 SN:5	121		Correct	5
2024-01-11 19:43:13.2935	2024-01-11 19:42:48.2095	0.039984	Tx	RTP	EVS/16000/1 SN:6	121		Correct	6
2024-01-11 19:43:13.2935	2024-01-11 19:42:48.2096	0.000130	Tx	RTP	EVS/16000/1 SN:7	66		Correct	7

Figure 3-23. RTP Packets

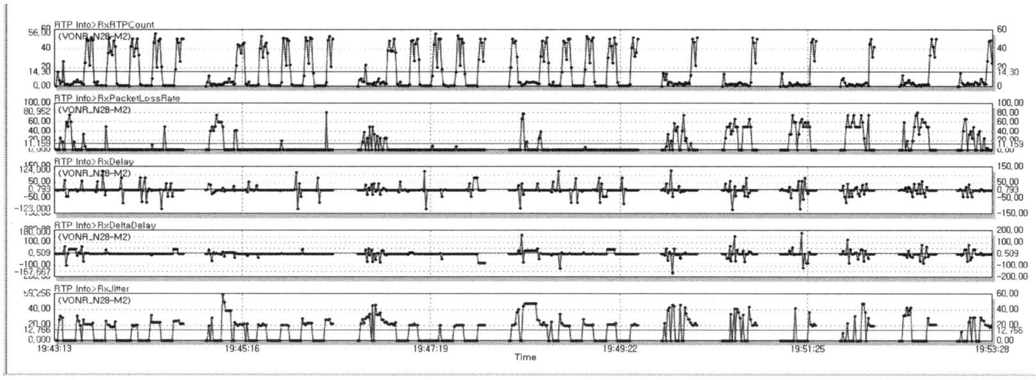

Figure 3-24. RTP KPIs

3.4.2 VoNR

VoNR은 5G NR 네트워크 상에서 고품질의 음성 서비스의 명칭입니다.

VoNR을 사용하기 위해서는 5G SA 네트워크에 연결되어 있어야 하고 단말이 VoNR을 지원해야 합니다.

VoNR 네트워크 구조

Voice Over NR 네트워크 구조는 5G RAN, 5G Core, IMS 네트워크로 구성됩니다.

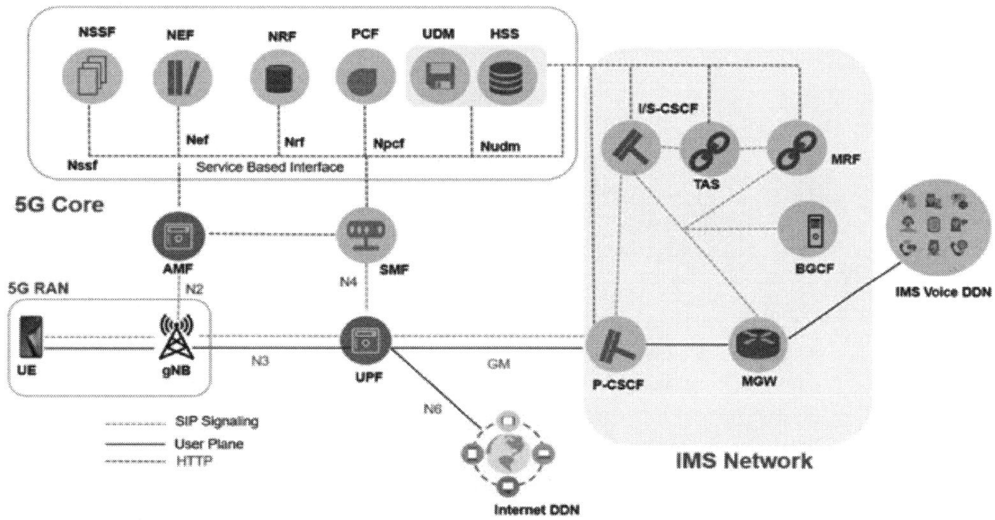

Figure 3-25. VoNR Network Architecture

이 구조는 HTTP Protocol을 사용하는 서비스 기반 Interface를 지원하고 있습니다.

VoNR 주요 내용

VoNR은 IMS(IP Multimedia Subsystem)에 의존하여 Setup, Maintenance 및 release 와 같은 음성 통화 연결과 해제를 관리합니다.

SIP는 UE와 IMS 사이의 Signaling 절차에 사용됩니다.

VoNR은 Signaling message에 5QI= 5인 QoS Flow와 5QI= 1인 QoS Flow를 사용합니다.

gNB는 Signaling 위해 RLC-AM 모드 DRB를 사용하고 Voice Traffic(RTP) DRB를 위해 RLC-UM 모드를 사용합니다.

VoNR은 EVS(Enhanced Voice Services) 코덱을 사용합니다.

- EVS 코덱은 다양한 오디오 대역폭을 캡처하기 위해 다양한 샘플링 주파수를 지원합니다.
- 샘플링 주파수는 협대역(Narrowband), 광대역(Wideband), 슈퍼 광대역(Super Wideband) 및 전체 대역(Full band)으로 분류됩니다.

VoNR Call Flow

VoNR Call Flow은 VoLTE 통화와 매우 유사합니다. 전체 VoNR Call Flow는 다음 그림과 같이 5단계로 구성됩니다. 5G NR Cell을 검출하고 5G gNB 및 5GC로 Registration을 수행하는 것으로

시작하여 Data DNN(DDN은 4G LTE에서 APN과 동일함)과 함께 5QI=6~9로 Non-GBR QoS Flow로 기본 PDU 세션을 설정합니다.

Figure 3-26. VoNR Call Flow

이후 UE는 IMS DNN과 'non-GBR' QoS Flow 및 5QI=5로 Default Internet PDU Session 설정합니다.

그런 다음 UE는 기본 IMS PDU를 통해 SIP Message를 사용하여 IMS에 Registration process를 수행하고 GBR QoS Flow 및 5QI=1로 Dedicated PDU Session을 통해 'VoNR MO/MT 호출'을 설정합니다.

Dedicated PDU Session을 통한 RTP Protocol과 VoNR 통화를 통한 변환이 완료되면 Dedicated PDU Session을 해제하는 것으로 음성 트래픽 흐름을 종료할 수 있습니다.

5G Registration Call Flow

UE	eNB/gNB	MME/AM	Interface	Message	Piggybacked RRC/NAS
<------------	------------		5G-NR RRC	masterInformationBlock	
<------------	------------		5G-NR RRC	masterInformationBlock	
<------------	------------		5G-NR RRC	systemInformationBlockType1	
------------	----------------------	------------>	3GPP NAS	Registration request	
------------	------------>		5G-NR RRC	rrcSetupRequest	
------------	------------>		5G-NR RACH	______[0xB889] NR5G MAC RACH Trigger: CONNECTION_REQUEST	
<------------	------------>		5G-NR RACH	______[0xB88A] NR5G MAC RACH Attempt: SUCCESS (0)	
<------------	------------		5G-NR RRC	rrcSetup	
------------	------------>		5G-NR RRC	rrcSetupComplete	Registration request
<------------	------------		5G-NR RRC	systemInformation	
<------------	------------		5G-NR RRC	dlInformationTransfer	
<------------	----------------------	------------	3GPP NAS	Authentication request	
------------	----------------------	------------>	3GPP NAS	Authentication response	
------------	------------>		5G-NR RRC	ulInformationTransfer	
<------------	------------		5G-NR RRC	dlInformationTransfer	Security mode command
<------------	----------------------	------------	3GPP NAS	Security mode command	
------------	----------------------	------------>	3GPP NAS	Security mode complete	
------------	------------>		5G-NR RRC	ulInformationTransfer	
<------------	------------		5G-NR RRC	securityModeCommand	
------------	------------>		5G-NR RRC	securityModeComplete	
<------------	------------		5G-NR RRC	ueCapabilityEnquiry	
------------	------------>		5G-NR RRC	ueCapabilityInformation	
<------------	------------		5G-NR RRC	dlInformationTransfer	
<------------	----------------------	------------	3GPP NAS	Registration accept	
------------	----------------------	------------>	3GPP NAS	Registration complete	

Figure 3-27. 5G Registration Call Flow

Default Internet and IMS PDU session Establishment

UE	eNB/gNB	MME/AM	Interface	Message	Piggybacked RRC/NAS
------------	----------------------	------------>	3GPP NAS	PDU session establishment request	
------------	----------------------	------------>	3GPP NAS	UL NAS transport	N1_SM_information - PDU_SESSION_ESTABLISHMENT_REQUEST
------------	------------>		5G-NR RRC	ulInformationTransfer	
------------	----------------------	------------>	3GPP NAS	PDU session establishment request	
------------	----------------------	------------>	3GPP NAS	UL NAS transport	N1_SM_information - PDU_SESSION_ESTABLISHMENT_REQUEST
------------	------------>		5G-NR RRC	ulInformationTransfer	
<------------	------------		5G-NR RRC	rrcReconfiguration	
------------	------------>		5G-NR RRC	rrcReconfigurationComplete	
<------------	----------------------	------------	3GPP NAS	DL NAS transport	N1_SM_information - PDU_SESSION_ESTABLISHMENT_ACCEPT
<------------	----------------------	------------	3GPP NAS	PDU session establishment accept	
<------------	------------		5G-NR RRC	rrcReconfiguration	
------------	------------>		5G-NR RRC	rrcReconfigurationComplete	
<------------	----------------------	------------	3GPP NAS	DL NAS transport	N1_SM_information - PDU_SESSION_ESTABLISHMENT_ACCEPT
<------------	----------------------	------------	3GPP NAS	PDU session establishment accept	
------------	------------>		5G-NR RRC	measurementReport	

Figure 3-28. Default Internet and IMS PDU session Establishment

IMS Registration and VoNR Call

Interface	Message	Pi	LT	N	Dir	SIP Event Summary
SIP	REGISTER				Tx	REGISTER sip:msg.lab.t-mobile.com SIP/2.0[TcpFlag : ACK]
SIP	REGISTER				Tx	REGISTER sip:msg.lab.t-mobile.com SIP/2.0[TcpFlag : ACK]
SIP	REGISTER				Tx	REGISTER sip:msg.lab.t-mobile.com SIP/2.0[TcpFlag : ACK|PSH]
SIP	401 Unauthorized				Rx	SIP/2.0 401 Unauthorized[TcpFlag : ACK]
SIP	401 Unauthorized				Rx	SIP/2.0 401 Unauthorized[TcpFlag : ACK]
SIP	401 Unauthorized				Rx	SIP/2.0 401 Unauthorized[TcpFlag : ACK|PSH]
SIP	REGISTER				Tx	REGISTER sip:msg.lab.t-mobile.com SIP/2.0[TcpFlag : ACK]
SIP	REGISTER				Tx	REGISTER sip:msg.lab.t-mobile.com SIP/2.0[TcpFlag : ACK]
SIP	REGISTER				Tx	REGISTER sip:msg.lab.t-mobile.com SIP/2.0[TcpFlag : ACK]
SIP	REGISTER				Tx	REGISTER sip:msg.lab.t-mobile.com SIP/2.0[TcpFlag : ACK|PSH]
SIP	200 OK				Rx	SIP/2.0 200 OK[TcpFlag : ACK]
SIP	200 OK				Rx	SIP/2.0 200 OK[TcpFlag : ACK]
SIP	200 OK				Rx	SIP/2.0 200 OK[TcpFlag : ACK|PSH]
SIP	SUBSCRIBE				Tx	SUBSCRIBE sip:16269779175@msg.lab.t-mobile.com SIP/2.0[TcpFlag : ACK]
SIP	SUBSCRIBE				Tx	SUBSCRIBE sip:16269779175@msg.lab.t-mobile.com SIP/2.0[TcpFlag : ACK]
SIP	SUBSCRIBE				Tx	SUBSCRIBE sip:16269779175@msg.lab.t-mobile.com SIP/2.0[TcpFlag : ACK|PS
SIP	200 OK				Rx	SIP/2.0 200 OK[TcpFlag : ACK]
SIP	200 OK				Rx	SIP/2.0 200 OK[TcpFlag : ACK]
SIP	200 OK				Rx	SIP/2.0 200 OK[TcpFlag : ACK|PSH]
SIP	NOTIFY				Rx	NOTIFY sip:16269779175@[2001:4870:133:6111:ac1:330d:4cc2:18e9]:7500 SI
SIP	NOTIFY				Rx	NOTIFY sip:16269779175@[2001:4870:133:6111:ac1:330d:4cc2:18e9]:7500 SI
SIP	NOTIFY				Rx	NOTIFY sip:16269779175@[2001:4870:133:6111:ac1:330d:4cc2:18e9]:7500 SI
SIP	NOTIFY				Rx	NOTIFY sip:16269779175@[2001:4870:133:6111:ac1:330d:4cc2:18e9]:7500 SI
SIP	NOTIFY				Rx	NOTIFY sip:16269779175@[2001:4870:133:6111:ac1:330d:4cc2:18e9]:7500 SI
SIP	NOTIFY				Rx	NOTIFY sip:16269779175@[2001:4870:133:6111:ac1:330d:4cc2:18e9]:7500 SI
SIP	200 OK				Tx	SIP/2.0 200 OK[TcpFlag : ACK|PSH]
SIP	200 OK				Tx	SIP/2.0 200 OK[TcpFlag : ACK|PSH]
SIP	INVITE				Tx	INVITE sip:16095402171;phone-context=msg.lab.t-mobile.com@msg.lab.t-mobile.
SIP	INVITE				Tx	INVITE sip:16095402171;phone-context=msg.lab.t-mobile.com@msg.lab.t-mobile.
SIP	INVITE				Tx	INVITE sip:16095402171;phone-context=msg.lab.t-mobile.com@msg.lab.t-mobile.
SIP	INVITE				Tx	INVITE sip:16095402171;phone-context=msg.lab.t-mobile.com@msg.lab.t-mobile.
SIP	100 Trying				Rx	SIP/2.0 100 Trying[TcpFlag : ACK|PSH]
SIP	100 Trying				Rx	SIP/2.0 100 Trying[TcpFlag : ACK|PSH]
5G-NR RRC	rrcReconfiguration				Rx	
SIP	183 Session Progress				Rx	SIP/2.0 183 Session Progress[TcpFlag : ACK]
SIP	183 Session Progress				Rx	SIP/2.0 183 Session Progress[TcpFlag : ACK]
SIP	183 Session Progress				Rx	SIP/2.0 183 Session Progress[TcpFlag : ACK|PSH]
5G-NR RRC	rrcReconfigurationComplete				Tx	
3GPP NAS	DL NAS transport	N1_			Rx	
3GPP NAS	PDU session modification command				Rx	
3GPP NAS	PDU session modification complete				Tx	
3GPP NAS	UL NAS transport	N1_			Tx	
5G-NR RRC	ulInformationTransfer				Tx	
SIP	PRACK				Tx	PRACK sip:sgc_c@[fd01:976a:0:2d::5]:65529;transport=tcp SIP/2.0[TcpFlag : A
SIP	PRACK				Tx	PRACK sip:sgc_c@[fd01:976a:0:2d::5]:65529;transport=tcp SIP/2.0[TcpFlag : A
SIP	PRACK				Tx	PRACK sip:sgc_c@[fd01:976a:0:2d::5]:65529;transport=tcp SIP/2.0[TcpFlag : A
SIP	200 OK				Rx	SIP/2.0 200 OK[TcpFlag : ACK|PSH]
SIP	200 OK				Rx	SIP/2.0 200 OK[TcpFlag : ACK|PSH]
SIP	180 Ringing				Rx	SIP/2.0 180 Ringing[TcpFlag : ACK]
SIP	180 Ringing				Rx	SIP/2.0 180 Ringing[TcpFlag : ACK]
SIP	180 Ringing				Rx	SIP/2.0 180 Ringing[TcpFlag : ACK|PSH]
SIP	200 OK				Rx	SIP/2.0 200 OK[TcpFlag : ACK]
SIP	200 OK				Rx	SIP/2.0 200 OK[TcpFlag : ACK]
SIP	200 OK				Rx	SIP/2.0 200 OK[TcpFlag : ACK|PSH]
SIP	ACK				Tx	ACK sip:sgc_c@[fd01:976a:0:2d::5]:65529;transport=tcp SIP/2.0[TcpFlag : ACK]
SIP	ACK				Tx	ACK sip:sgc_c@[fd01:976a:0:2d::5]:65529;transport=tcp SIP/2.0[TcpFlag : ACK]
SIP	ACK				Tx	ACK sip:sgc_c@[fd01:976a:0:2d::5]:65529;transport=tcp SIP/2.0[TcpFlag : ACK]
SIP	BYE				Tx	BYE sip:sgc_c@[fd01:976a:0:2d::5]:65529;transport=tcp SIP/2.0[TcpFlag : ACK]
SIP	BYE				Tx	BYE sip:sgc_c@[fd01:976a:0:2d::5]:65529;transport=tcp SIP/2.0[TcpFlag : ACK]
SIP	BYE				Tx	BYE sip:sgc_c@[fd01:976a:0:2d::5]:65529;transport=tcp SIP/2.0 SipByeReason
SIP	200 OK				Rx	SIP/2.0 200 OK[TcpFlag : ACK|PSH]
SIP	200 OK				Rx	SIP/2.0 200 OK[TcpFlag : ACK|PSH]
5G-NR RRC	rrcReconfiguration				Rx	
5G-NR RRC	rrcReconfigurationComplete				Tx	
3GPP NAS	DL NAS transport	N1_			Rx	
3GPP NAS	PDU session modification command				Rx	
3GPP NAS	PDU session modification complete				Tx	
3GPP NAS	UL NAS transport	N1_			Tx	

Figure 3-29. IMS Registration and VoNR Call

3.4.3 EPSFB in 5G NR

5G NSA 네트워크에 연결되어 있거나 단말이 VoNR을 지원하지 않는 경우, LTE망을 이용하여 음성/영상 서비스를 제공해야 합니다. 이를 EPSFB(EPS Fallback)이라 부릅니다.

EPSFallBack의 Flow는 아래와 같습니다.

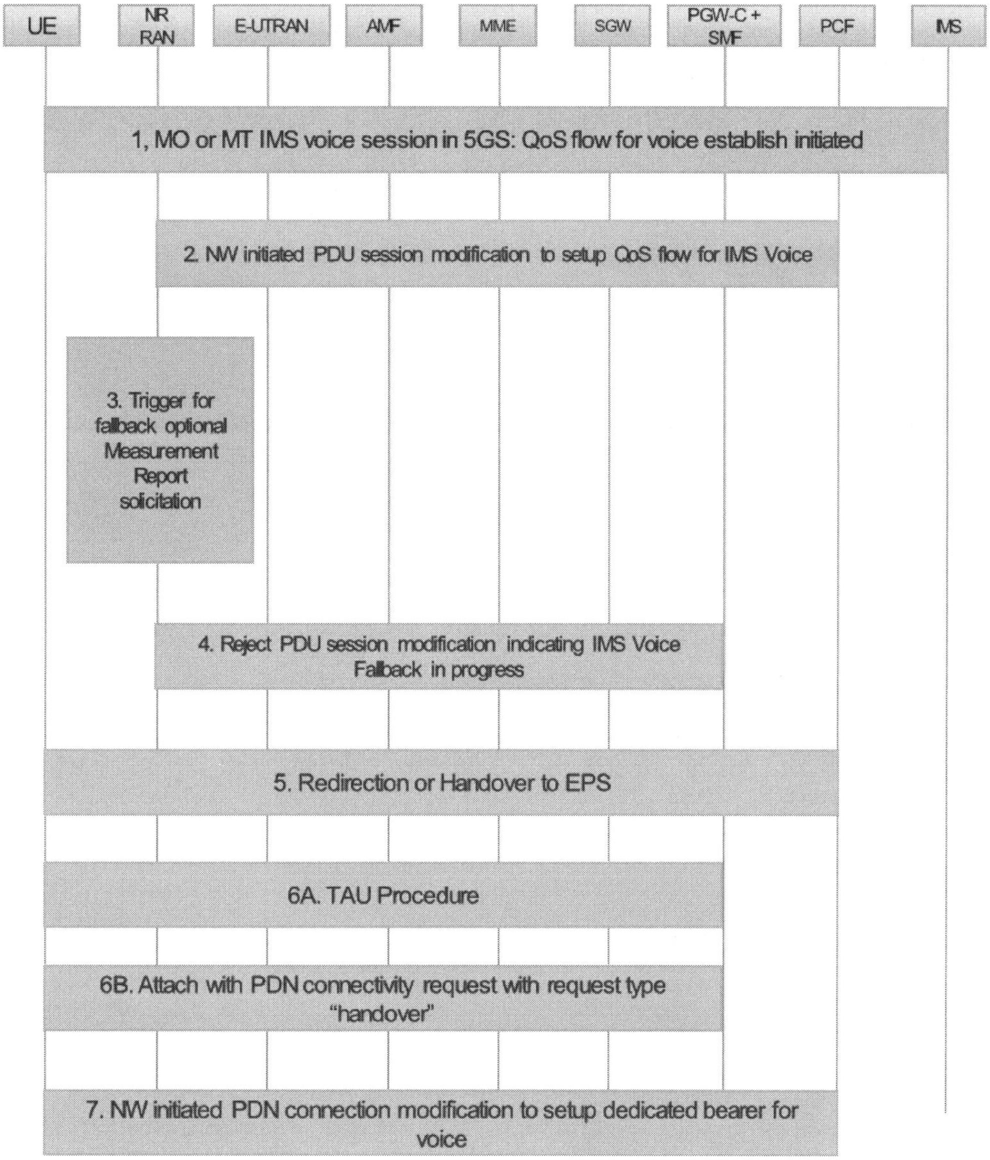

Figure 3-30. Call Flow For EPSFallback in 5GNR

1. 5GS에서 수신/발신 측 IMS 음성 세션을 시작합니다.
2. QoS flow 셋업을 위해 PDU Session Modification과정이 진행됩니다.
3. Fallback 여부를 결정하기 위한 Trigger가 진행됩니다.
4. VoNR로 진행할 수 없을 경우 2번 과정의 PDU Session Modification을 reject 한

뒤 EPS Fallback과정을 진행합니다.

5. Redirect 혹은 Handover를 통해 5GS에서 EPS로 연결이 됩니다.
6A. Redirection이 음성통화로 인해 Fallback이 되었을 경우 TAU(Tracking Area Update) 과정을 진행합니다.
6B. NR에서 LTE로 HandOver가 음성통화로 인해 Fallback이 되었음을 알립니다.
7. Bearer를 연 후 음성 서비스가 제공됩니다.

실제 EPSFallback(Redirect) 과정 로그를 살펴보면 아래와 같습니다.

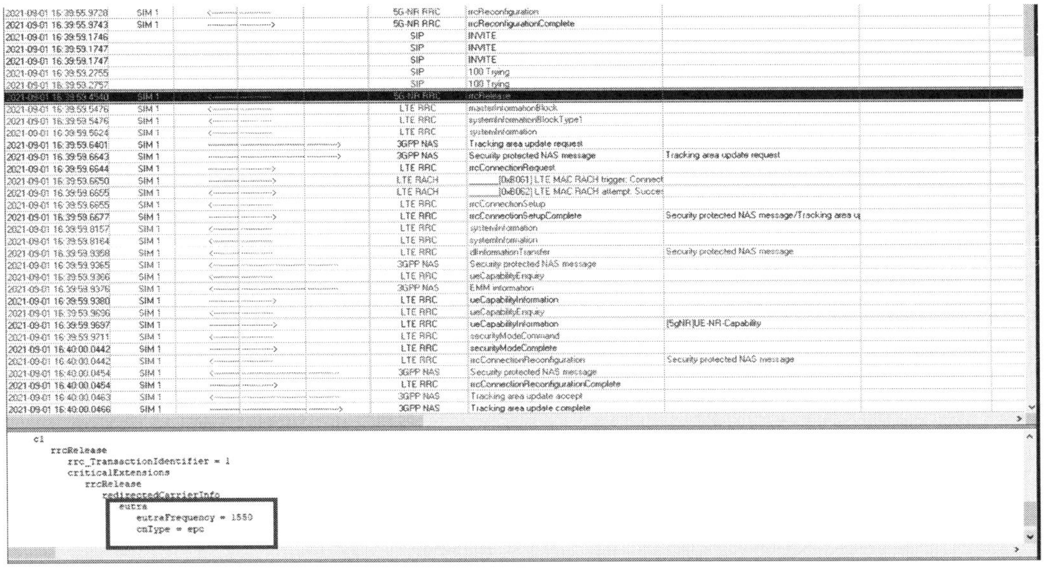

Figure 3-31. EPS fallback in 5GNR

SIP Message를 통해 호를 성립하는 과정에서 5G NR rrcRelease에서 Redirect이 Fallback으로 인한 것임을 알 수 있습니다.

이후 TAU(Tracking Area Update) 절차를 진행합니다. 그리고 Bearer가 열린 후 음성 서비스가 시작됩니다.

3.5 Radio Link & SCG Failure

3.5.1 5G NR

RLF(Radio Link Failure)는 RRC Connected 상태에서UE와 gNB간의 무선 연결이 끊어질 때 발생됩니다.

발생하는 이유는 대표적으로 interference, Coverage, Handover failure가 있습니다.

RLF가 발생하면 UE는 gNodeB에 Reestablishment req msg를 전송하며, gNB는 re-establishment를 위해 손실된 패킷을 재전송하거나,Transmission Parameter를 조정, 인접 Cell로 Handover를 수행합니다.

만약 re-establishment가 실패하면, UE는 인접한 Cell의 Signal Strength를 측정하여 가장 강한 신호의 Cell에 대해 re-selection을 수행합니다. Cell re-selection도 실패하면, UE는 IDLE 상태로 전환합니다.

NSA RadioLinkFailure / SCG Failure

NSA 환경에서 SCG Failure Information으로 Failure cause를 보고합니다.

즉, NSA 환경에서 SCG(Secondary Cell Group) Failure와 RLF는 동일한 Cause라 볼 수 있습니다.

5G NR NSA에선 RRC Reconfiguration을 수신한 후 5G을 Add하던 중에 다양한 유형의 장애가 발생할 수 있습니다.

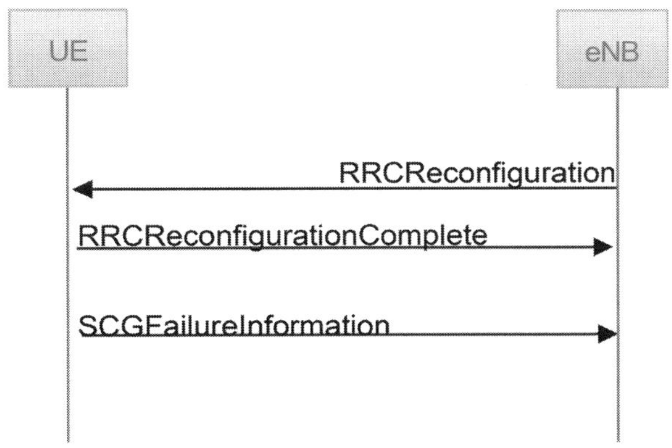

Figure 3-32. SCG Failure

이 경우, UE는 아래와 같이 다양한 실패 원인을 담은 SCG Failure Information (NSA)/UE Information (SA)을 전송합니다.

SCG Failure Information의 SCGFailureInformation / UE Information response failure type에 RLF cause들이 표시됩니다.

3GPP 38.331 에서는 RLF에 대해서 자세히 설명되어 있습니다.

<table>
<tr><th colspan="2">Failure type – SCG Failure Information(NSA) / UE Information (SA)</th></tr>
<tr><td>t310–Expiry</td><td>UE가 연속적으로 Out of Sync가 발생할 때 t310–Expiry가 보고됩니다. (Refer to 38.331–7.1.1 for further details.)
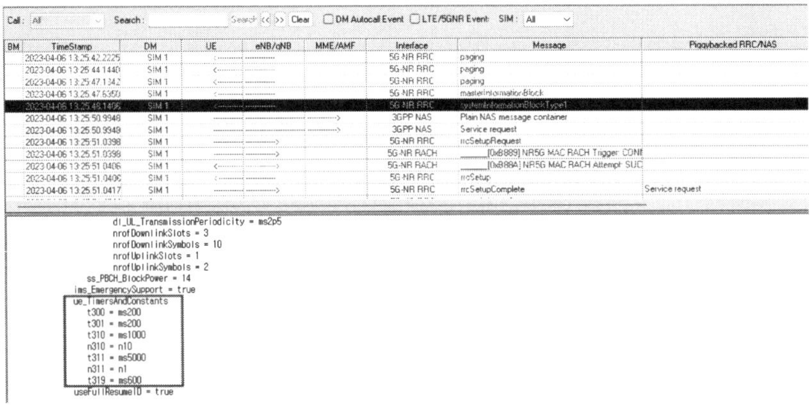

Figure 3–33. SIB1 Parameter Timer

5G NR SIB1 Related Parameter : t310, n310, n311
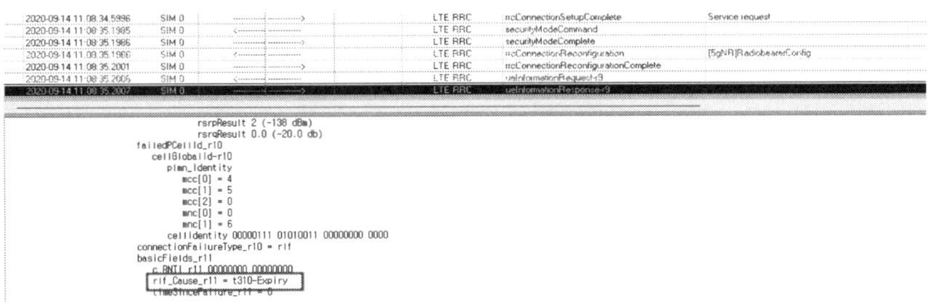

Figure 3–34. RLF Cause</td></tr>
<tr><td>t312–Expiry</td><td>Rel–16부터 적용됐으며, T310 Timer가 진행 중 RRC Reconfiguration_ReportConfigNR의 useT312가 True일 경우 T312가 trigger됩니다.
[[
measRSSI-ReportConfig-r16 MeasRSSI-ReportConfig-r16
useT312-r16 BOOLEAN
includeCommonLocationInfo-r16 ENUMERATED {true}
includeBT-Meas-r16 SetupRelease {BT-NameList-r16}

Figure 3–35. useT312</td></tr>
</table>

<table>
<tr><th colspan="2">Failure type – SCG Failure Information(NSA) / UE Information (SA)</th></tr>
<tr><td></td><td>

해당 T312에 대한 Timer는 RRC Reconfiguration measObjectNR에 구성된 T312값을 사용하여 해당 SpCell에 대한 Timer T312가 시작됩니다.

<pre>
T312-r16 ::=   ENUMERATED { ms0, ms50, ms100, ms200, ms300, ms400, ms500, ms1000}

ReferenceSignalConfig::=   SEQUENCE {
    ssb-ConfigMobility   SSB-ConfigMobility
    csi-rs-ResourceConfigMobility   SetupRelease { CSI-RS-ResourceConfigMobility }
}
</pre>

Figure 3-36. T312 Enum

T310이 만료되기 전 T312 Timer가 만료된 경우 해당 cause를 발생합니다.
</td></tr>
<tr><td>synchReconfigFailure-SCG</td><td>

initial synchronization fail일 경우 해당 cause가 trigger 됩니다.
UE가 T304가 만료될 때까지 NR RACH를 완료하지 못하면 trigger 됩니다.
Related Parameter : t304 (3GPP 38.331 – 5.3.5.8.3 and 7.1.1 for further details)
</td></tr>
<tr><td>RandomAccess Problem</td><td>

RACH에 실패할 경우 해당 cause가 trigger 됩니다.
Related Parameter : PreambleTransMax (3GPP 38.331 – 5.7.3.3 for further details)

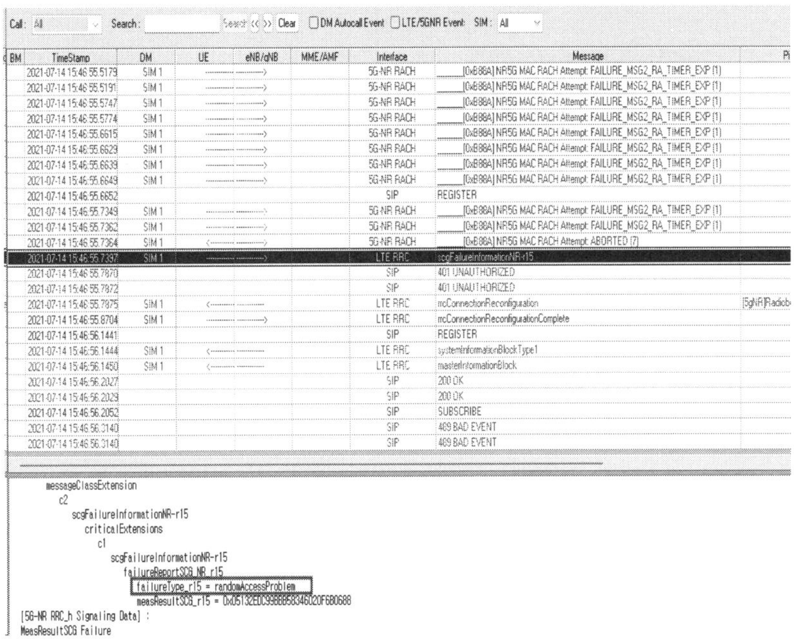

Figure 3-37. randomAccessProblem
</td></tr>
</table>

Failure type – SCG Failure Information(NSA) / UE Information (SA)	
rlc–MaxNumRetx	rlc–MaxNumRetx는 최대 재전송 횟수에 도달했을 때 trigger됩니다. Related Parameter : maxRetxThreshold (3GPP 38.331 – 5.7.3.3 for further details) 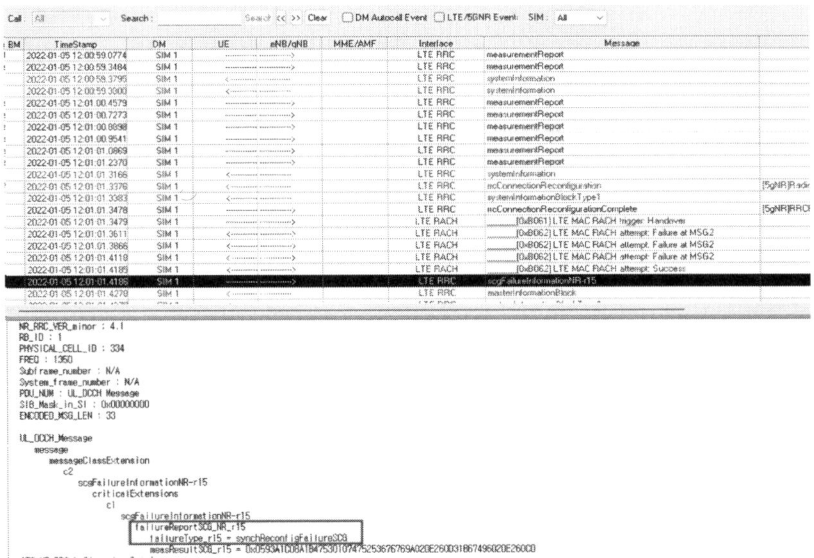 **Figure 3–38.** rlc–MaxNumRetx
srb3–Integrity Failure	SRB3을 통해 Reconfiguration msg와 integrity check에 실패하면 srb3–IntegrityFailure를 trigger 합니다. (3GPP 38.331 – 5.7.3.3 for further details)
scg–reconfig Failure	NR Cell addition 중 NR Cell sync fail이 발생할 경우 UE에서 scg–reconfigFailure가 trigger 됩니다. (3GPP 38.331 – 5.7.3.3 for further details)

SA Radio Link Failure

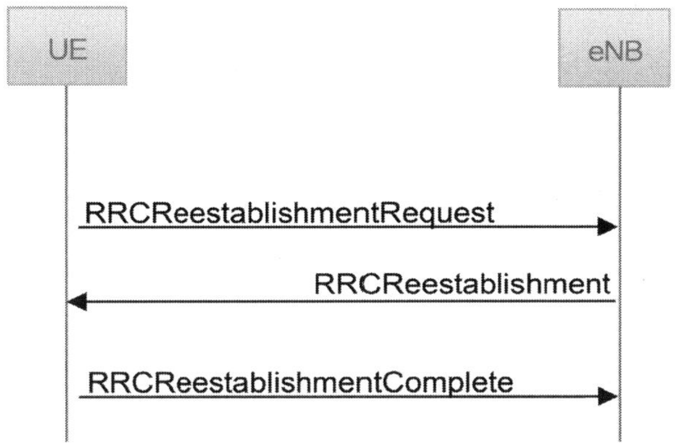

Figure 3-39. RRC Reestablishment

SA 에선 RLF 판정 후 RRCConnected 상태를 유지하기위해 기지국으로 RRC re-stablishment Request msg를 보냅니다. 응답으로 기지국에서 Re-establishment 가 오고 단말이 재설정을 완료합니다.

그리고 UE가 RRC Re-establishment complete msg를 보내면 UE는 rrc con-nected 상태로 유지됩니다.

그러나 restablishment 과정을 실패할 경우 IDLE상태로 전환하고 다시 Initial cell 접속과정을 진행합니다.

UE는 망 재접속 이후 RLF 발생원인을 기지국에 보고할 수 있습니다.

SA환경에서 Radio Link Fail 발생원인은 UE Information Req/Resp msg 로 확인 가능합니다.

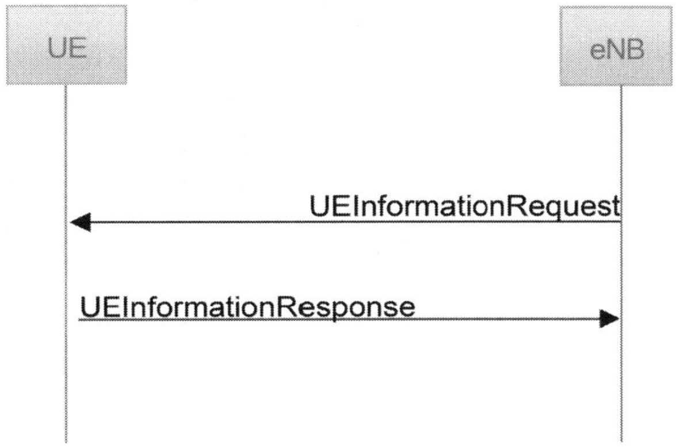

Figure 3-40. UE Information

5G NR ueInformationRequest

- rlf-ReportReq-r16: true
  참조항목 - UEInformationRequest-r16 〉 rlf-ReportReq-r16 true

5G NR ueInformationResponse

- connectionFailureType: rlf 또는 hof 표시 / rlf-Cause: 문자열 표시
  참조항목 - UEInformationResponse-r16 〉 RLF-Report-r16 〉
  connectionFailureType-r16, rlf-Cause-r16

```
}                                                                  OPTIONAL,
timeUntilReconnection-r16     TimeUntilReconnection-r16            OPTIONAL,
reestablishmentCellId-r16     CGI-Info-Logging-r16                 OPTIONAL,
timeConnFailure-r16           INTEGER (0..1023)                    OPTIONAL,
timeSinceFailure-r16          TimeSinceFailure-r16,
connectionFailureType-r16     ENUMERATED {rlf, hof},
rlf-Cause-r16                 ENUMERATED {t310-Expiry, randomAccessProblem, rlc-MaxNumRetx,
                                          beamFailureRecoveryFailure, lbtFailure-r16,
                                          bh-rlfRecoveryFailure, spare2, spare1},
locationInfo-r16              LocationInfo-r16                     OPTIONAL,
```

Figure 3-41. ConnectionFailureType / rlf-Cause

DM Tool에서는 이 정보들을 활용하여 5G NR SA Status Information의 Info창에 RLF Cause를 표시합니다. 또한 RLF 발생 이후 발생하는 reestablishment msg와 RACH 정보를 signalling msg에서 확인 할 수 있습니다.

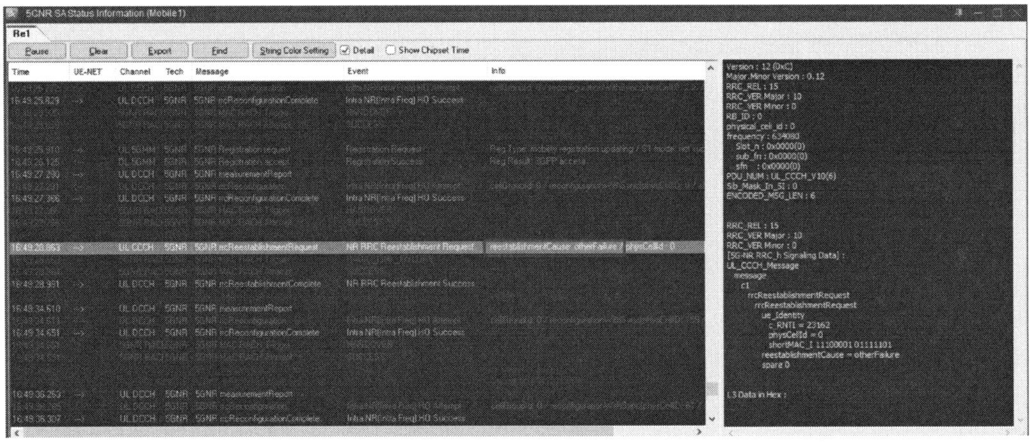

Figure 3-42. rlf-cause in DM Tool

3.5.2 LTE

LTE에서도 RLF 내용이 동일함으로 3.4.1의 내용을 참조 바랍니다.
UE는 다음과 같은 RLF를 감지합니다.

- PHY Layer의 문제 감지 (T310 만료)
  - PHY Layer에서 문제가 감지되면 UE는 T310 Timer를 시작합니다.
  - T310 Timer가 만료되면 RLF Trigger가 됩니다.
  - RLF Tirgger가 되면 rrc re–establishment 절차가 진행됩니다.
  - rrc re–establishment 절차가 진행되며, rrc connection 확보가 실패하면 rrc re–selection 절차를 진행합니다.

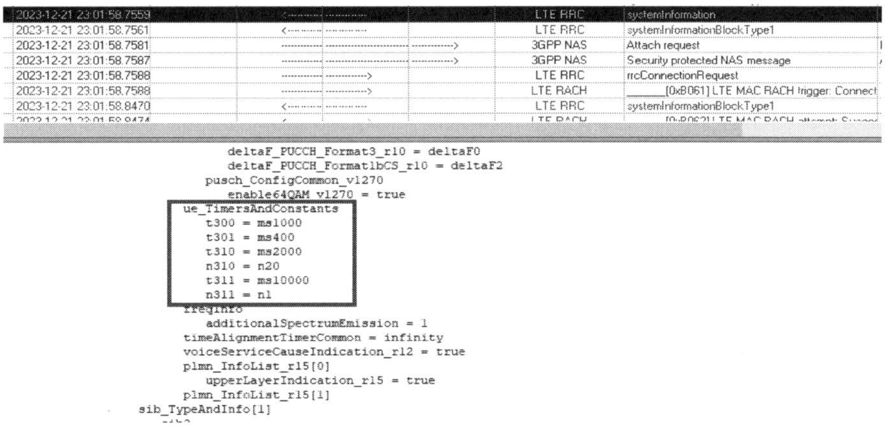

Figure 3–43. LTE SIB Timer

- UL RLC 재전송 한도 초과

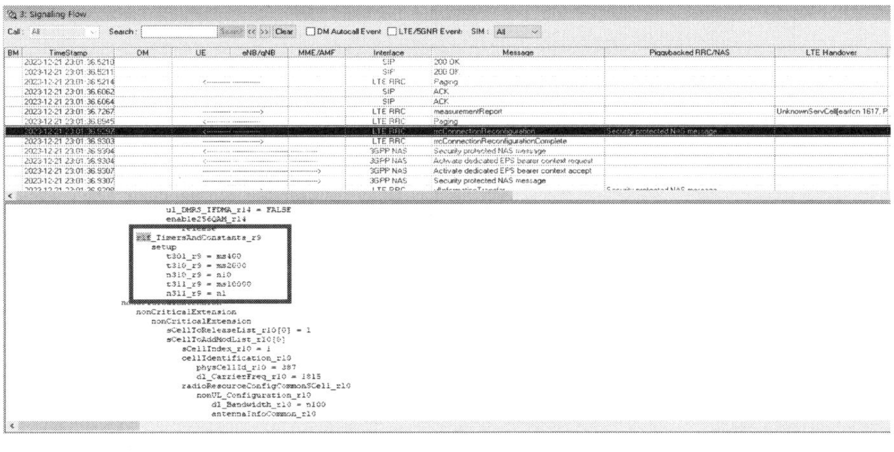

Figure 3–44. rlf_timer

– 채널 간섭, 전송 오류, 네트워크 혼잡, UE 이동 등 다양한 원인으로 인해 UL RLC 재전송이 발생할 수 있습니다.
– UL RLC 재전송 횟수는 지연 시간이 증가하고 처리량이 감소할 수 있으므로 전체 시스템 성능에 영향을 미칠 수 있습니다.
– 이 경우 최대 UL retransmission횟수에 도달하면 UE에 의해 RLF가 Trigger됩니다.
– 설정 값은maxRetxThreshold 에서 확인할 수 있습니다.

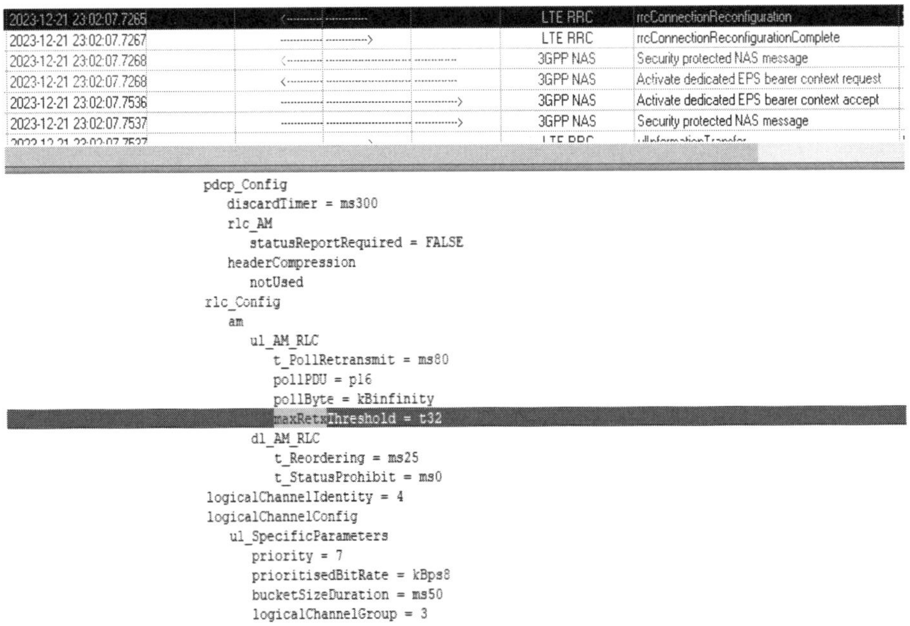

Figure 3-45. maxRetxThreshold case

• Handover 실패
– Handover로 인한 RLF의 경우, UE는 Target eNB로부터 필요한 Handover Parameter를 수신하지 못하거나 Target eNB와 연결을 설정하지 못하여 무선 링크가 끊어질 수 있습니다. 이는 약한 신호 강도, 간섭, 네트워크 혼잡 등 다양한 원인으로 인해 발생할 수 있습니다.
– RRC ConnectionReConfiguration message와 함께 Handover 명령을 받으면 T304 Timer를 시작합니다. T304 Timer가 만료되면 RLF Trigger가 됩니다. T304 Timer가 시작되면 UE는 PRACH 절차를 수행해야 하며, T304 Timer 만료시까지 이 절차를 수행하지 못하면 Handover Failure가 발생합니다.

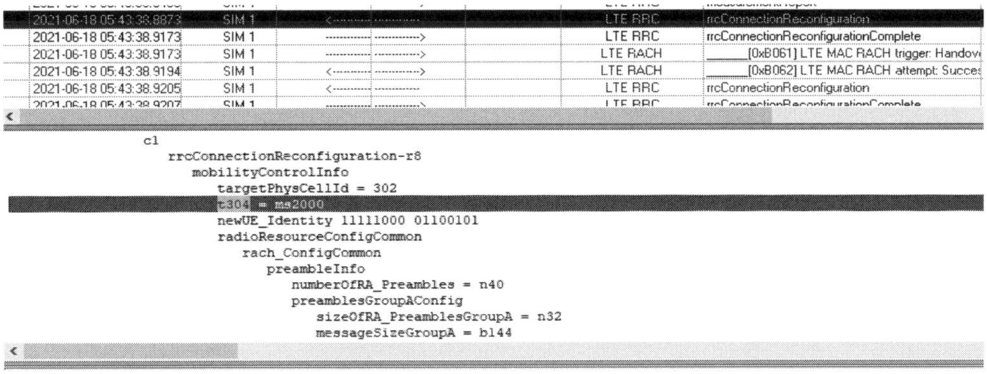

Figure 3-46. t304 Timer

- RACH 문제
  - UE가 RACH Access하는 데 어려움을 겪거나 RACH가 혼잡한 경우 RLF로 이어질 수 있습니다. 이는 간섭, RACH 리소스 부족, 다른 UE와의 충돌 등 다양한 원인으로 인해 발생할 수 있습니다.
  - UE가 RACH 문제 및 이슈로 인해 RLF를 경험하면 RACH에 다시 접속을 시도하여 네트워크와의 연결을 다시 설정하려고 할 수 있습니다. RACH가 여전히 혼잡하거나 UE가 RACH에 Access하는 데 계속 어려움을 겪는 경우 네트워크와 새 연결을 설정하기 위해 re-establishment 절차를 Trigger할 수 있습니다.
  - RLF가 Trigger되면 T311 timer를 실행하며, Timer 만료 시 RRC IDLE 상태로 들어갑니다.

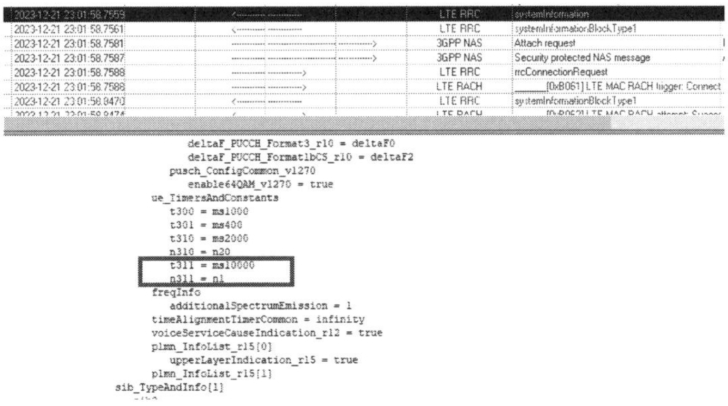

Figure 3-47. t311 & n311

Memo

CHAPTER

4

Layer 3 KPI in XCAL-Mobile/XCAL-Solo

4.1 LTE

4.2 5G NR

CHAPTER 4

Layer 3 KPI in XCAL-Mobile/XCAL-Solo

4.1 LTE

4.1.1 LTE Summary

LTE Summary 화면은 LTE Parameter의 정보를 확인할 수 있습니다. Common, Downlink, Uplink, Random Access Channel의 요약된 정보를 테이블 형태로 제공합니다.

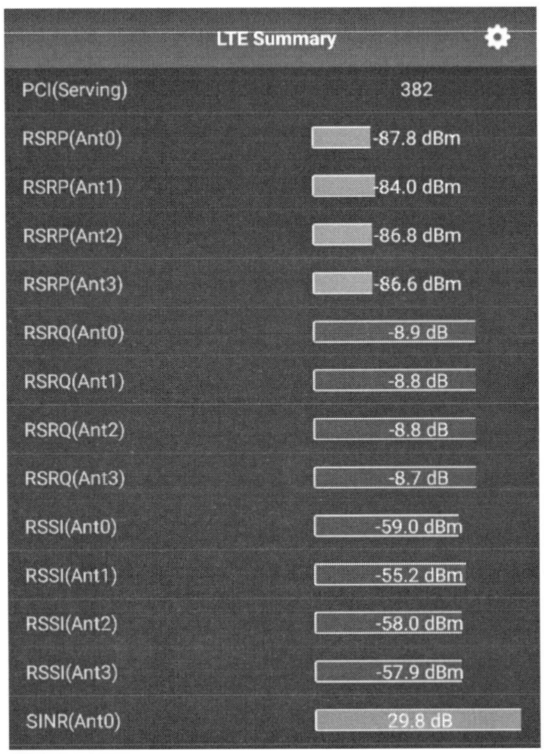

Figure 4-1. LTE Summary View

Parameter	Description
PCI(Serving)	Physical Cell ID는 물리계층의 Cell 식별 ID 입니다(0~503).
RSRP(Ant0/1/2/3)	Reference Signal Received Power는 단말에 수신되는 Reference Signal의 전력입니다.
RSRQ(Ant0/1/2/3)	Reference Signal Received Quality는 단말에 수신되는 전력 대비 Reference Signal의 전력비입니다.
RSSI(Ant0/1/2/3)	Reference Signal Strength Indicator는 단말에 수신되는 총 전력입니다. 신호와 간섭을 모두 포함합니다.
SINR(Ant0/1/2/3)	Signal to Interference Noise Ratio는 신호대 간섭 잡음비입니다.
CQI(CW0/1)	Channel Quality Indicator로 이동 통신에서 전송 용량을 높이기 위해 무선 채널 품질을 측정하고 이를 기반으로 기지국은 스케줄러 정보로 사용합니다.
PUSCH Tx Power	단말에서 기지국으로 전송하는 물리계층 Uplink 채널의 송신 전력입니다.
PUCCH Tx Power	단말에서 기지국으로 전송하는 물리계층 Uplink 제어 채널의 송신 전력입니다.
Power Headroom	단말이 현재 전송하는 전력 외에 사용할 수 있는 전력량입니다.
Path Loss	무선통신망의 경로 손실입니다.
Timing Advance	단말에서 기지국으로 전송되는 신호에 소요되는 시간 타이밍을 맞추기 위해 사용하는 파라미터입니다. 동일한 셀 내의 모든 단말이 보내는 신호가 거리와 상관없이 도착 시점을 동일하게 조정하는 경우 사용합니다.
Wideband PMI	Precoding Matrix Indicators를 정보를 사용하여 가중치를 설정하고 단말은 이 가중치로 Downlink S/N 비율을 최대화합니다.
Spatial Rank	Rank Index와 동일한 개념으로 MIMO가 잘 동작하는지를 보여주는 수치입니다. 1일 때는 Antenna를 1개 사용하는 것이고, 2일 때는 Antenna를 2개 사용하는 것입니다.
PDSCH Rank2%	PDSCH 채널에 사용되는 Rank 2 비율입니다.
Rank Index	Spatial Rank와 동일한 개념으로 MIMO가 잘 동작하는지를 보여주는 수치입니다.
DL	
PRB Num(Avg.)	Physical Resource Block은 주파수 영역으로 스케줄링 되는 가장 작은 단위의 자원입니다. PRB의 평균 값입니다.

Parameter	Description
PRB Num(Inc0)	Including 0는 단말이 할당받지 않은 PRB에 대한 Slot까지 고려한 PRB의 값입니다.
PRB Utilization	PRB의 활용도입니다.
MCS0 Index	Modulation and Coding Scheme Codeword 0에 대한 값으로써 0~31 범주를 갖는다
MCS0 Mod. Rate(Q/16/64/256/1024)	MCS0 변조 비율입니다.
MCS1 Index	Modulation and Coding Scheme Codeword 1에 대한 값으로 0~31범주를 갖는다.
MCS1 Mod. Rate(Q/16/64/256/1024)	MCS1 변조 비율입니다.
PDSCH BLER	PDSCH 채널에 대한 Block Error Rate입니다.
PDSCH Throughput	PDSCH 채널의 처리량입니다. 손실율을 고려합니다.
MAC Throughput	Medium Access Control의 처리량입니다.
PDCP Throughput	Packet Data Convergence Protocol의 처리량입니다.
RLC Throughput	Radio Link Control의 처리량입니다.
UL	
PRB Num(Avg.)	Physical Resource Block은 주파수 영역으로 스케줄링 되는 가장 작은 단위의 자원입니다. PRB의 평균값입니다.
PRB Num(Inc0)	Including 0는 단말이 할당받지 않은 PRB에 대한 Slot까지 고려한 PRB의 값입니다.
PRB Utilization	PRB의 활용도입니다.
MCS(Q/16QAM/64QAM/256QAM)	MCS 변조 비율입니다.
PUSCH BLER	PUDSCH 채널에 대한 Block Error Rate입니다.
PUSCH Throughput	PUSCH 채널의 처리량입니다. 손실율을 고려합니다.
MAC Throughput	Medium Access Control의 처리량입니다.
PDCP Throughput	Packet Data Convergence Protocol의 처리량입니다.
RLC Throughput	Radio Link Control의 처리량입니다.

Parameter	Description
	Common
MCC/MNC	Mobile Country Code : 이동 국가 코드 3자리입니다. Mobile Network Code : 사업자 식별 번호 3자리입니다.
Band Class	Band Number와 Duplex 방식입니다.
DL EARFCN(Freq)	Downlink E-UTRA Absolute Radio Frequency Channel Number로 채널 번호와 주파수입니다.
UL EARFCN(Freq)	Uplink E-UTRA Absolute Radio Frequency Channel Number로 채널 번호와 주파수입니다.
CA Type	Carrier Aggregation(주파수 집성) type입니다.
DL/UL Bandwidth	Downlink와 Uplink 대역폭입니다.
TAC	Tracking Area Code는 통신사업자가 각 TA마다 할당한 고유 값입니다.
ECI	E-UTRAN Cell ID는 특정 네트워크 내 Cell ID입니다. eNB ID(20bit)와 Cell ID(8bit)로 이루어져 있습니다.
eNB ID	eNodeB(LTE 기지국)의 ID입니다.
Cell ID	Cell의 고유 ID입니다.
LCID	Logical Channel ID는 MAC 헤더에 포함되는 요소로 MAC 데이터가 제어 신호용인지, 사용자 데이터인지, 시그널링 Message인지 등의 특성이나 대상을 알려줍니다.
SFN	Single Frequency Network는 방송 서비스 구역내 여러 송신소가 동일한 주파수 채널로 동일한 방송 신호를 동시에 전송하는 방송망입니다.
Allowed Access	RRC Serving Cell의 접근 권한에 대한 값입니다.
EMM State	EPS Mobility Management의 상태 정보입니다. EMM은 단말과 MME간 NAS Signaling을 이용하여 망과 제어신호를 주고 받는 역할을 합니다. State는 실제 Cell과 접속 상태입니다.
EMM Substate	EMM의 서브 정보입니다. State와의 차이점으로는 실제 Service가 가능한지 여부를 나타냅니다.
DL Transmission Mode	Downlink 다중안테나로 전송하는 방식을 나타냅니다. SISO는 TM1, Diversity는 TM2, UE와 MIMO로부터 Feedback이 없으면 TM3, UE와 MIMO로부터 Feedback이 있으면 TM4입니다.

Parameter	Description
UL Transmission Mode	Uplink 다중안테나로 전송하는 방식입니다.
Num of Tx Antenna	송신 안테나의 수입니다.
Num of Rx Antenna	수신 안테나의 수입니다.
RRC State	RRC 상태입니다.
QCI	QoS Class Identifier는 패킷 통신의 품질을 정의하는 특수 식별자입니다. Class는 1부터 9까지입니다.
MBR for UL	Upload의 Maximum Bit Rate는 QoS 파라미터로 망에서 허용된 최대 대역폭입니다.
MBR for DL	Download의 Maximum Bit Rate는 QoS 파라미터로 망에서 허용된 최대 대역폭입니다.
UE Category	3GPP에서 LTE 단말의 성능(최대 처리량)을 단계별로 정의한 것입니다.
Delay Class	Negotiated QoS의 Delay Class입니다.
Traffic HanDLing Priority	Negotiated QoS의 Traffic HanDLing Priority입니다.
Cyclic Prefix	OFDM 전송 방식에서 채널 간 간섭을 방지하기 위한 가드 인터벌 구간에 삽입하는 신호입니다.
Vocoder Mode(UL/DL)	Voice Codec type입니다.
Vocoder Rate(UL/DL)	Vocoder 비율입니다.
MIMO Type	단말이 사용하고 있는 MIMO 타입입니다.

4.1.2 LTE CA Summary

LTE CA 화면은 LTE의 Carrier Aggregation 정보를 확인할 수 있습니다. PCell과 SCell의 정보를 테이블과 그래프 형식으로 제공합니다.

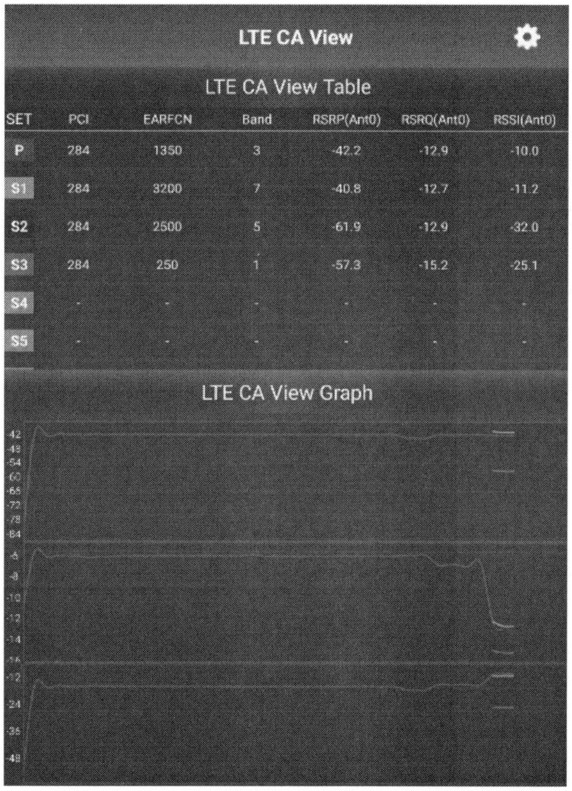

Figure 4-2. LTE CA View

4.1.3 LTE Cell Measurement

LTE Cell Measurement 화면은 PCell과 SCell의 정보를 확인할 수 있습니다. Cell 정보는 Serving Cell과 Neighbor Cell을 테이블과 그래프 형식으로 제공합니다.

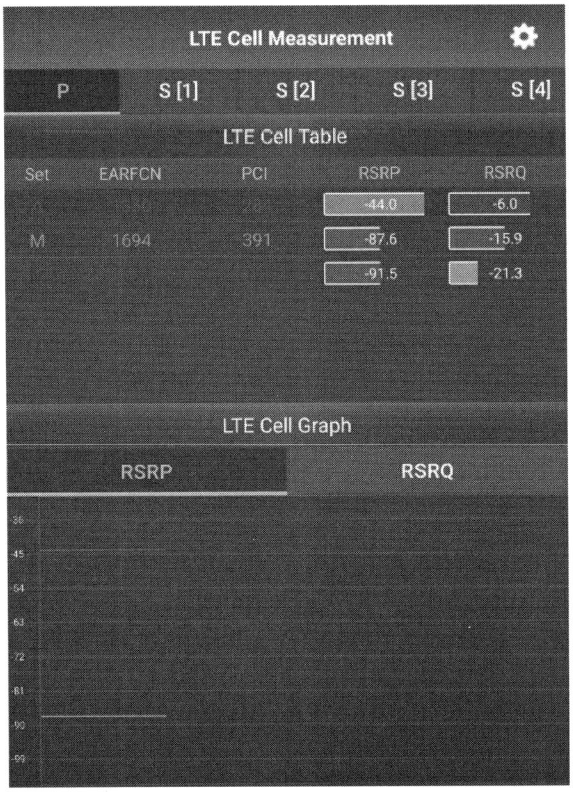

Figure 4-3. LTE Cell View

4.1.4 Scell Event

SCell Event 화면은 SCell의 Event 상태 정보를 테이블과 그래프 형식으로 확인할 수 있습니다.

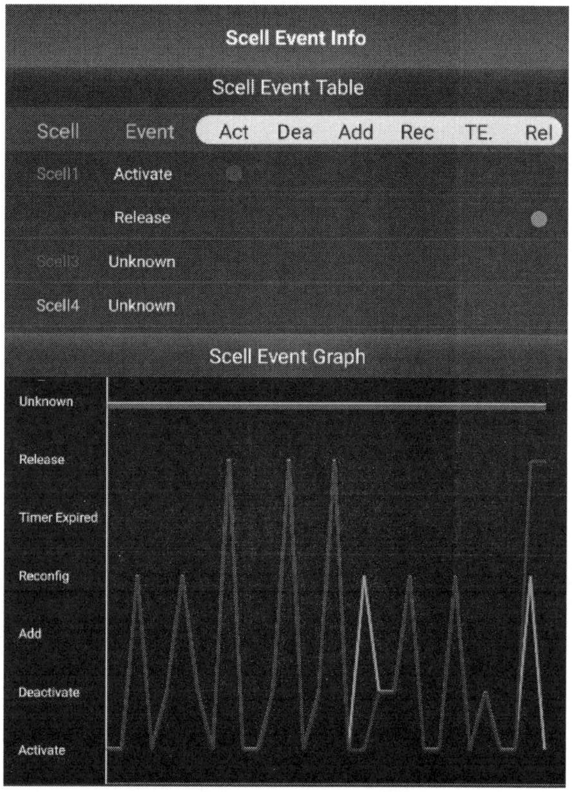

Figure 4-4. Scell Event View

Event	Description
Activated	활성화
Deactivated	비활성화
Add	추가
Reconfig	재연결
Timer Expired	연결 중 시간 초과
Release	연결 해제

4.1.5 LTE MAC DL TB

LTE MAC DL TB 화면은 LTE MAC 계층에서 Downlink의 Transport Block 정보를 확인할 수 있습니다.

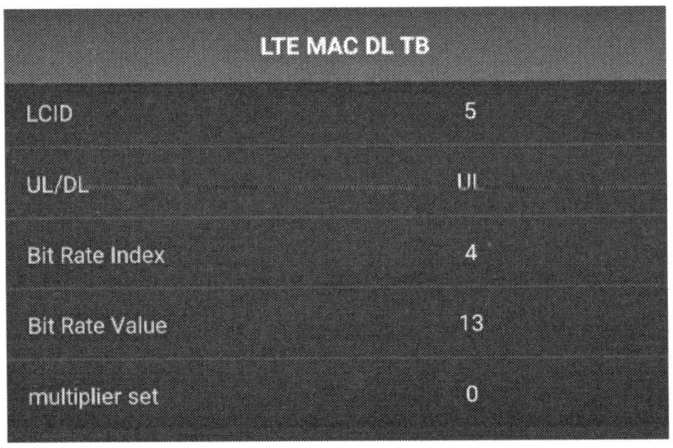

Figure 4-5. LTE MAC DL TB View

Parameter	Description
LCID	Logical Channel ID는 MAC 헤더의 중요한 구성요소 중 하나로 MAC 데이터의 특성이나 대상 정보가 포함됩니다.
UL/DL	UL, DL 여부를 구분합니다.
Bit Rate Index	Bit Rate의 Index 번호 입니다.
Bit Rate Value	Bit Rate의 값 입니다.
multiplier set	Multiplier set 값을 나타냅니다.

4.1.6 LTE SIB

SIB(System Information Block)는 eNB에서 UE로 전송하는 LTE 시스템에 대한 필수 정보가 포함된 Broadcast Message입니다. SIB는 BCCH를 통해 전송되기 때문에 UE는 Cell에 연결되어 있지 않더라도 커버리지 내에 있다면, 최신 System Information을 수신할 수 있습니다. 또한 데이터를 전송하는 채널인 PDSCH를 통해 전송되기도 합니다. 이를 통해 eNB는 서로 다른 채널 간에 전환할 필요 없이 SIB와 데이터를 UE에 동시 전송이 가능합니다.

LTE SIB 화면은 LTE의 SystemInformationBlock의 정보를 확인할 수 있습니다. SIB 정보는 SIB1, SIB2, SIB3, SIB5, SIB8 등이 있습니다.

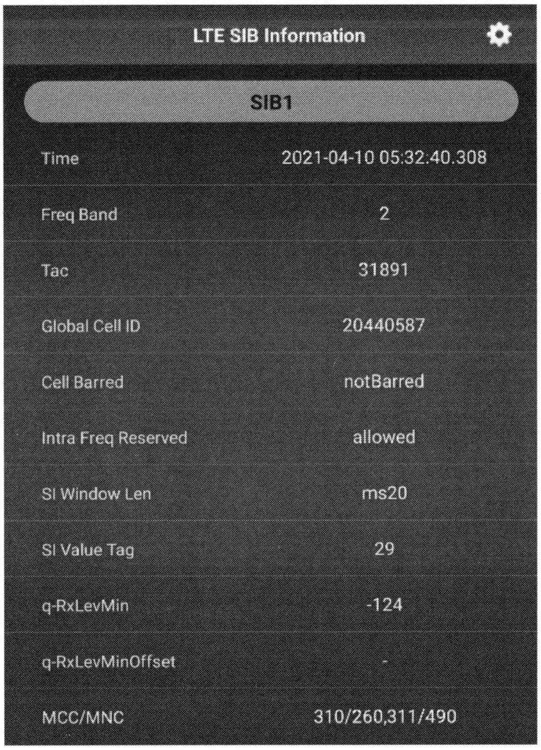

Figure 4-6. LTE SIB View

Type	Description	Parameter
SIB1	Cell 접속 관련 정보 - PLMN ID, TAC, Cell ID, Cell State Cell 선택 정보 - Minimum Receiver Level 스케줄링 정보 - SI message 타입과 주기, SIB 매핑 정보, SI Window length 등이 포함됩니다.	Freq Band Tac Global Cell ID Cell Barred Intra Freq Reserved SI Window Len SI Value Tag q-RxLevMin q-RxLevMinOffset MCC/MNC Operator Use EmercencySupport-r9
SIB2	Access Barring 정보 - Access Probablility factor, Access Class Barring List, Access Class Barring Time Semi Static Common Channel Configuration -	No of RA Preambles Power Ramping step Preamble Initial Receive Target Power

Type	Description	Parameter
	RACH, PRACH Configuration UL 주파수 정보 - UL EARCN, UL Bandwidth, Additional emmission MBSFN Configuration 정보 등이 포함됩니다.	Preamble Trans Max Default Paging Cycle Enable 64 QAM maxHARQ-Msg3Tx p0-NominalPUSCH alpha p0-NominalPUCCH referenceSignalPower timeAlignmentTimerCom mon t300 t301 t310 n310 t311 n311 ac-BarringForEmergency
SIB3	주파수 내 Cell 재 선택을 위한 Information/Parameter 정보가 있습니다.	q-Hyst S-Nonintrasearch ThreshservingLow CellReselectionPriority S-intraserach T-reselectionEUTRA q-RxLevMin p-Max
SIB5	주파수간 인접 Cell 정보가 있습니다.	DL-CarrierFreq q-RxLevMin p-Max T-reselectionEUTRA ~SF(Medium) ~SF(High) threshX-High threshX-Low allowedMeasBandwidth CellReselectionPriority neighCellConfig q-OffsetFreq interFreqBlackCellList

Type	Description	Parameter
SIB8	CDMA2000 시스템의 재 선택 정보가 있습니다.	systemTimeInfo searchWindowSize preRegistrationAllowed bandClass cellReselectionPriority threshX-High threshX-Low t-ReselectionCDMA2000

4.1.7 Inter-RAT

LTE Inter-RAT 화면은 LTE와 인접한 Radio Access Technology (WCDMA/GSM)로 핸드오버 될 수 있는 네트워크의 정보를 확인할 수 있습니다.

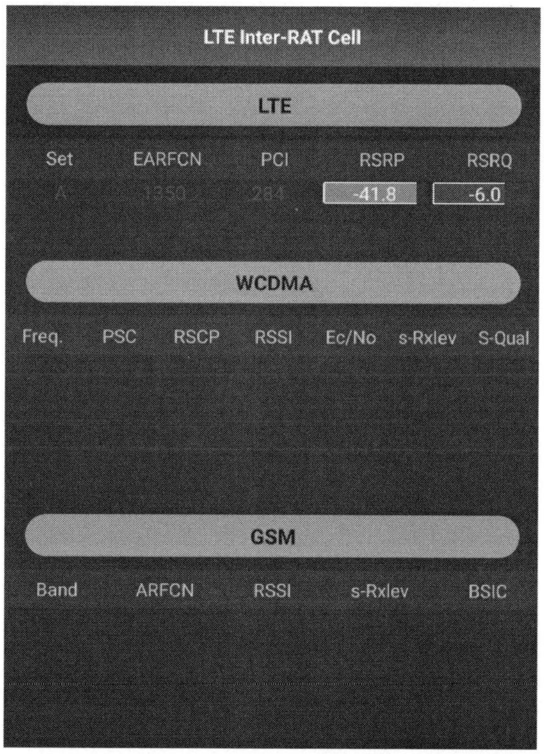

Figure 4-7. LTE Inter-RAT View

4.2 5G NR

4.2.1 5G NR Summary

5G NR Summary 화면은 5G Parameter의 정보를 확인할 수 있습니다. Common, Downlink, Uplink의 요약된 정보를 테이블 형태로 제공합니다.

NSA와 SA를 RRC State로 구분하여 정보를 제공합니다.

gNB ID의 bit string size 설정에 따라 NCGI, NCI, gNB ID, Cell ID 정보를 추가로 제공합니다.

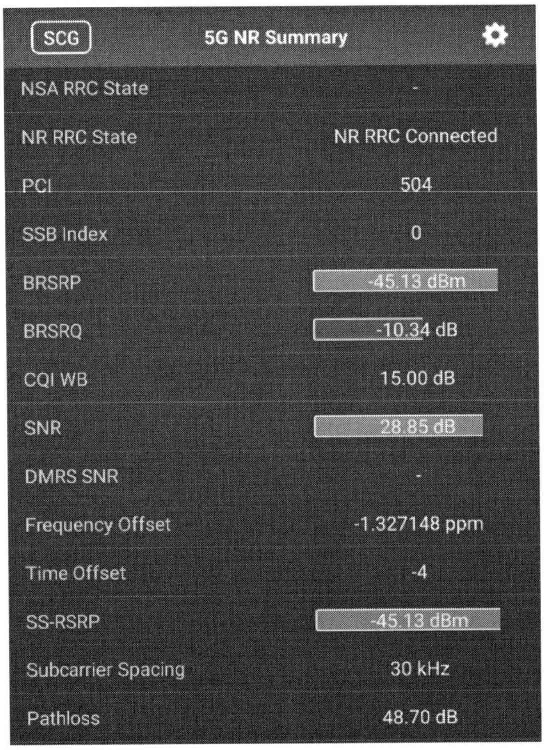

Figure 4-8. 5G NR Summary View

Parameter	Description
NSA RRC State	NSA RRC 연결 상태입니다.
NR RRC State	SA RRC 연결 상태입니다.
PCI	Physical Cell ID는 물리계층의 Cell 식별 ID 입니다(0~1007).
SSB Index	Synchronization Signal Block은 동기화 신호와 PBCH 채널이 하나의 블록으로 묶여있는 것을 의미합니다.
BRSRP	Beam-Reference Signal Received Power는 단말에 수신되는 Reference Signal의 전력입니다.
BRSRQ	Beam-Reference Signal Received Quality는 단말에 수신되는 전력 대비 Reference Signal의 전력비입니다.
CQI WB	Channel Quality Indicator Wideband는 광대역 무선 채널 품질 정보입니다.
SNR	Signal to Noise Ratio는 신호대 잡음비입니다.
DMRS SNR	DeModulate Reference Signal SNR은 전송 데이터를 Demodulate하기 위해 필요한 채널 값을 추정하기 위한 Reference Signal의 신호대 잡음비입니다.
Frequency Offset	Frequency Offset은 주파수를 조정하여 간섭을 최소화합니다.
Time Offset	Time Offset은 신호 시간을 조정하여 채널간 간섭을 최소화합니다.
SS-RSRP	Synchronization Signal RSRP는 동기화 신호에 대한 Reference Signal의 수신 전력입니다.
Subcarrier Spacing	Subcarrier Spacing은 OFDM에서 일정한 부반송파간의 일정한 주파수 간격을 의미합니다.
Pathloss	무선통신망의 경로 손실입니다.
Band	5G NR의 Band 정보입니다.
CarrierBandwidth(MHz)	반송파 대역폭입니다.
Rank Index	MIMO가 잘 동작하는지를 보여주는 수치입니다. 1일 때는 Antenna를 1개 사용하는 것이고, 2일 때는 Antenna를 2개 사용하는 것입니다.
TB Size[Avg]	Transport Block 크기의 평균 값입니다.
Total Tx Power	송신 전력의 총 합입니다.
SRS Tx Power	Sounding Reference Signal은 Uplink 경로의 채널 품질을 파악하기 위한 참조 신호입니다. SRS의 송신 전력을 나타냅니다.
PUSCH Tx Power	PUSCH 채널의 송신 전력입니다.
PUCCH Tx Power	PUCCH 채널의 송신 전력입니다.

Parameter	Description
DL BWP ID[Mode]	Bandwidth Part는 전체 대역폭을 여러 개로 나누고 특정 동작 시 선택해서 사용하여 주파수 효율을 극대화 하는 방법입니다. Downlink BWP의 ID 값을 나타냅니다.
UL BWP ID[Mode]	Uplink BWP의 ID 값을 나타냅니다.
Power Headroom	단말이 현재 전송하는 전력 외에 사용할 수 있는 전력 양입니다.
SSB Pattern	Synchronization Signal Block은 동기화 신호와 PBCH 채널 정보를 가지고 있는 하나의 블록입니다. SSB Pattern은 네트워크의 요구 사항에 따라 SSB를 전체 전송하는 것이 아닌 필요한 SSB만 선택적으로 전송할 수 있도록 패턴화 한 것입니다.
Pattern1 Transmission Periodicity	Pattern1의 전송 주기입니다.
Pattern1 DL Slots/Symbols	Pattern1의 Downlink 슬롯과 심볼 갯수입니다.
Pattern1 UL Slots/Symbols	Pattern1의 Uplink 슬롯과 심볼 갯수입니다.
Pattern1 Transmission Periodicity-v1530	Pattern1-v1530의 전송 주기입니다.
Pattern2 Transmission Periodicity	Pattern2의 전송 주기입니다.
Pattern2 DL Slots/Symbols	Pattern2의 Downlink 슬롯과 심볼 갯수입니다.
Pattern2 UL Slots/Symbols	Pattern2의 Uplink 슬롯과 심볼 갯수입니다.
DL	
DL RB Num(Avg)	Resource Block은 주파수 영역으로 스케줄링 되는 가장 작은 단위의 자원입니다. RB의 평균 값입니다
DL RB Num(Including 0)(Consider)	Including 0는 단말이 할당받지 않은 RB에 대한 Slot까지 고려한 RB의 값입니다.
DL MCS0 Index(Avg)	Downlink Modulation and Coding Scheme은 0~31까지 존재하는데 0에 대한 Index 번호입니다.
DL MCS0 Mod. Rate(Q/16/64/256/1024)	Downlink MCS0 변조 비율입니다.
PDSCH Throughput	PDSCH 채널의 처리량입니다.
DL MAC Throughput	Downlink MAC의 처리량입니다.
DL RLC Throughput	Downlink RLC의 처리량입니다.
DL PDCP Throughput	Downlink PDCP의 처리량입니다.
PDSCH BLER	PDSCH 채널에 대한 Block Error Rate입니다.

Parameter	Description
PDCCH DCI Format 0_0+0_1[UL] (Count/Percentage)"	PDCCH 채널의 Downlink Control Information Format은 DL/UL 데이터 채널의 스케줄링을 위한 정보입니다. 0_0 형식은 하나의 셀에서 PUSCH 스케줄링을 합니다. 0_1 형식은 하나의 셀에서 PUSCH 스케줄링을 하는데 C-RNTI 또는 CS-RNTI로 스크램블된 CRC가 포함된 DCI 형식입니다. UL의 횟수와 퍼센티지를 나타냅니다.
PDCCH DCI Format 0_0+0_1[DL] (Count/Percentage)"	PDCCH DCI Format에서 DL의 횟수와 퍼센티지를 나타냅니다.
Session AMBR Downlink	Aggregate Maximum Bit Rate는 5G NR QoS 파라미터로 Downlink PDU Session의 집계 비트 전송률을 의미합니다.
UL	
UL RB Num(Avg)	Resource Block은 주파수 영역으로 스케줄링 되는 가장 작은 단위의 자원입니다. RB의 평균 값입니다
UL RB Num(Inc0)(Consider)	Including 0는 단말이 할당받지 않은 RB에 대한 Slot까지 고려한 RB의 값입니다.
UL Allocated Slots	Uplink에서 할당된 슬롯 수입니다.
UL MCS (Avg)	MCS의 평균 값입니다.
UL MCS Mod. Rate(B/Q/16/64/256/1024)	Uplink MCS 변조 비율입니다.
PUSCH Thrgouhput	PUSCH 채널의 처리량입니다.
UL MAC Throughput	Uplink MAC의 처리량입니다.
UL RLC Throughput	Uplink RLC의 처리량입니다.
UL PDCP Throughput	Uplink PDCP의 처리량입니다.
PUSCH BLER	PUSCH 채널에 대한 Block Error Rate입니다.
Session AMBR Uplink	Aggregate Maximum Bit Rate는 5G NR QoS 파라미터로 Uplink PDU Session의 집계 비트 전송률을 의미합니다.
Common	
NR-ARFCN	NR Absolute Radio Frequency Channel Number로 채널 번호와 주파수입니다.
DL Frequency	Downlink 주파수입니다.
GSCN	Global Synchronization Raster Channel는 SA Network에서 UE가 ARFCN의 raster를 기반으로 SSB를 검색해야 하는데 ARFCN raster가 매우 좁기 때문에 SSB 검색 빈도를 더 넓은 단계로 정의하기 위해 사용하는 채널 범위입니다.

Parameter	Description
Azimuth	방위각입니다.
Elevation	높이입니다.
NCGI	NR Cell Global Identity는 NR Cell을 식별하는데 사용하는 Global ID입니다.
NCI	NR Cell Identity는 NR Cell을 식별하는데 사용하는 ID입니다.
gNB ID	gNodeB(5G 기지국)의 ID입니다.
Cell ID	Cell ID입니다.
MCC MNC	이동 국가 코드 3자리 사업자 코드 2자리 또는 3자리
Duplex Mode	Duplex에 대한 방식을 나타냅니다. FDD와 TDD가 있습니다.

4.2.2 5G NR CA

5G NR CA 화면은 5G의 Carrier Aggregation 정보를 확인할 수 있습니다. PCell과 SCell의 정보를 테이블과 그래프 형식으로 제공합니다.

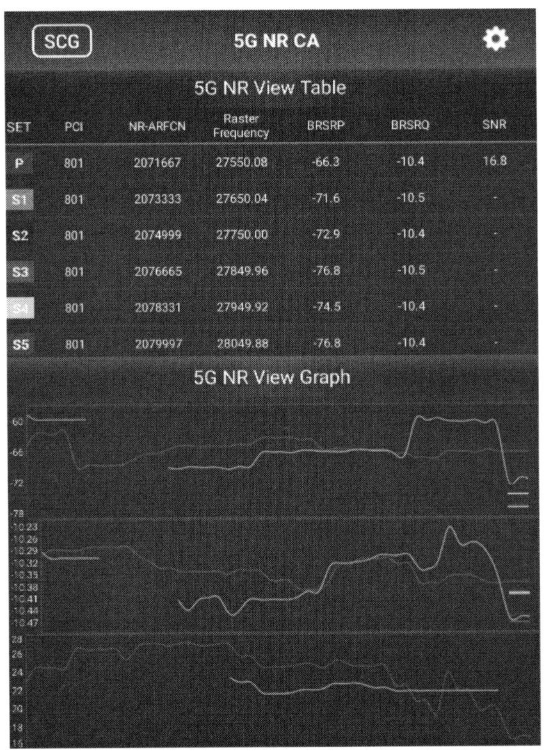

Figure 4-9. 5G NR CA View

4.2.3 5G NR Beam

5G NR Beam 화면은 5G의 PCell과 SCell의 정보를 확인할 수 있습니다. Cell 정보는 Serving Cell과 Neighbor Cell을 테이블과 그래프 형식으로 제공합니다.

Beam Array를 설정하여 Beamforming에 따른 Pattern을 변경할 수 있습니다.

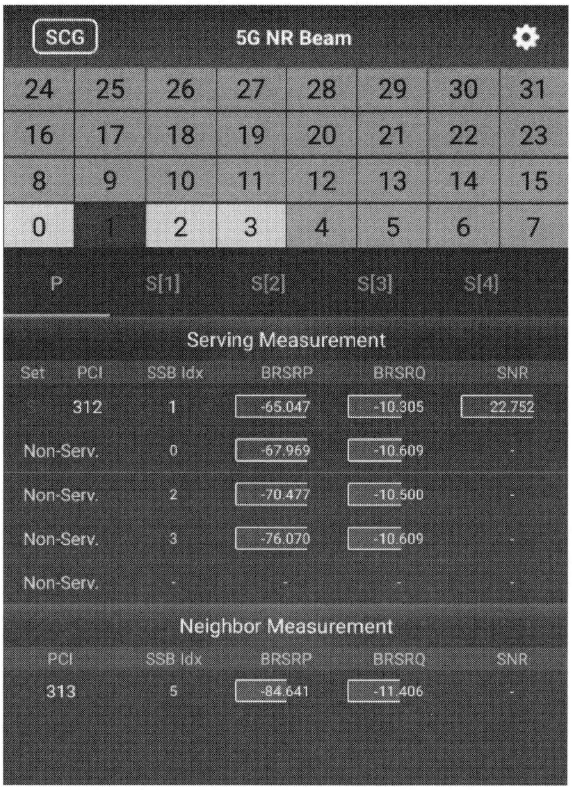

Figure 4-10. 5G NR Beam View

4.2.4 5G NR Inter RAT

5G NR Inter RAT 화면은 5G NR과 인접한 Radio Access Technology(LTE)로 핸드오버 될 수 있는 네트워크의 정보를 확인할 수 있습니다.

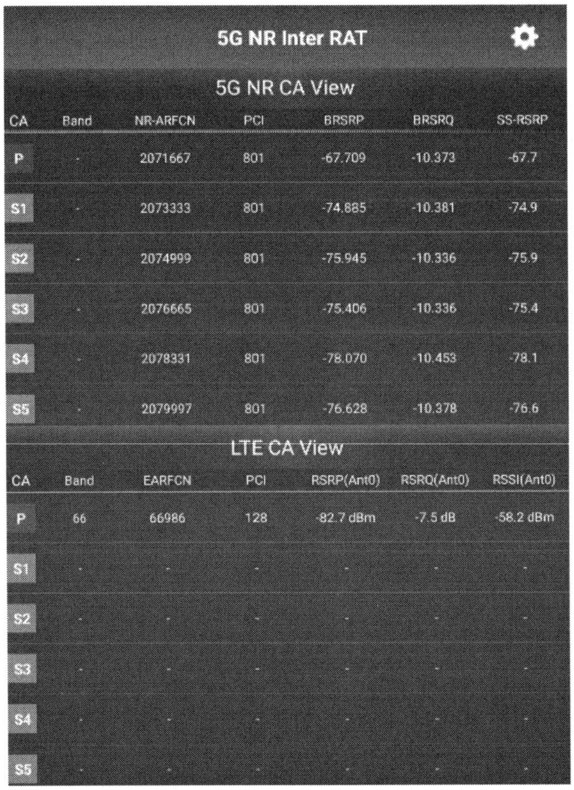

Figure 4-11. 5G NR Inter RAT View

4.2.5 5G NR RACH

RACH(Random Access Channel)는 장치와 네트워크 간의 초기 연결을 설정하는데 중요한 역할을 합니다. 여기서 초기 연결이란 UE가 Uplink 동기화를 획득하고 무선 연결 통신을 위해 지정된 ID를 획득하기 위한 UE와 gNB 사이의 프로세스를 의미합니다.

5G NR RACH 화면은 5G NR의 Randon Access Channel 정보를 확인할 수 있습니다.

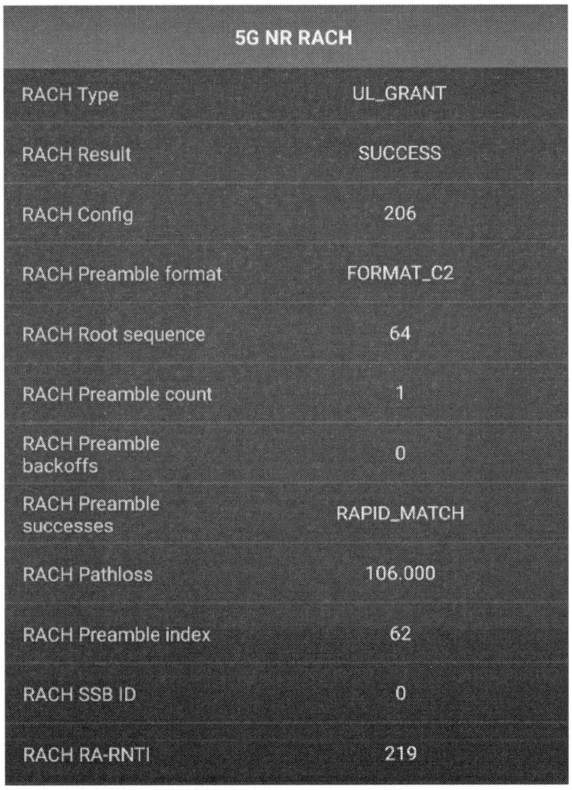

5G NR RACH	
RACH Type	UL_GRANT
RACH Result	SUCCESS
RACH Config	206
RACH Preamble format	FORMAT_C2
RACH Root sequence	64
RACH Preamble count	1
RACH Preamble backoffs	0
RACH Preamble successes	RAPID_MATCH
RACH Pathloss	106.000
RACH Preamble index	62
RACH SSB ID	0
RACH RA-RNTI	219

Figure 4-12. 5G NR RACH View

4.2.6 5G NR Dual Connectivity

Dual Connectivity는 하나의 단말이 두 개 이상의 기지국에 연결되어 서비스를 제공받는 기술입니다. MgNB Cell Group(MCG)과 SgNB Cell Group(SCG)로 나뉘어 있으며 MCG는 Control-plane으로 주로 제어 신호를 컨트롤 하는 역할을 수행합니다. SCG는 User-plane으로 실제 데이터를 주고받는 역할을 합니다.

5G NR Dual Connectivity 화면은 5G NR의 Dual Connectivity 정보를 확인할 수 있습니다. 5G와 LTE의 Throughput 정보를 제공합니다.

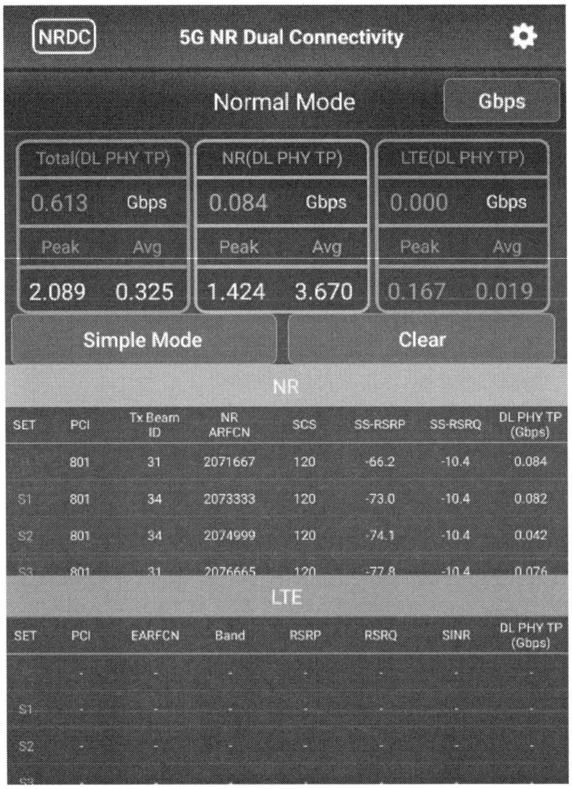

Figure 4-13. E-UTRAN & NR Dual Connectivity View

4.2.7 Dynamic Spectrum Sharing

DSS(Dynamic Spectrum Sharing)는 다중 무선 접속 기술이 동일한 스펙트럼을 공유하는 것을 의미하는데 일반적으로 LTE와 NR간의 스펙트럼 공유를 의미합니다. Dynamic(동적)이란 의미는 특정 대역폭으로 무선 채널을 공유하고 있지만 어떤 무선 기술에 채널이 얼마나 할당되는지 고정되지 않고 동적으로 변화하는 것을 의미합니다. LTE와 NR 무선 기술 기준으로 LTE의 최소 스케줄링 시간은 하나의 Sub Frame(1ms)이고 NR의 최소 스케줄링 시간은 Slot(Slot 길이는 Numology에 따라 다름)입니다. 일반적으로 NR의 슬롯은 LTE의 Sub Frame인 1ms보다 훨씬 작습니다. 따라서 LTE와 NR에 적용할 수 있는 최소 스케줄링 시간은 LTE에 의해 1ms로 결정됩니다.

Dynamic Spectrum Sharing 화면은 동일 주파수를 사용하고 있는 LTE와 5G 채널의 Resource Block의 활용률을 확인할 수 있습니다.

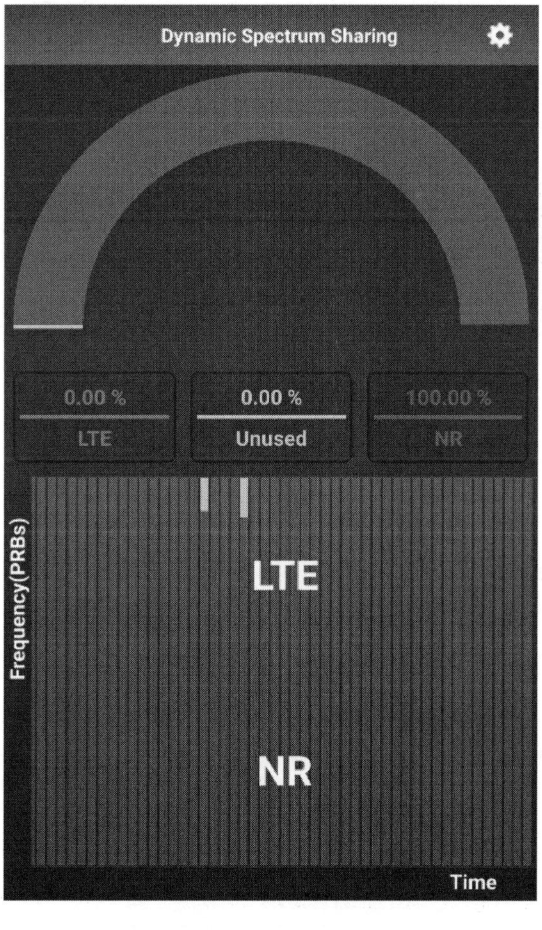

Figure 4-14. DSS View

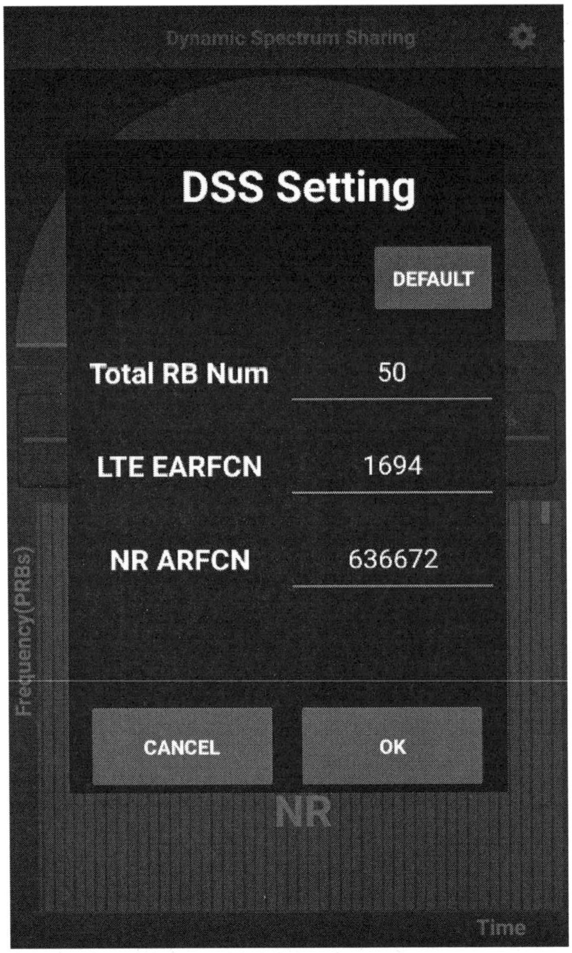

Figure 4-15. DSS Setting View

4.2.8 5G TDD UL/DL Config

TDD는 Time Division Duplex로 송신과 수신을 하나의 주파수를 사용하여 동시 사용시간 슬롯을 나누어 사용하는 방식입니다. 5G TDD UL/DL Configuration은 TDD 시스템에 대한 Uplink 및 Downlink 구성을 정의합니다. 이 구성을 지정하는데 사용되는 파라미터는 주기, Slot, Symbol입니다. TDD DL/UL Config는 Traffic 패턴, User 수, 사용 가능한 대역폭 등 네트워크의 특정 요구 사항에 따라 다양한 방식으로 구성됩니다.

5G TDD UL/DL Config 화면은 5G의 Time Division Duplex 시스템에서 Uplink와 Downlink에 할당하는 Configuration 정보를 확인할 수 있습니다. Pattern별 Symbol과 Slot 정보를 제공합니다.

5G TDD UL/DL Config	
ReferenceSubcarrierSpacing	30kHz
Pattern1 DL-UL-TransmissionPeriodicity	ms2
Pattern1 nrofDownlinkSlots	3
Pattern1 nrofDownlinkSymbols	3
Pattern1 nrofUplinkSlots	2
Pattern1 nrofUplinkSymbols	3
Pattern1 TransmissionPeriodicity-v1530	ms3
Pattern2 DL-UL-TransmissionPeriodicity	ms2
Pattern2 nrofDownlinkSlots	4
Pattern2 nrofDownlinkSymbols	0
Pattern2 nrofUplinkSlots	0
Pattern2 nrofUplinkSymbols	0
Pattern2 TransmissionPeriodicity-v1530	

Figure 4-16. 5G TDD UL/DL Config View

4.2.9 5G Rx AGC Info

AGC(Automatic Gain Cotrol)은 무선 통신 시스템에서 수신된 예측 불가한 수신 신호의 이득을 동적으로 조정하여 원하는 신호 출력 레벨을 유지하기 위한 장치입니다. 다중 경로 페이징 채널로 인한 간섭 신호 또는 외부의 강한 간섭 신호와 같은 원치 않는 신호를 그대로 수신하는 경우 ADC(Analog-Digital Converter)에서 양자화 오류나 포화가 발생하는데, 이와 같은 큰 신호 레벨이 감지되면 이득을 조정하여 원하는 신호 출력 레벨로 유지하고 재분배합니다.

5G Rx AGC Info 화면은 5G가 수신하는 Automatic Gain Control의 RSSI 정보를 확인할 수 있습니다. 정보는 Sub-6GHz와 mmWave 주파수로 나뉘어 제공됩니다.

5G Rx AGC Info	
Sub-6GHz Rx AGC	
RSSI[Rx Chain 0]	-60.8
RSSI[Rx Chain 1]	-59.8
RSSI[Rx Chain 2]	-46.7
RSSI[Rx Chain 3]	-42.7
RSSI[Combined]	-57.1
mmWave Rx AGC	
RSSI[Rx Chain 0]	-116.3
RSSI[Rx Chain 1]	-64.1
RSSI[Combined]	-64.1

Figure 5-17. 5G Rx AGC Info View

4.2.10 5G NR 5GMM State

5G Mobile Management는 주로 NAS 등록 과정에 관여합니다. Core Network Interface 관점에서는 대부분 N1, N2 Interface와 연관되어 있습니다.

5G NR 5GMM State 화면은 UE의 인증과 등록 정보를 확인할 수 있습니다.

5G NR 5GMM State	
MM5G State	REGISTERED
MM5G Deregistered Substate	-
MM5G Registered InitiatedSubstate	-
MM5G Registered Substate	NORMAL_SERVICE
5G GUTI.UE ID Type	5G_GUTI
5G GUTI.AMF Region ID	1
5G GUTI.AMF Set ID	1
5G GUTI.AMF Pointer	12
5G GUTI.5G TMSI	3221260195
MM5G Update Status	UPDATED
NR5G TAC	405

Figure 5-18. 5G NR 5GMM State View

Parameter	Description
MM5G State	5GMM의 주요 상태입니다.
MM5G Deregistered Substate	5GMM의 등록 해지된 서브 상태입니다.
MM5G Registered Initiated Substate	등록 완료를 위해 네트워크와 Message를 교환하는 서브 상태입니다.
MM5G Registered Substate	5GMM의 등록된 서브 상태입니다.
5G GUTI.UE ID Type	5G Globally Unique Temporary Identity(기타 고유식별자)는 UE 또는 사용자의 영구적 신원을 드러내지 않으면서 UE의 명확한 실별을 제공하는 역할을 합니다. 또한 AMF와 네트워크 식별을 할 수 있습니다. 이 파라미터는 5G GUTI의 UE ID Type입니다.
5G GUTI.AMF Region ID	Access and Mobility Management Function는 Access 및 이동성 관리 기능을 가지고 있습니다. 이 파라미터는 지역을 식별합니다.
5G GUTI.AMF Set ID	AMF 지역 내의 AMF Set를 고유하게 식별합니다.
5G GUTI.AMF Pointer	AMF Set 내의 하나 이상의 AMF를 식별합니다.
5G GUTI.5G TMSI	단말의 고유 식별자입니다.
MM5G Update Status	5GMM의 업데이트 상태입니다.
NR5G TAC	5G NR의 Tracking Area Code입니다.

Memo

CHAPTER 5

Layer 3 KPI in XCAL5

5.1 LTE
5.2 5G NR
5.3 NAS

5 Layer 3 KPI in XCAL5

5.1 LTE

5.1.1 LTE Information(SIB1)

LTE 무선 링크의 중요한 개념 중 하나로 UE는 System Inforamtion Message 내에 명시된 여러 가지 규칙에 의해 무선 구간 동작을 수행합니다.

- UE 결정 여부에 상관없이 모든 SIB는 주기적으로 Broadcast 합니다.
- SIB 1은 PLMN ID, Tracking Area ID, Cell ID 등 네트워크 내의 주요 ID 정보와 Cell Barring 유/무, q-RXLevMin 최소 Camping 레벨을 의미하는 값을 갖고 있으며 추가로 SIB1을 제외한 나머지 SIB Msg 경우 Scheduling 주기를 포함하고 있습니다.
- MIB , SIB Scheduling 주기의 경우 고정 값으로 별도 명시 하지는 않지만 통상적으로 MIB 40ms, SIB1 80ms 간격입니다.

[XCAL LTE Infomation(SIB1)구성 참조 그림]

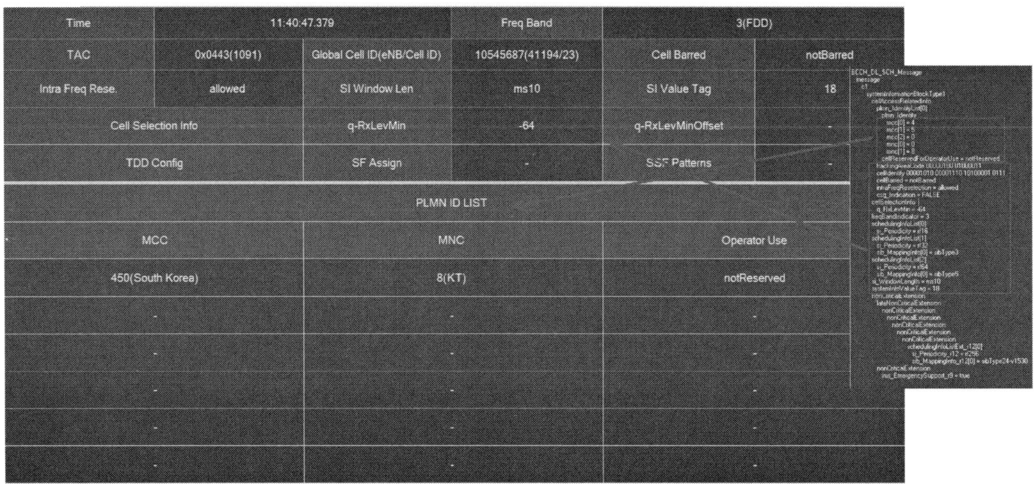

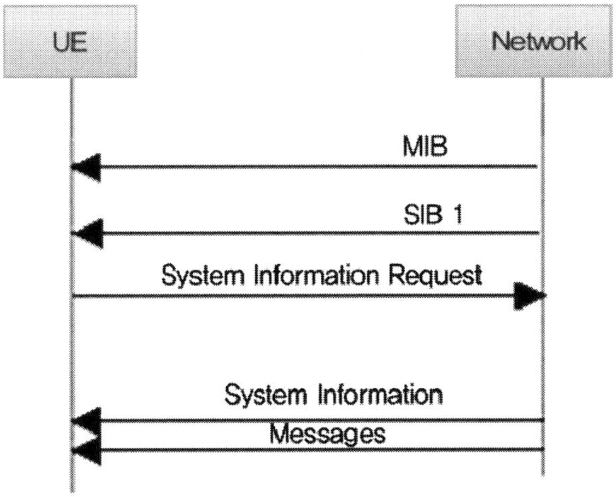

Figure 5-1. SIB 1

Signalling Message〉BCCH:DL SCH Message LTE SystemInformationBlock Type1 참조

5.1.2 LTE Information(SIB13)

MBSFN은 LTE에 정의된 통신 채널로 LTE 주파수를 활용하여 모바일 TV 등의 서비스를 전달할 수 있는 통신 채널입니다.

- IP Multicast 기반으로 2가지 방식으로 구분합니다.
- Broadcast 방식: 일정 영역에 있는 사용자 모두에게 데이터 전달합니다.
- Multicast 방식: 사용자의 가입/과금 의사에 따라 그룹 가입 및 탈퇴 등이 가능하며 해당 사용자 위치 영역으로 데이터 전달합니다.

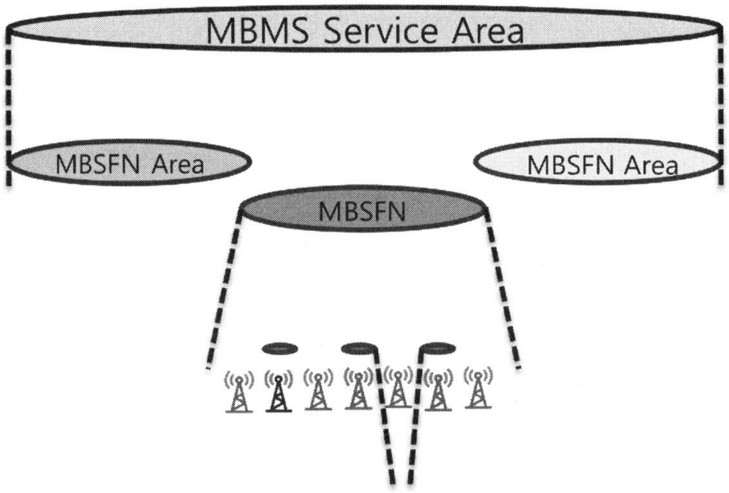

Figure 5-2. MBSFN Area Reserved Cell

MBSFN 액세스 네트워크 정의

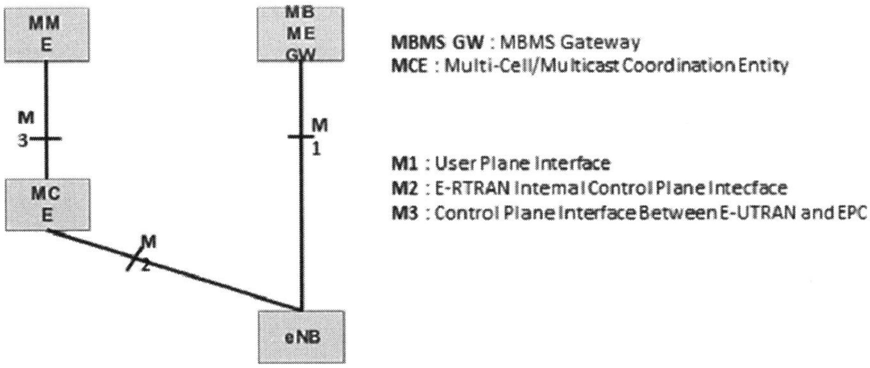

Figure 5-3. E-MBMS Logical Architecture

MCE(Multi-Cal/Multicast Coordination Entity): 논리적 개체로 다른 네트워크에 통합될 수 있으며 다음과 같은 기능이 있습니다.

- 다중셀 MBMS 전송을 위한 MBSFN 영역의 모든 eNB 무선 자원 승인 및 제어 할당
- MBMS 서비스에 대한 집계 결과 획득
- MBSFN 영역 내에서 MBMS 세션 재개 제어
- MBSFN 영역 내에서 MBMS 세션 일시 중단 제어
- MBMS 세션 제어 신호에 관여
- UE-MCE Signaling 수행하지 않음

MBMS GW: 논리적 개체이며 물리적으로 다른 네트워크 요소에 통합 가능하며 다음과 같은 기능이 있습니다.

- 서비스 전송하는 각 eNB에 MBMS 패킷 전송 및 방송
- MBMS 사용자 데이터를 Enb에 전달하는 수단으로 Multicast IP 사용
- MME를 통해 E-UTRAN의 MBMS 세션 제어 시그널링(세션 시작/업데이트/종료) 등의 작업을 수행

M3 Interface: MME-MCE Interface

- E-RAB 수준에서 MBMS 세션 제어 신호 허용 (ex. MBMS 세션 시작/중지)
- 무선 구성 데이터 전송 안함
- STCP 신호 전송 사용

M2 인터페이스: MCE-eNB Interface

- MBMS 세션 제어 신호 alc 무선 구성 데이터 허용
- SCTP 신호 전송 사용

M1 인터페이스: MBMS GW-eNB Interface

- 사용자 Interface
- IP Multicast 사용자 패킷의 다중 지점 전달에 사용

5.1.3 LTE RRC Timer Info

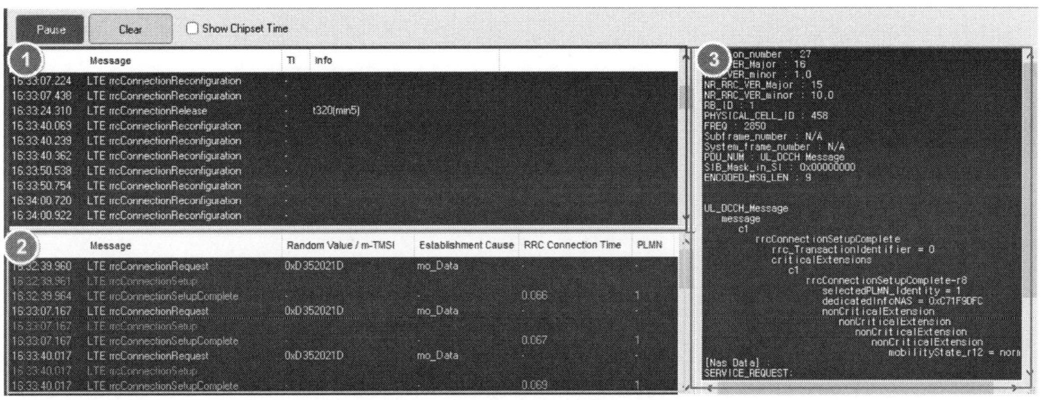

Figure 5-4. RRC Timer Info

LTE RRC Timer Info 창에는 세가지 영역으로 구분됩니다.

1. LTE RRC DL Message와 info(Timer) 값을 도시합니다.
   - LTE RRC/NAS Message에서 사용되는 Timer 값을 추출하여 표시합니다.
   - [3GPP 36.331 7.3]에 정의 되어있는 Timer 값을 참조합니다.

SystemInformationBlockType2 information element

```
-- ASN1START

SystemInformationBlockType2 ::=     SEQUENCE {
    ac-BarringInfo                      SEQUENCE {
        ac-BarringForEmergency              BOOLEAN,
        ac-BarringForMO-Signalling          AC-BarringConfig            OPTIONAL,   -- Need OP
        ac-BarringForMO-Data                AC-BarringConfig            OPTIONAL,   -- Need OP
    }                                                                   OPTIONAL,   -- Need OP
    radioResourceConfigCommon           RadioResourceConfigCommonSIB,
    ue-TimersAndConstants               UE-TimersAndConstants,
    freqInfo                            SEQUENCE {
        ul-CarrierFreq                      ARFCN-ValueEUTRA            OPTIONAL,   -- Need OP
        ul-Bandwidth                        ENUMERATED {n6, n15, n25, n50, n75, n100}
                                                                        OPTIONAL,   -- Need OP
        additionalSpectrumEmission          AdditionalSpectrumEmission
    },
    mbsfn-SubframeConfigList            MBSFN-SubframeConfigList        OPTIONAL,   -- Need OR
    timeAlignmentTimerCommon            TimeAlignmentTimer,
    ...,
    lateNonCriticalExtension        OCTET STRING                    OPTIONAL,   -- Need OP
    [[  ssac-BarringForMMTEL-Voice-r9       AC-BarringConfig            OPTIONAL,   -- Need OP
        ssac-BarringForMMTEL-Video-r9       AC-BarringConfig            OPTIONAL    -- Need OP
    ]]
}
```

Figure 5-5. SystemInformationBlockType2 information element

– *UE-TimersAndConstants*

The IE *UE-TimersAndConstants* contains timers and constants used by the UE in either RRC_CONNECTED or RRC_IDLE.

***UE-TimersAndConstants* information element**

```
-- ASN1START

UE-TimersAndConstants ::=           SEQUENCE {
    t300                                ENUMERATED {
                                            ms100, ms200, ms300, ms400, ms600, ms1000, ms1500,
                                            ms2000},
    t301                                ENUMERATED {
                                            ms100, ms200, ms300, ms400, ms600, ms1000, ms1500,
                                            ms2000},
    t310                                ENUMERATED {
                                            ms0, ms50, ms100, ms200, ms500, ms1000, ms2000},
    n310                                ENUMERATED {
                                            n1, n2, n3, n4, n6, n8, n10, n20},
    t311                                ENUMERATED {
                                            ms1000, ms3000, ms5000, ms10000, ms15000,
                                            ms20000, ms30000},
    n311                                ENUMERATED {
                                            n1, n2, n3, n4, n5, n6, n8, n10},
    ...
}

-- ASN1STOP
```

***UE-TimersAndConstants* field descriptions**
t3xy Timers are described in section 7.3. Value ms0 corresponds with 0 ms, ms50 corresponds with 50 ms and so on.
n3xy Constants are described in section 7.4. n1 corresponds with 1, n2 corresponds with 2 and so on.

Figure 5-6. UE-TimersAndContants

2. LTE RRC Message 중 rrcConnectionRequest, rrcConnectionSetup, rrc-ConnectionSetupComplete, rrcConnectionReject Message를 필터링하여 도시하며, 해당 Message에서 Random value/Estabilishment Cause/RRC Connection Time/PLMN 값을 도시합니다.

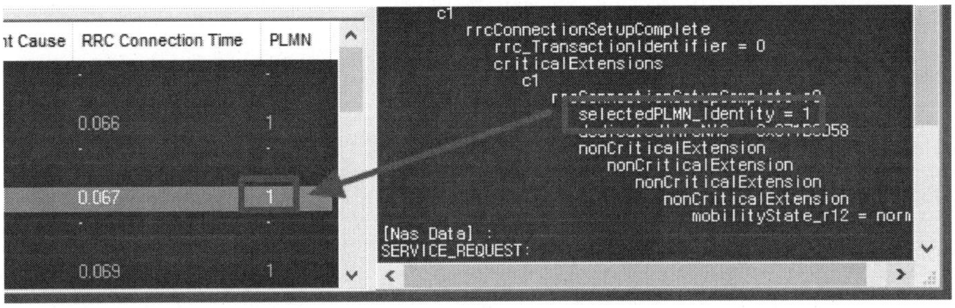

Figure 5-7. selectedPLMN_Identity

3. 선택한 RRC Message에 대한 Detail Message Info를 도시합니다.

5.1.4 LTE UE Capability

UE Capability Information는 UE가 네트워크에 전송하는 RRC Message입니다. 여기에는 기능에 대한 세부 정보가 담겨 있습니다.

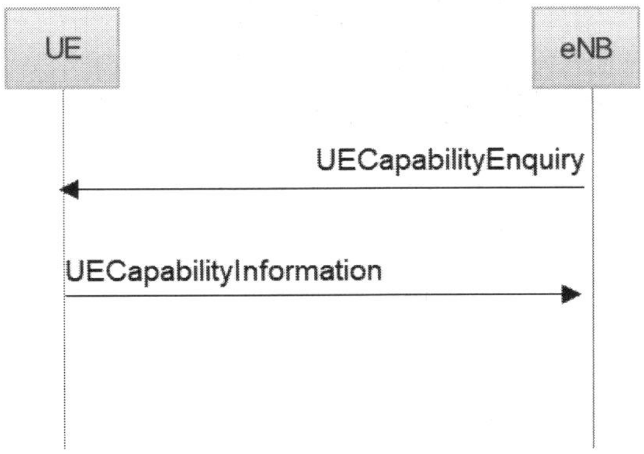

Figure 5-8. UECapability Flow

UE ⟵ NW	UECapabilityEnquiry	NW가 UE에게 Capability 정보를 요청합니다.
UE ⟶ NW	UECapabilityInformation	UE가 NW에서 요청한 정보에 대해 UECapabilityInfo msg로 응답합니다.

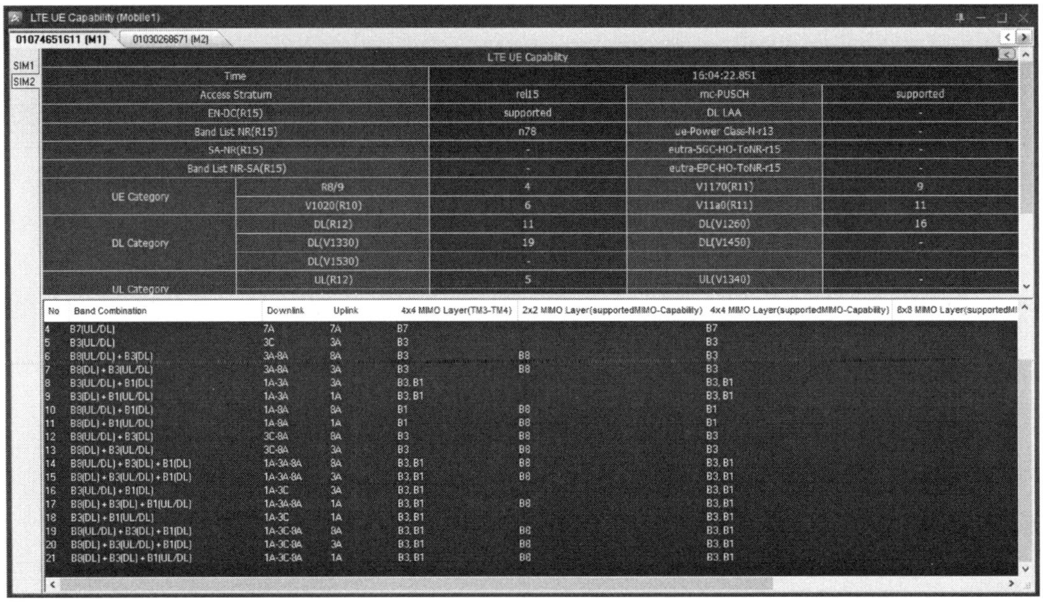

Figure 5-9. LTE UE Capability window

Access Stratum: UE에서 사용되는 Rel version을 도시합니다.

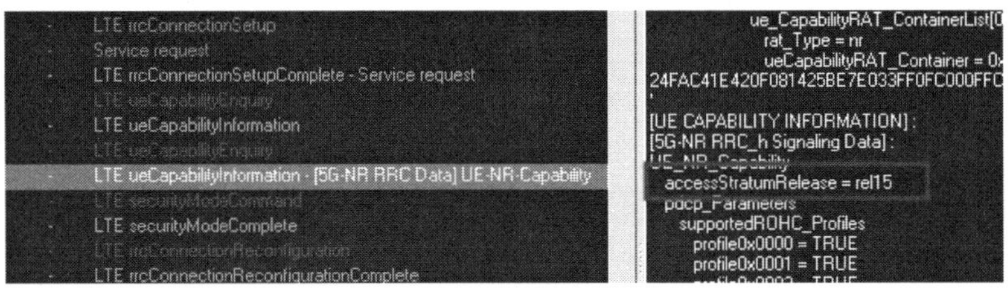

Figure 5-10. accessStratumRelease

EN-DC(R15) : EN-DC 지원여부를 도시합니다.

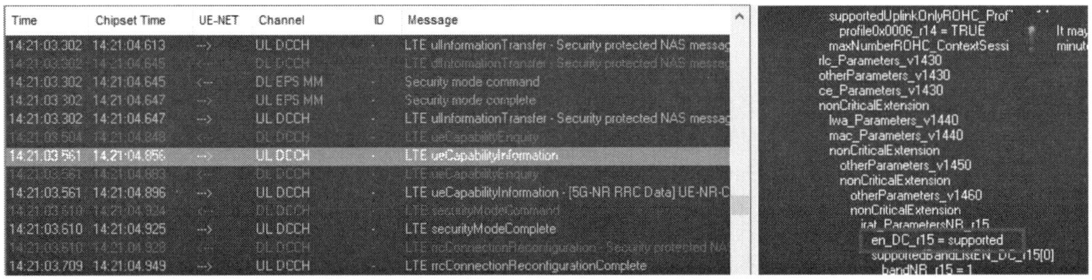

Figure 5-11. en_DC_r15 = Supported

mc-PUSCH : multiClusterPUSCH 지원여부를 도시합니다

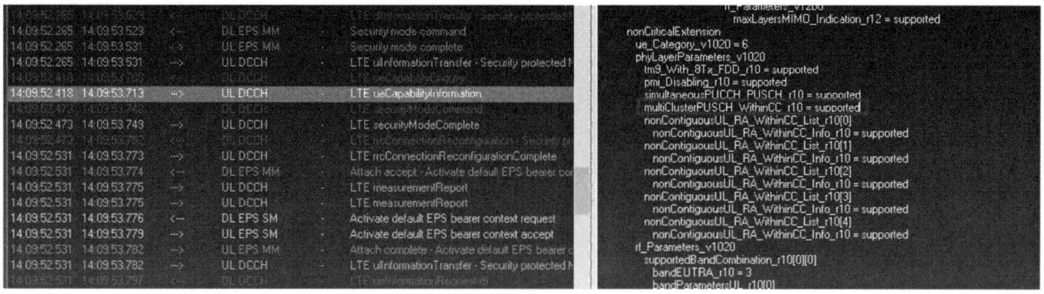

Figure 5-12. multiClusterPUSCH WithinCC_r10

Band List NR(R15): Band list를 도시합니다.

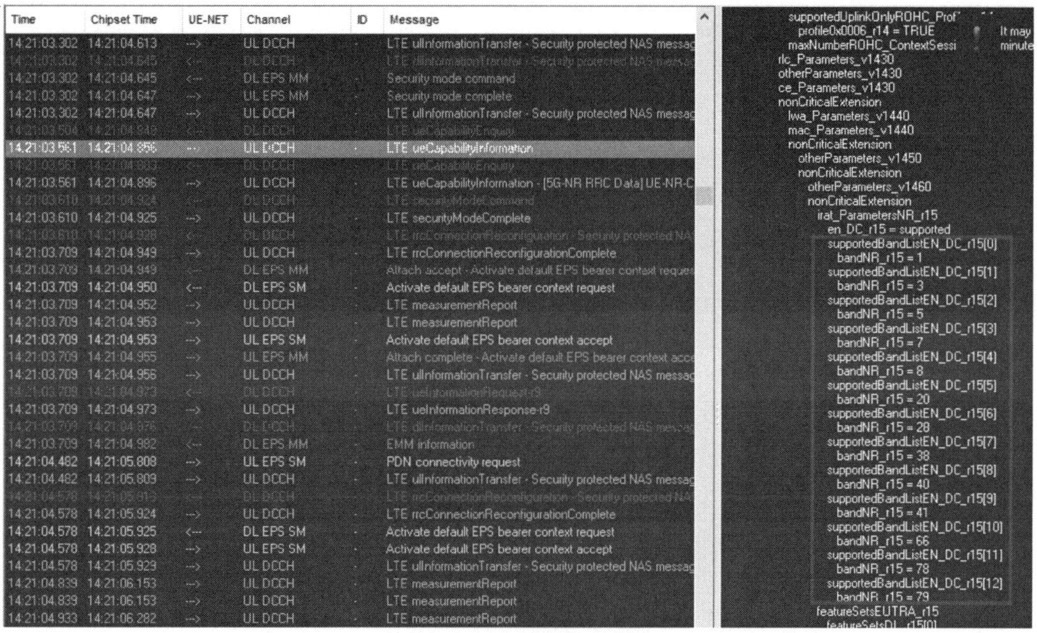

Figure 5-13. SupportedBanDListEN_DC_r15

SA-NR(R15): SA-NR 지원 여부를 도시합니다.

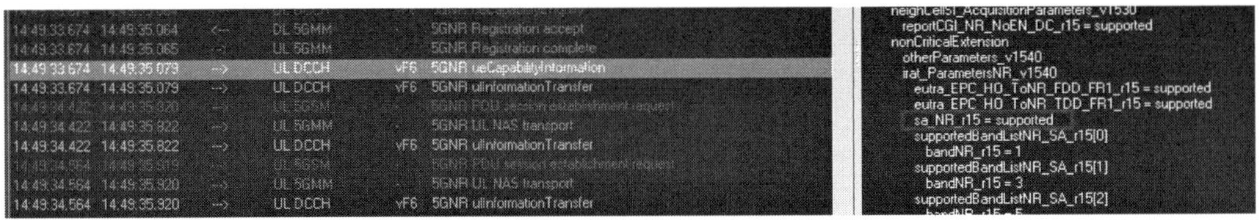

Figure 5-14. sa_NR_r15

Band List NR-SA(R15): SA Band list를 도시합니다.

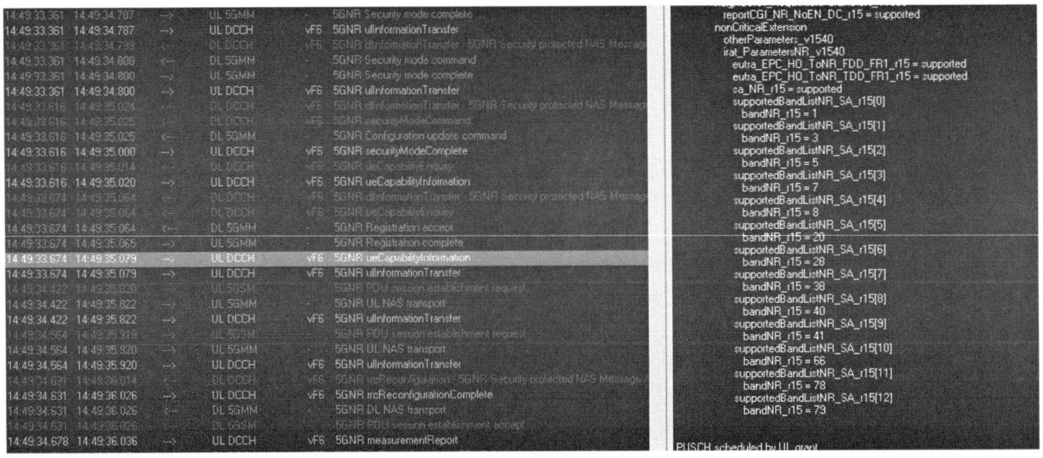

Figure 5-15. supportedBanDListNR_SA_r15

DL LAA : DownlinkLAA-r13지원 여부를 도시합니다.

```
LAA-Parameters-r13 ::=                    SEQUENCE {
    crossCarrierSchedulingLAA-DL-r13          ENUMERATED {supported}        OPTIONAL,
    csi-RS-DRS-RRM-MeasurementsLAA-r13        ENUMERATED {supported}        OPTIONAL,
    downlinkLAA-r13                           ENUMERATED {supported}        OPTIONAL,
    endingDwPTS-r13                           ENUMERATED {supported}        OPTIONAL,
    secondSlotStartingPosition-r13            ENUMERATED {supported}        OPTIONAL,
    tm9-LAA-r13                               ENUMERATED {supported}        OPTIONAL,
    tm10-LAA-r13                              ENUMERATED {supported}        OPTIONAL
}
```

Figure 5-16. LAA-Parameters-r14

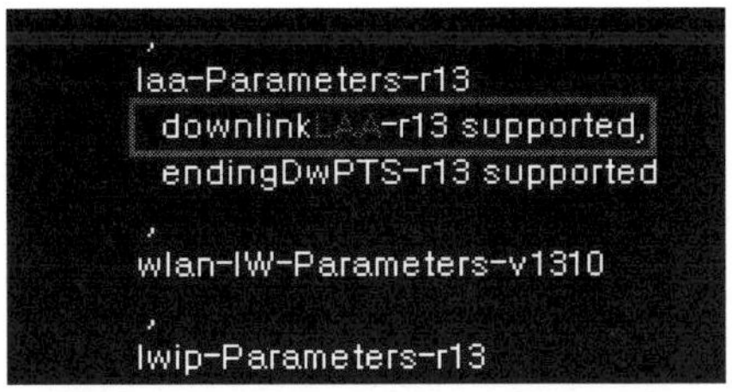

```
,
laa-Parameters-r13
 downlinkLAA-r13 supported,
 endingDwPTS-r13 supported
,
wlan-IW-Parameters-v1310
,
lwip-Parameters-r13
```

Figure 5-17. downlinkLAA-r13

ue-Power Class-N-r13 : ue-PowerClass-N-r13이 class를 도시합니다.

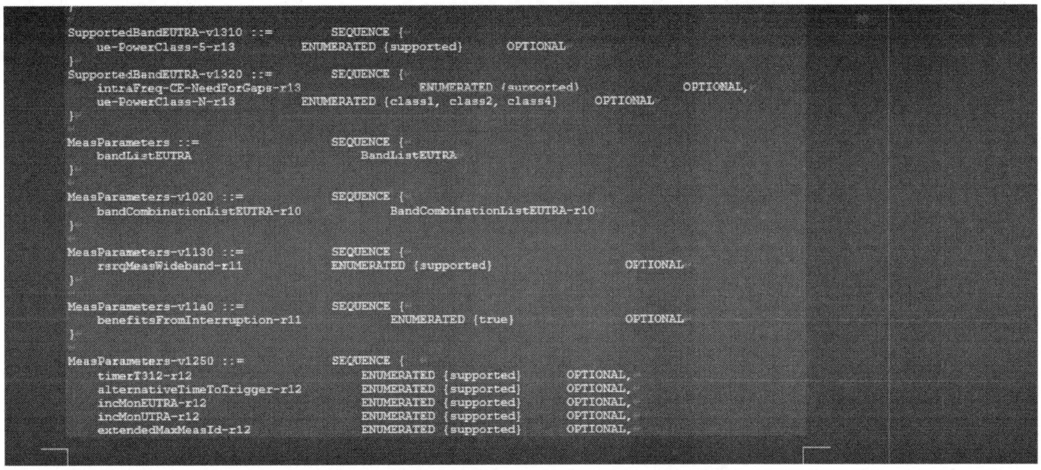

```
SupportedBandEUTRA-v1310 ::=        SEQUENCE {
    ue-PowerClass-5-r13          ENUMERATED {supported}       OPTIONAL
}
SupportedBandEUTRA-v1320 ::=        SEQUENCE {
    intraFreq-CE-NeedForGaps-r13            ENUMERATED {supported}          OPTIONAL,
    ue-PowerClass-N-r13          ENUMERATED {class1, class2, class4}    OPTIONAL
}

MeasParameters ::=                  SEQUENCE {
    bandListEUTRA                       BandListEUTRA
}

MeasParameters-v1020 ::=            SEQUENCE {
    bandCombinationListEUTRA-r10            BandCombinationListEUTRA-r10
}

MeasParameters-v1130 ::=            SEQUENCE {
    rsrqMeasWideband-r11            ENUMERATED {supported}                OPTIONAL
}

MeasParameters-v11a0 ::=            SEQUENCE {
    benefitsFromInterruption-r11            ENUMERATED {true}             OPTIONAL
}

MeasParameters-v1250 ::=            SEQUENCE {
    timerT312-r12                       ENUMERATED {supported}        OPTIONAL,
    alternativeTimeToTrigger-r12        ENUMERATED {supported}        OPTIONAL,
    incMonEUTRA-r12                     ENUMERATED {supported}        OPTIONAL,
    incMonUTRA-r12                      ENUMERATED {supported}        OPTIONAL,
    extendedMaxMeasId-r12               ENUMERATED {supported}        OPTIONAL,
```

Figure 5-18. ue-PowerClass

eutra_5GC_HO_ToNR : eutra-5GC-HO-ToNR에서 Supported 하는 것을 도시합니다.

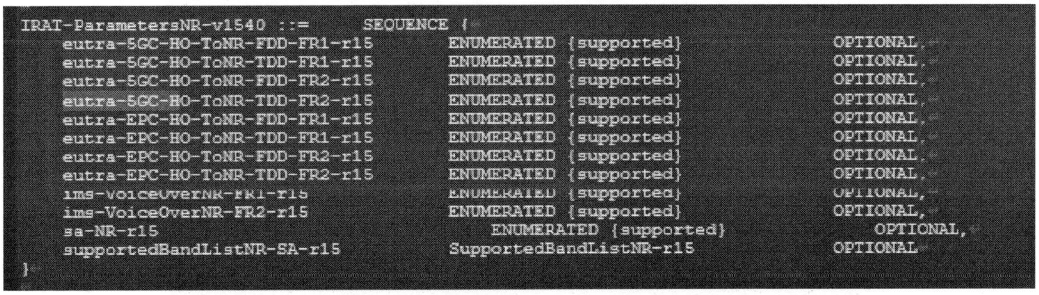

```
IRAT-ParametersNR-v1540 ::=      SEQUENCE {
    eutra-5GC-HO-ToNR-FDD-FR1-r15        ENUMERATED {supported}          OPTIONAL,
    eutra-5GC-HO-ToNR-TDD-FR1-r15        ENUMERATED {supported}          OPTIONAL,
    eutra-5GC-HO-ToNR-FDD-FR2-r15        ENUMERATED {supported}          OPTIONAL,
    eutra-5GC-HO-ToNR-TDD-FR2-r15        ENUMERATED {supported}          OPTIONAL,
    eutra-EPC-HO-ToNR-FDD-FR1-r15        ENUMERATED {supported}          OPTIONAL,
    eutra-EPC-HO-ToNR-TDD-FR1-r15        ENUMERATED {supported}          OPTIONAL,
    eutra-EPC-HO-ToNR-FDD-FR2-r15        ENUMERATED {supported}          OPTIONAL,
    eutra-EPC-HO-ToNR-TDD-FR2-r15        ENUMERATED {supported}          OPTIONAL,
    ims-VoiceOverNR-FR1-r15              ENUMERATED {supported}          OPTIONAL,
    ims-VoiceOverNR-FR2-r15              ENUMERATED {supported}          OPTIONAL,
    sa-NR-r15                                ENUMERATED {supported}          OPTIONAL,
    supportedBandListNR-SA-r15           SupportedBandListNR-r15         OPTIONAL
}
```

Figure 5-19. eutra-5GC-HO-ToNR-TDD/FDD-FR1/2-r15

eutra_EPC_HO_ToNR : eutra-EPC-HO-ToNR에서 Supported 하는 것을 도시합니다.

5.1.5 LTE Handover / LoadBalancing Info

LTE Handover Info는 RRC Message 중에서 Handover 관련 Messag에 대한 주요 정보를 도시합니다.

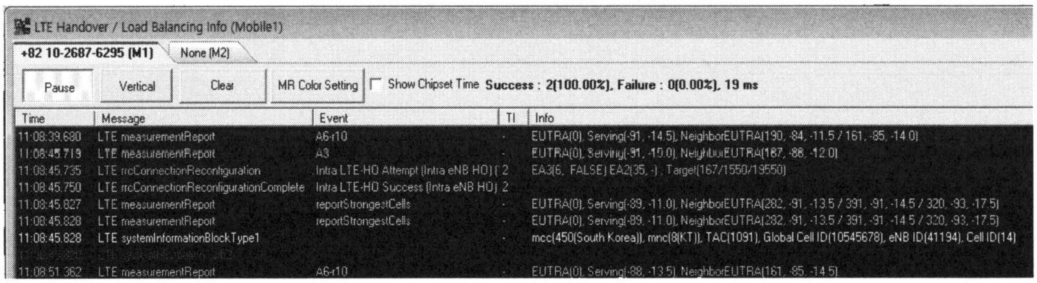

Figure 5-20. LTE Handover / LoadBalancing Info

실시간으로 Handover와 관련된 정보를 확인할 수 있으며, 성공률 및 실패율과 그리고 Handover에 걸리는 시간을 확인할 수 있습니다.

rrcConnectionRelease Message 안에 IDLEModeMobilityControlInfo가 존재한다면, IDLE Mode Load Balancing을 시도합니다.

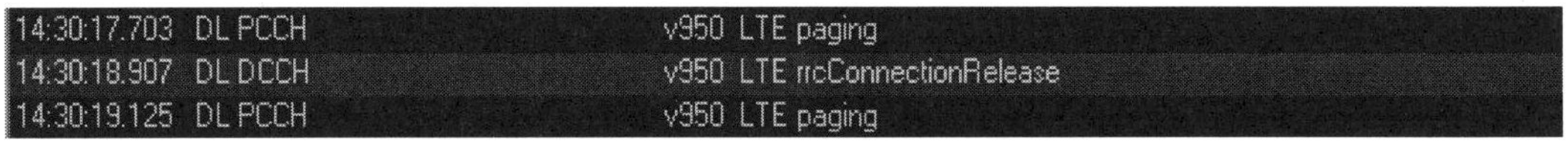

Figure 5-21. rrcConnectionRelease

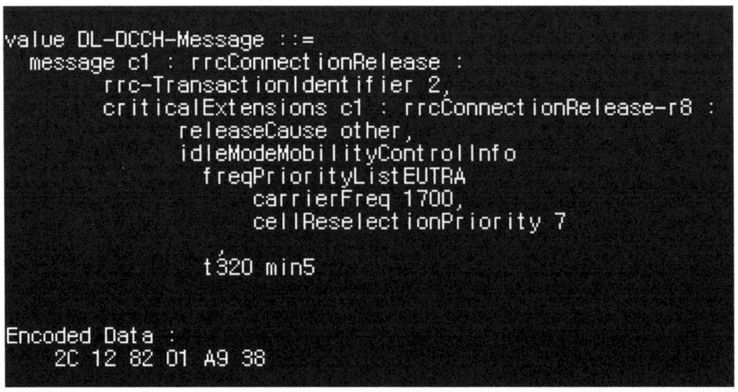

Figure 5-22. rrcConnectionRelease

이때, t320은 해당 시간 동안에 IDLE Mode Load Balancing 시도가 유효하다는 것입니다. ul-CarrierFreq을 DL-CarrierFreq 변경하는 것을 아래 예시 표를 참조합니다.

아래 표는 3GPP 36.101에 나와있는 내용중 예시를 위해 일부만 발췌했습니다.

DL-CarrierFreq = ul-CarrierFreq-(Uplink Low Earfcn - Downlink Low Earfcn)

ul-CarrierFreq	Uplink Low Earfcn	Downlink Low Earfcn	DL-CarrierFreq
19700	19200	1200	1700
20500	19200	1200	2500

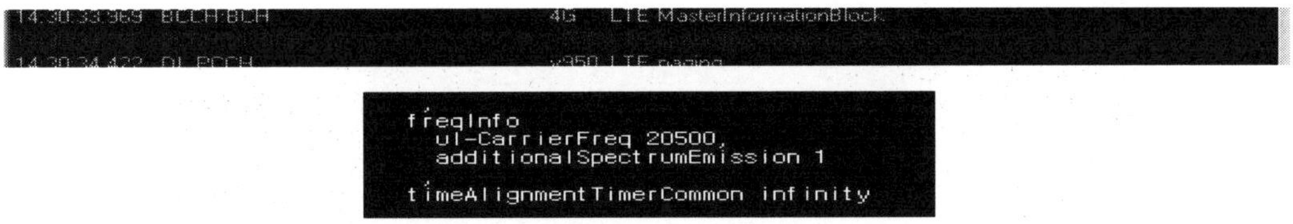

Figure 5-23. ul-CarrierFreq

5.1.6 LTE Handover Event Statistics

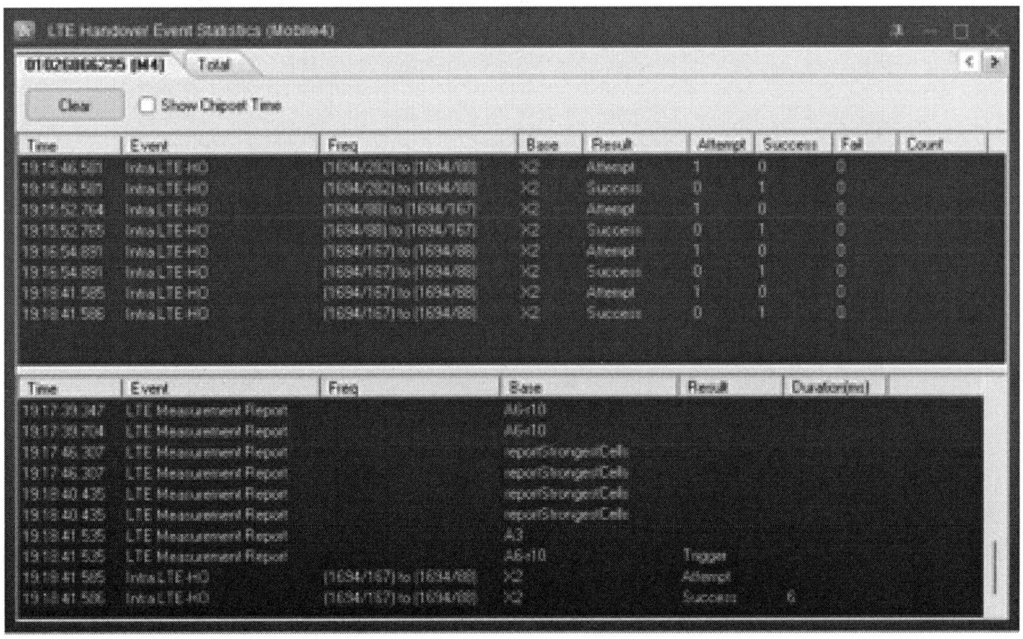

Figure 5-24. LTE Handover Event Statistics

LTE Handover와 관련된 이벤트를 확인할 수 있습니다.

- Handover 종류, 주파수, 결과, 시도 횟수

5.1.7 LTE Handover Statistics (Intra LTE HO)

LTE Handover에 대한 시도, 성공, 실패 횟수를 확인할 수 있으며 이에 걸리는 평균 시간에 대한 정보를 확인할 수 있습니다.

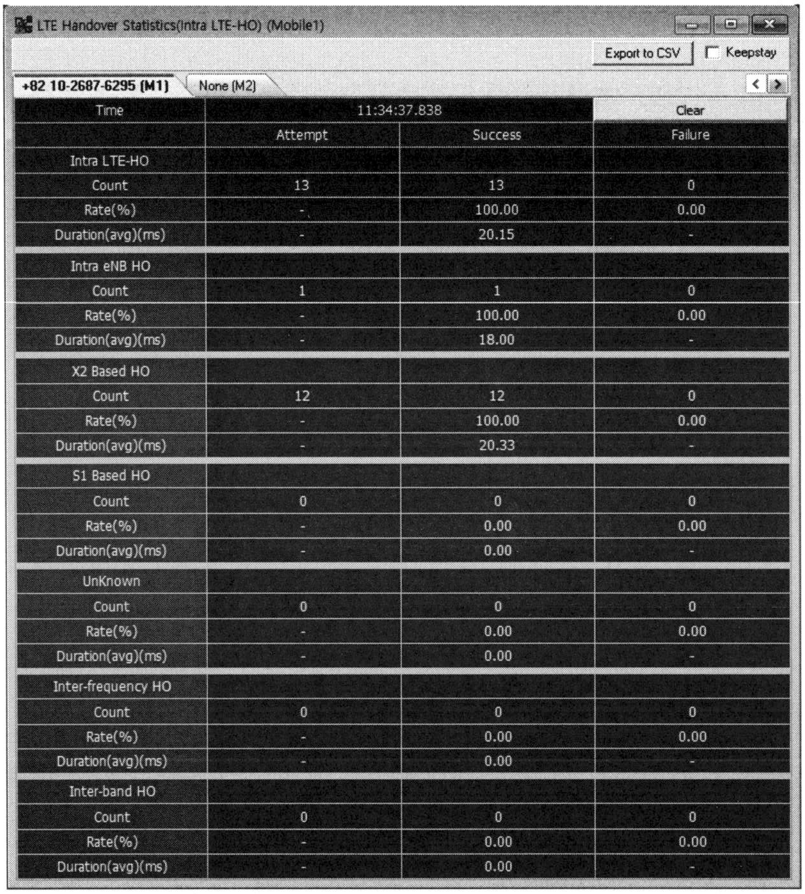

LTE Handover Statistics(Intra LTE-HO) (Mobile1)

Export to CSV | Keepstay

+82 10-2687-6295 (M1) | None (M2)

Time	11:34:37.838		Clear
	Attempt	Success	Failure
Intra LTE-HO			
Count	13	13	0
Rate(%)	-	100.00	0.00
Duration(avg)(ms)	-	20.15	-
Intra eNB HO			
Count	1	1	0
Rate(%)	-	100.00	0.00
Duration(avg)(ms)	-	18.00	-
X2 Based HO			
Count	12	12	0
Rate(%)	-	100.00	0.00
Duration(avg)(ms)	-	20.33	-
S1 Based HO			
Count	0	0	0
Rate(%)	-	0.00	0.00
Duration(avg)(ms)	-	0.00	-
UnKnown			
Count	0	0	0
Rate(%)	-	0.00	0.00
Duration(avg)(ms)	-	0.00	-
Inter-frequency HO			
Count	0	0	0
Rate(%)	-	0.00	0.00
Duration(avg)(ms)	-	0.00	-
Inter-band HO			
Count	0	0	0
Rate(%)	-	0.00	0.00
Duration(avg)(ms)	-	0.00	-

Figure 5-25. LTE Handover Statistics (Intra LTE HO)

- Intra eNB HO: Intra-eNB HO는 LTE 네트워크에서 Intra-eNodeB 핸드오버를 의미하며, 이는 한 기지국(eNodeB) 내에서 UE가 하나의 섹터에서 다른 섹터로 이동할 때 발생하는 HO입니다. 즉, 동일한 기지국이 관리하는 여러 섹터 사이에서 통신이 끊기지 않도록 연결을 유지해 주는 과정입니다.

- X2 Based HO: LTE 네트워크에서 기지국 간의 데이터를 주고받는 X2 인터페이스를 통해 이루어지는 핸드오버 방식입니다. 이 과정은 두 eNodeB사이에서 UE가 이동할 때 발생하며, 이동 중에도 안정적인 연결을 유지하도록 지원합니다.
- S1 Based HO: LTE 네트워크에서 핸드오버가 S1 인터페이스를 통해 이루어지는 방식입니다. S1 인터페이스는 eNB와 EPC간의 연결을 담당합니다.
- Unknown HO: 기존 eNB-ID를 알 수 없어 판정을 하지 못할 경우

5.1.8 LTE Handover Statistics (Inter RAT(LTE↔WCDMA))

LTE와 WCDMA Handover에 대한 시도, 성공, 실패 횟수를 확인할 수 있으며 이에 걸리는 평균시간에 대한 정보를 확인할 수 있습니다.

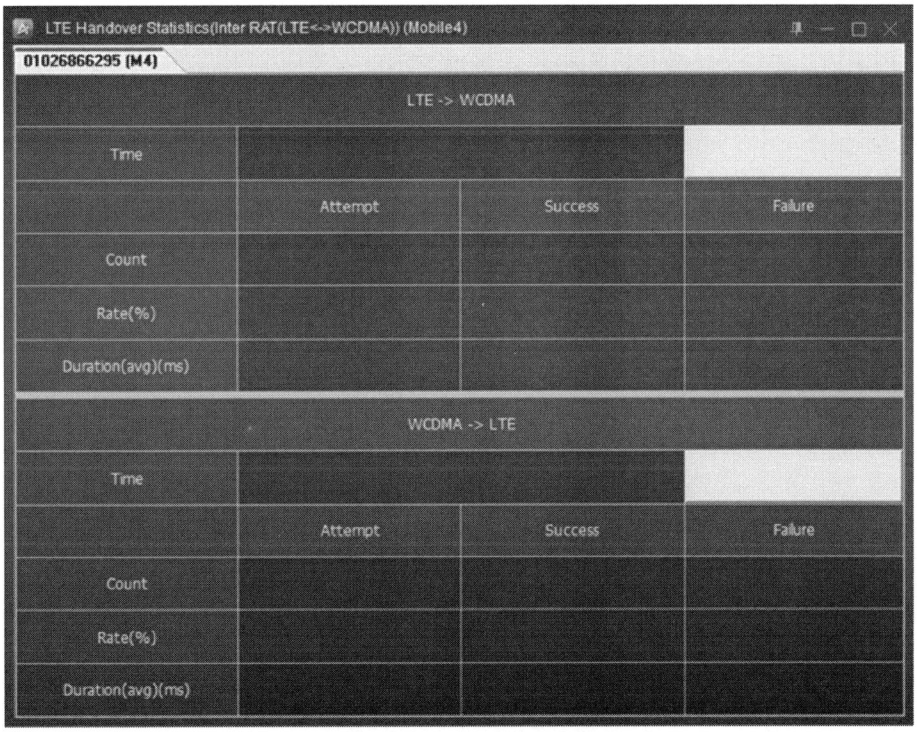

Figure 5-26. LTE Handover Statistics (Inter RAT(LTE↔WCDMA)]

LTE에서 WCDMA로 Handover할 경우

mobilityFromEUTRACommand(LTE DL-DCCH) Message를 참조합니다.

WCDMA에서 LTE로 Handover할 경우

handoverFromUTRANCommand-EUTRA(WCDMA DL-DCCH) Message 참조합니다

5.1.9 LTE Handover Statistics (Inter RAT(LTE↔EVDO)

LTE와 EVDO Handover에 대한 시도, 성공, 실패 횟수를 확인할 수 있으며 이에 걸리는 평균시간에 대한 정보를 확인할 수 있습니다.

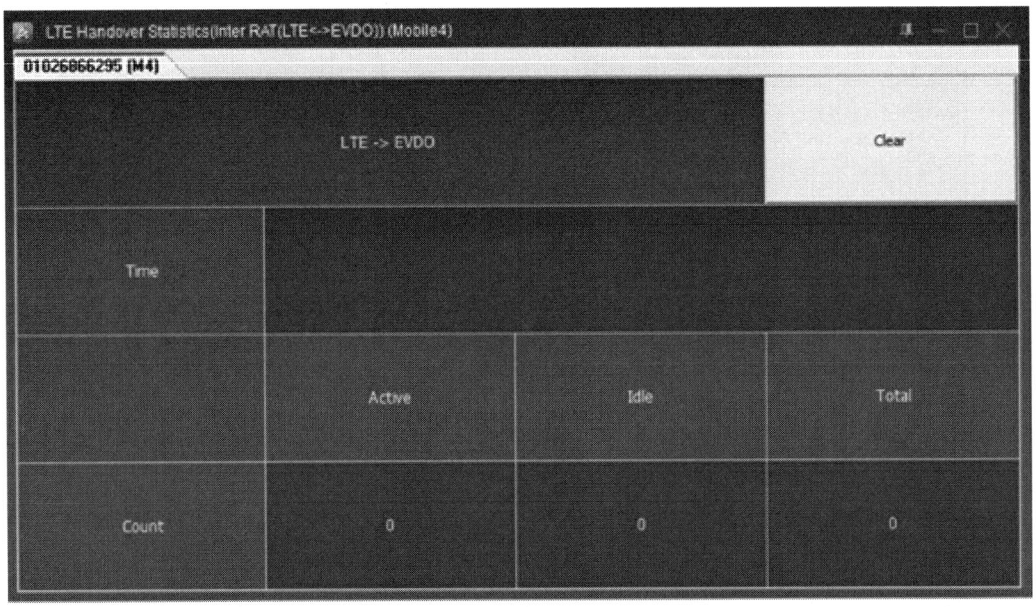

Figure 5-27. LTE Handover Statistics (Inter RAT(LTE↔EVDO)]

Active

LTE rrcConnectionRelease에서 redirectedCarrierInfo cdma2000-HRPD와 Signaling Message가 EVDO의 Quick Config 또는 Sync Message를 참조합니다.

IDLE

LTE rrcConnectionRelease에서 redirectedCarrierInfo 없는 경우와 Signaling Message가 EVDO의 Quick Config 또는 Sync를 참조합니다.

5.1.10 LTE CSFB Info

해당 창은 LTE CSFB Info에 대한 Message를 도시합니다

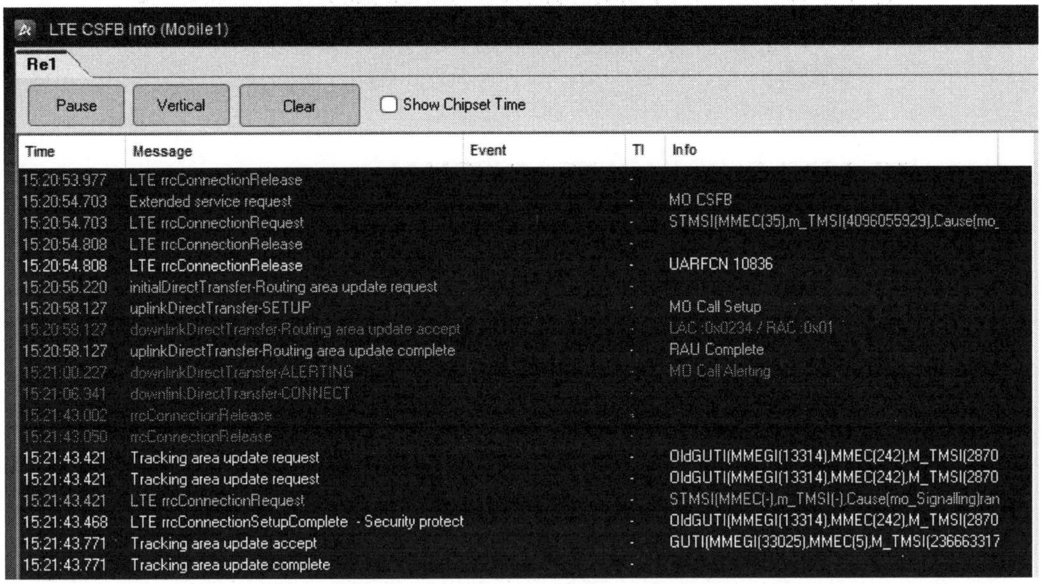

Figure 5-28. LTE CSFB Info Statistics

- LTE rrcConnectionRelease, Extended service request 등 CSFB에 대한 정보와 detail message를 확인할 수 있는 창입니다.

Detail message 예시)

```
EXTENDED_SERVICE_REQUEST:
 SecurityHeaderType: 0
 ServiceType: 0 (mobile originating CS fallback or 1xCS fallback)
 NASKeySetIdentifier:
    TSC: 0 (native security context)
    NASKeySetId: 2
 MTMSI:      Identity:
      IdentityDigit:
         01: 232
         02: 49
         03: 22
         04: 208
      IdentityType: 4 (IMSI/P-IMSI/M-IMSI)
```

Figure 5-29. Detail message in LTE CSFB Info

5.1.11 LTE CSFB Statistics(LTE↔WCDMA)

• 해당 창은 LTE →WCDMA CSFB Statistics 정보를 도시합니다.

LTE CSFB Statistics(LTE<->WCDMA) (Mobile1)

Rel

Time	15:45:33.174				Clear
	MO(Cnt)	MT(Cnt)	Total(Cnt)	MO(%)	MT(%)
Attempt					
ESR(Extened Service Recuest)	27	0	27	100.00	0.00
Transtion					
rrcConRel.(with SIB)	0	0	0	0.00	0.00
rrcConRel.(without SIB)	26	0	26	100.00	0.00
mobilityFromEUTRANCmd(TRUE)	0	0	0	0.00	0.00
Total	26	0	26	100.00	0.00
Transtion Success(%)(Transtion / ESR)					
MO	96.30	MT	0.00	Total	96.30
WCDMA RAU Procedure					
RAU Request	27	0	27	100.00	0.00
RAU Accept	27	0	27	100.00	0.00
RAU Complete	27	0	27	100.00	0.00
WCDMA RAU Success(%)(RAU Complete / RAU Request)					
MO	100.00	MT	0.00	Total	100.00
WCDMA Call Procedure					
Setup	27	0	27	100.00	0.00
Alerting	27	0	27	100.00	0.00
Connect	27	0	27	100.00	0.00
WCDMA Call Procedure Rate(%)(Connect / Setup)					
MO	100.00	MT	0.00	Total	100.00

Figure 5-30. LTE CSFB Statistics (LTE↔WCDMA) Statistics

• Attempt

  – ESR(Extended Service Request)

  – MO와 MT에 대한 Count와 %를 도시해주는 창입니다.

- Transition
  - LTE rrcConnectionRelease – redirectedCarrierInfogeran Message를 참조합니다.
  - LTE mobilityFromEUTRANCmd – targetRAT–Type geran Message를 참조합니다.

- WCDMA RAU Procedure
  - RAU : Routing Area Update
  - 사용자가 속한 Routing Area가 변경된 것이 감지되면 RAU를 사용해서 영역 정보를 바꾸게 되는 과정입니다.
  - RAU를 Request 하고 Accept 하는 과정을 확인할 수 있습니다.

5 LAYER 3 KPI IN XCAL5

5.1.12 LTE CSFB Statistics(LTE↔GSM)

- 해당 창은 LTE → GSM CSFB Statistics 정보를 도시합니다.
  Attempt, Transition, GSM LAU Procedure, GSM Call Procedure에 대한 통계정보를 도시합니다.

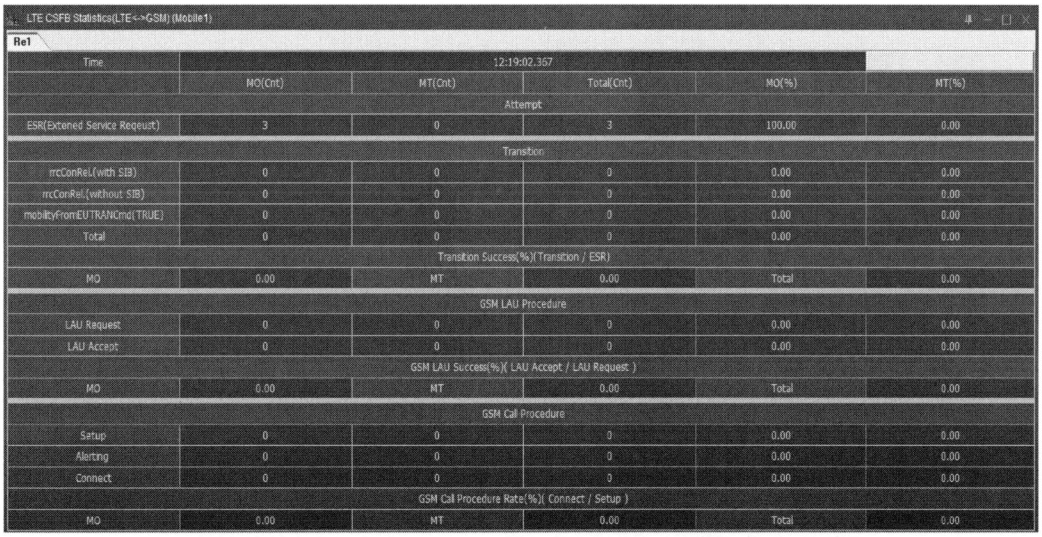
LTE CSFB Statistics(LTE<->GSM) (Mobile1)
Re1

Time	12:19:02.367				
	MO(Cnt)	MT(Cnt)	Total(Cnt)	MO(%)	MT(%)
Attempt					
ESR(Extened Service Reqeust)	3	0	3	100.00	0.00
Transition					
rrcConRel.(with SIB)	0	0	0	0.00	0.00
rrcConRel.(without SIB)	0	0	0	0.00	0.00
mobilityFromEUTRANCmd(TRUE)	0	0	0	0.00	0.00
Total	0	0	0	0.00	0.00
Transition Success(%)(Transition / ESR)					
MO	0.00	MT	0.00	Total	0.00
GSM LAU Procedure					
LAU Request	0	0	0	0.00	0.00
LAU Accept	0	0	0	0.00	0.00
GSM LAU Success(%)(LAU Accept / LAU Request)					
MO	0.00	MT	0.00	Total	0.00
GSM Call Procedure					
Setup	0	0	0	0.00	0.00
Alerting	0	0	0	0.00	0.00
Connect	0	0	0	0.00	0.00
GSM Call Procedure Rate(%)(Connect / Setup)					
MO	0.00	MT	0.00	Total	0.00

Figure 5-31. LTE CSFB Statistics (LTE↔GSM) Statistics

- Attempt
  - ESR(Extended Service Request)
  - 해당 parameter는 LTE NAS Signaling Extended Request의 Service Type Message를 참조합니다.
  - MO와 MT에 대한 Count와 %를 도시해주는 창입니다.

- Transition
  - LTE rrcConnectionRelease – redirectedCarrierInfogeran Message를 참조합니다.
  - rrcConnectionRelease (without SIB) message를 참조합니다.

```
value DL-DCCH-Message ::=
  message c1 : rrcConnectionRelease :
        rrc-TransactionIdentifier 3,
        criticalExtensions c1 : rrcConnectionRelease-r8 :
              releaseCause other,
              redirectedCarrierInfo utra-FDD : 10713
```

Figure 5-32. rrcConnectionRelease message (Without SIB)

- rrcConnectionRelease (with SIB) message를 참조합니다.

```
value DL-DCCH-Message ::=
  message c1 : rrcConnectionRelease :
        rrc-TransactionIdentifier 3,
        criticalExtensions c1 : rrcConnectionRelease-r8 :
              releaseCause other,
              redirectedCarrierInfo utra-FDD : 10639,
              nonCriticalExtension
                nonCriticalExtension
                  cellInfoList-r9 utra-FDD-r9 :
                        physCellId-r9 345,
                        utra-BCCH-Container-r9 'A06744500296B8820020950A258509
                       ,
                        physCellId-r9 346,
                        utra-BCCH-Container-r9 'A06684500296A08200188D08238488
                       ,
                        physCellId-r9 347,
                        utra-BCCH-Container-r9 'A067C4500296A88200188D08238488
                       ,
                        physCellId-r9 493,
                        utra-BCCH-Container-r9 '207E045002940002AC1055C40AD10C
```

Figure 5-33. rrcConnectionRelease message (With SIB)

- LTE mobilityFromEUTRANCmd – targetRAT-Type geran Message를 참조합니다.

- GSM LAU Procedure
  - LAU : Location Area Update
  - UE가 속한 Location Area가 변경된 것이 감지되면 LAU를 사용해서 영역 정보를 바꾸게 되는 과정입니다.
  - LAU를 Request 하고 Accept 하는 과정을 확인할 수 있습니다.

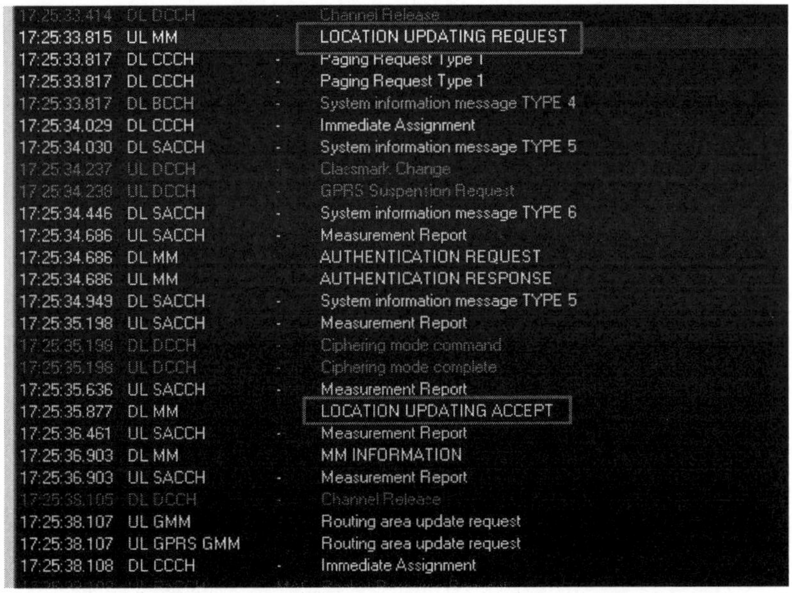

Figure 5-34. LAU Request & Accept Procedure

- GSM Call Procedure
  - Setup / Altering / Connect
    : GSM NAS Signaling Message를 참조합니다.

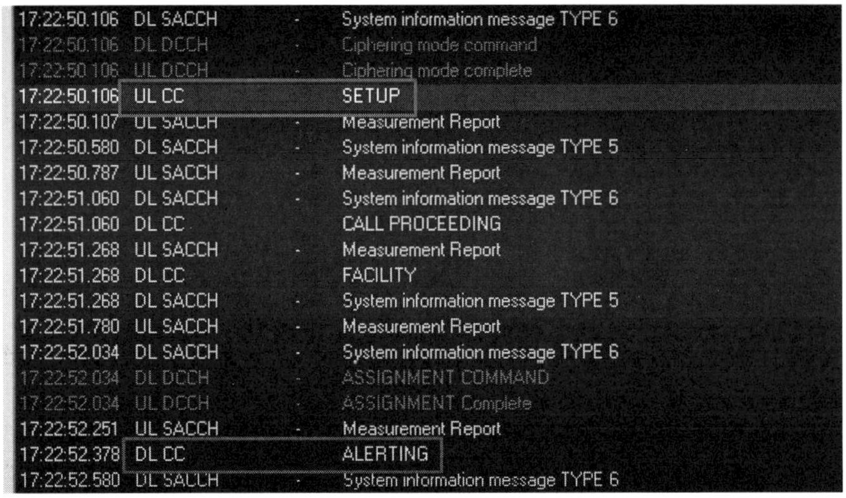

Figure 5-35. GSM Call Procedure

5.1.13 LTE SRVCC Statistics(LTE↔WCDMA)

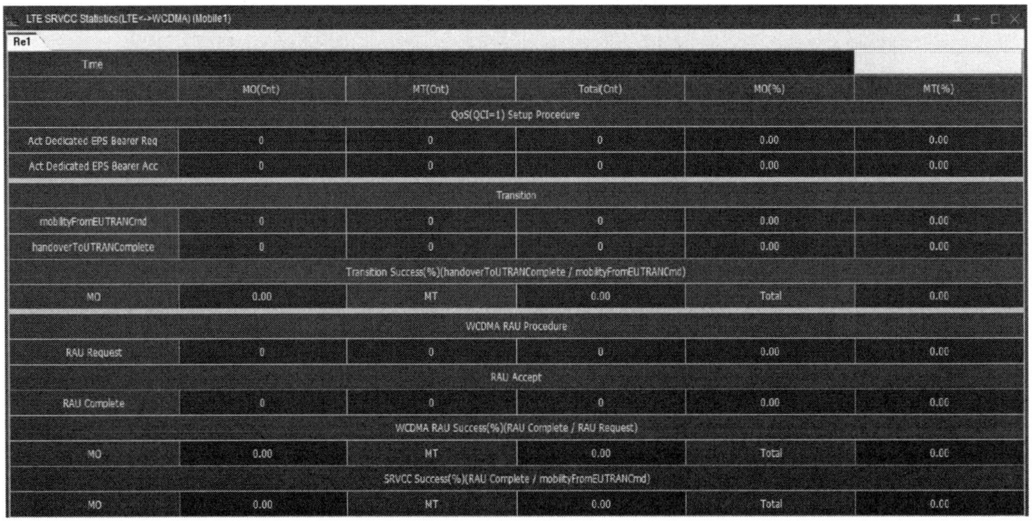

Figure 5-36. LTE SRVCC Statistics (LTE↔WCDMA)

- QoS(QCI=1) Setup Procedure
  - Act Dedicated EPS Bearer Req/Acc
    : LTE NAS Activate Dedicated EPS Bearer Request/Accept의 EPS QoS Message를 참조합니다.

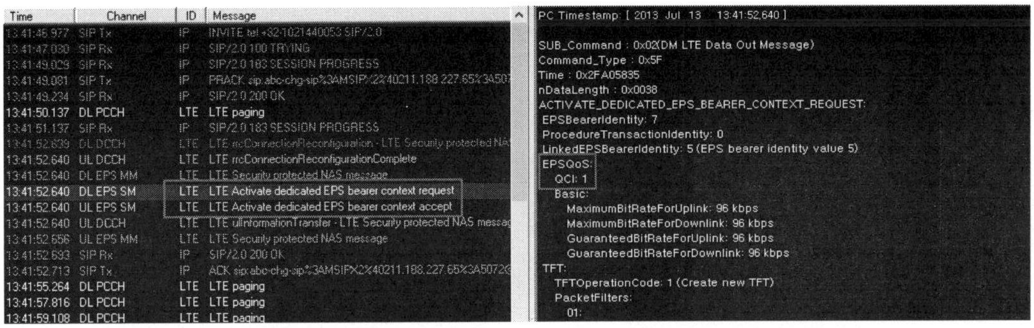

Figure 5-37. QoS Setup Procedure in SRVCC

– 음성통화의 필요 대역폭, 지연, 패킷 손실률 등을 포함하고 있습니다.

- Transition
  - mobilityFromEUTRANCmd : LTE → 3G로 전환하기 위한 명령을 담은 Message입니다. 해당 Message는 이동할 네트워크의 정보, Transition을 위한 명령, QoS 및 Service 유지를 위한 정보가 포함되어 있습니다.
  - handoverToUTRANComplete : LTE → 3G로 Handover가 완료되었음을 나타내는 Message이며, Handover 과정의 완료 여부를 포함합니다.

- WCDMA LAU Procedure

  : LTE → 3G로 Transfer 할 때, 사용자의 UE가 새로운 Location Area에 등록하는 과정입니다.
  - RAU Request : WCDMA UL-DCCH initialDirectTransfer Message를 참조합니다.
  - LTE → 3G로의 최초 전환을 초기화 하기 위해 3G Network로 전송되는 Uplink Message입니다.
  - RAU Accept : WCDMA DL-DCCH downlinkDirectTranfer Message를 참조합니다.

    3G → LTE downlink로 전달되는 Message입니다.
  - RAU Complete : WCDMA UL-DCCH uplinkDirectTranfer Message를 참조합니다.

    LTE → 3G Uplink로 전달되는 Message입니다.

5.1.14 LTE SRVCC Statistics(LTE↔GSM)

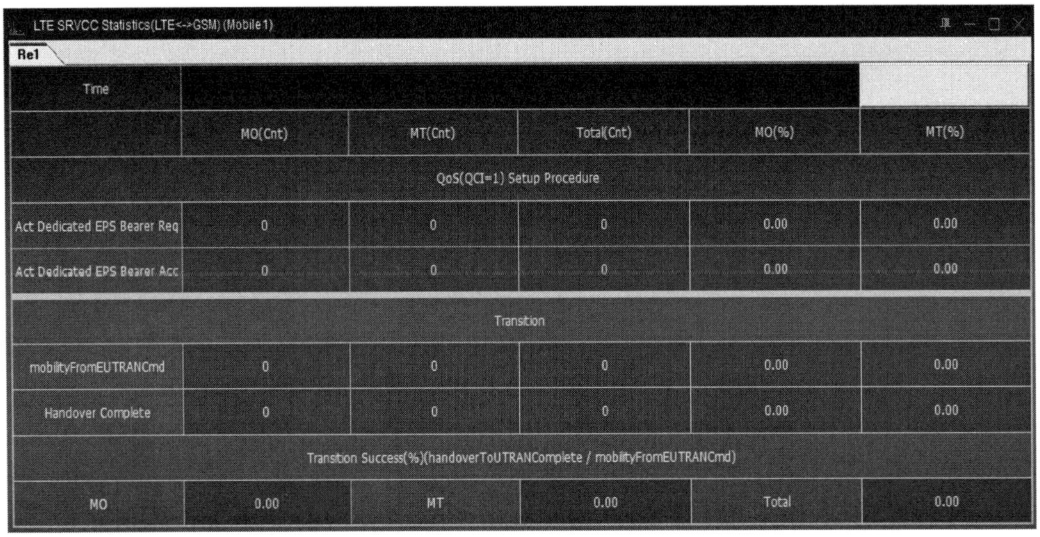

Figure 5-38. LTE SRVCC Statistics (LTE↔GSM)

- QOS(QCI=1) Setup Procedure
  - Act Dedicated EPS Bearer Req/Acc: LTE NAS Activate Dedicated EPS Bearer Context Request/Accept Message를 참조합니다.

- Transition
  - MobilityFromEUTRANCmd: LTE→WCDMA로 전환하기 위한 명령을 담은 Message입니다. 해당 Message는 E-UTRAN(LTE Network)에서의 이동성을 관리하는 Message 입니다.
  - Handover Complete: GSM UL-DCCH Handover Complete Message를 참조합니다.
  - GSM→LTE로의 음성 통화에 대한 uplink 전환 완료 Message입니다.

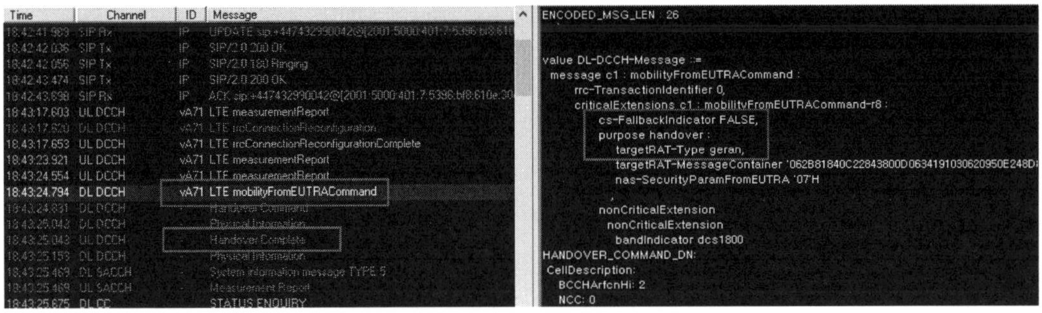

Figure 5-39. Handover Complete detail message in SRVCC

5.1.15 LTE CA Cell AddMod State

- 해당 창의 참조 Message는 DL DCCH의 rrcConnectionReconfiguration입니다.
- HO시 필요한 새로운 Cell에 대한 정보(주파수, Cell ID)를 전달합니다.
- 멀티 캐리어 환경에서 추가적인 Cell 관리하기 위해 사용됩니다.
- 주요 항목으로 CellIndex, PhsyCellId, CellIndividualOffset 등이 있습니다.

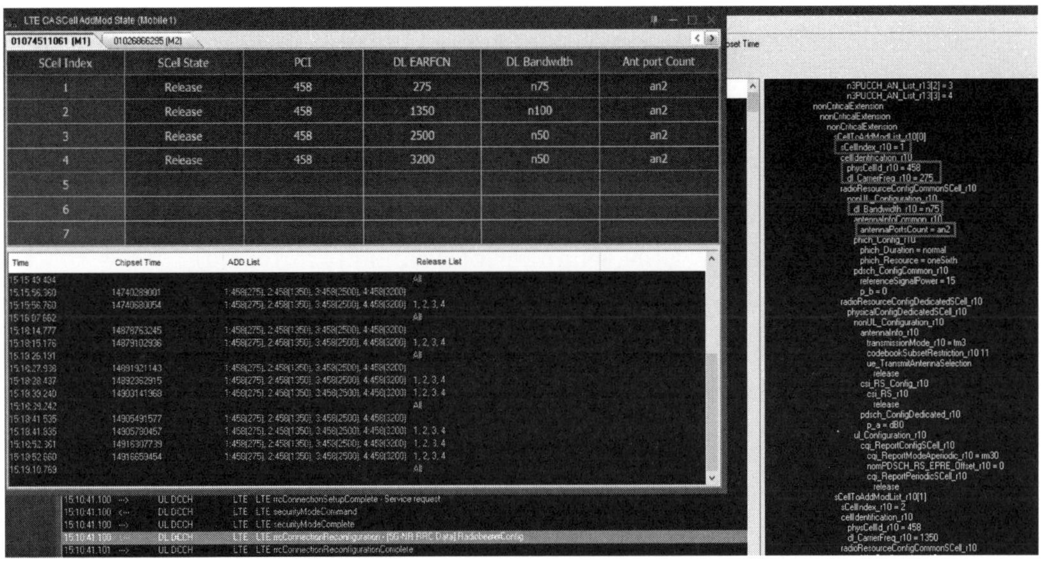

Figure 5-40. CA SCell Add

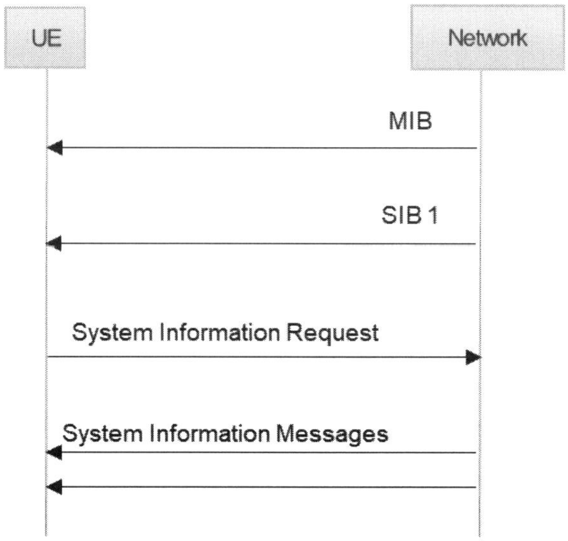

Figure 5-41. System Information Acquisition

5.2.1 5G NR Information (MIB)

- UE 가 해당 Cell 들어와 가장 먼저 확인하는 System Information Message이며, 기초적이면서도 중요한 정보를 담고 있습니다. (Downlink Channel Bandwidth, PHICH Configuration, SFN, Number of Transmit antenna)
- NR의 MIB/SIB 전체적 기능 및 구조는 LTE와 거의 동일 하지만 한 가지 큰 차이점으로 LTE의 경우 UE 결정 여부에 상관없이 모든 SIB가 주기적으로 broadcast 되지만, NR의 경우에는 LTE와 동일하게 주기적으로 전송되는 경우와 UE의 요청이 있을 때만 전송되는 점이 큰 차이점입니다.
- Signalling Message BCCH : BCH Message의 Mastaer Infomation Block 참조

Figure 5-42. 5GNR Information(MIB)

5.2.2 5G NR SA Information (SIB1)

5G NR SA Inforamtion창은 SIB1 Message 내에 중요 항목들에 대해 도시합니다.

SIB1 Message는 DL-SCH를 통해 전송되는 첫 번째 RRC Message이며, 160ms 주기로 전송되며, 반복 전송이 가능합니다.

다른 SIB Message들의 가용성 및 Scheduling(e.g.Periodcity, SI-Wondow Size) 정보가 포함되며 정기적인 broadcast인지, 요청에 의한 전송인지 확인 가능합니다.

Signalling Message BCCH : DL SCH Message 5G NR SystemInfomationBlockType1 참조

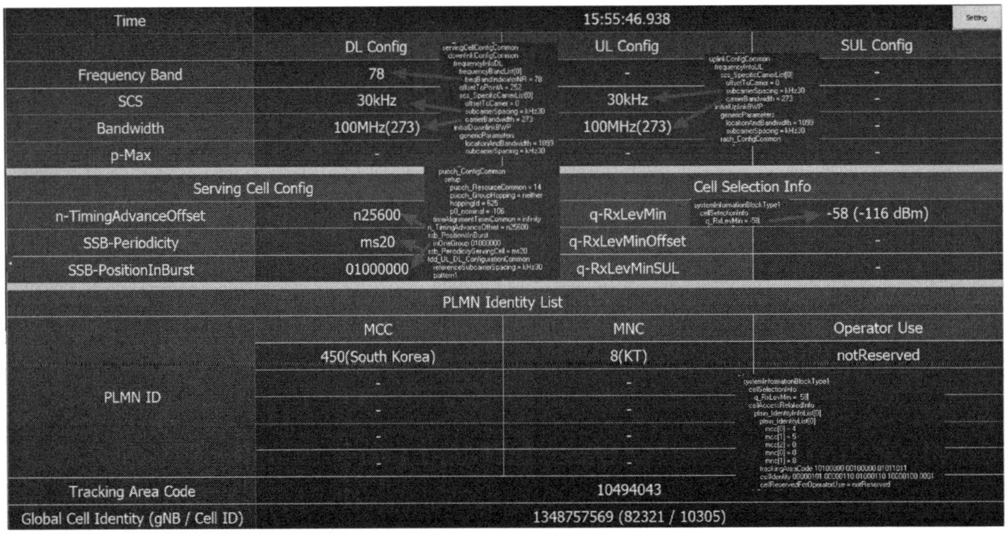

Figure 5-43. 5GNR SA Information(SIB1)

5.2.3 5G NR SpCell Information (ReconfigwithSync)

이 창은 NR에 Sync를 하기 위한 NR에 대한 Cell 정보에 대해 도시합니다.

RRC ConnectionReconfiguration Message 내에 각 MastercellGroup, Secondary CellGroup의 ReconfigwithSync의 SpCellConfigCommon을 참조합니다.

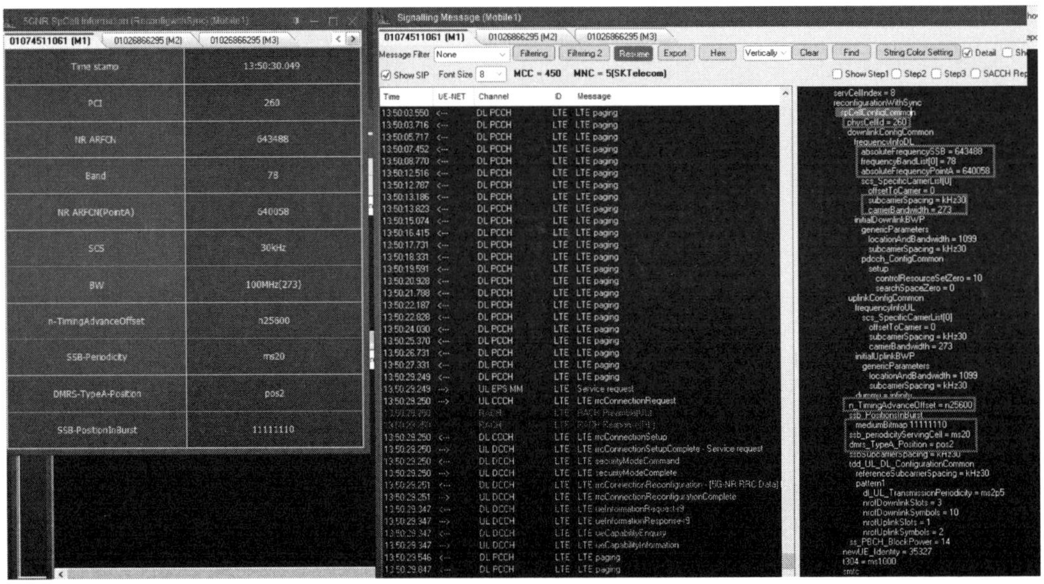

Figure 5-44. 5GNR SpCell Information

5.2.4 5G NR TDD UL-DL Configuration

- rrcConnectionReconfiguration Message 내에 tdd_UL_DL_ConfigurationCommon 구조체를 참조합니다.
- TDD-UL-DL-configuration Common Parameter는 TDD 시스템의 Uplink 및 Downlink 구성을 정의합니다.
- 이 구성에 사용되는 Parameter는 TransmissionPeriodicity, DL/UL Slot & Symbol 수입니다.
- TDD 모드에서 시간 슬롯을 업링크(UL)와 다운링크(DL)로 나누어 사용함으로써, 단말 주파수에서 양방향 통신을 가능하게 합니다. 이러한 파라미터들은 특히 주파수 자원을 효율적으로 사용하고, 네트워크 성능을 최적화 하는데, 중요한 역할을 합니다.

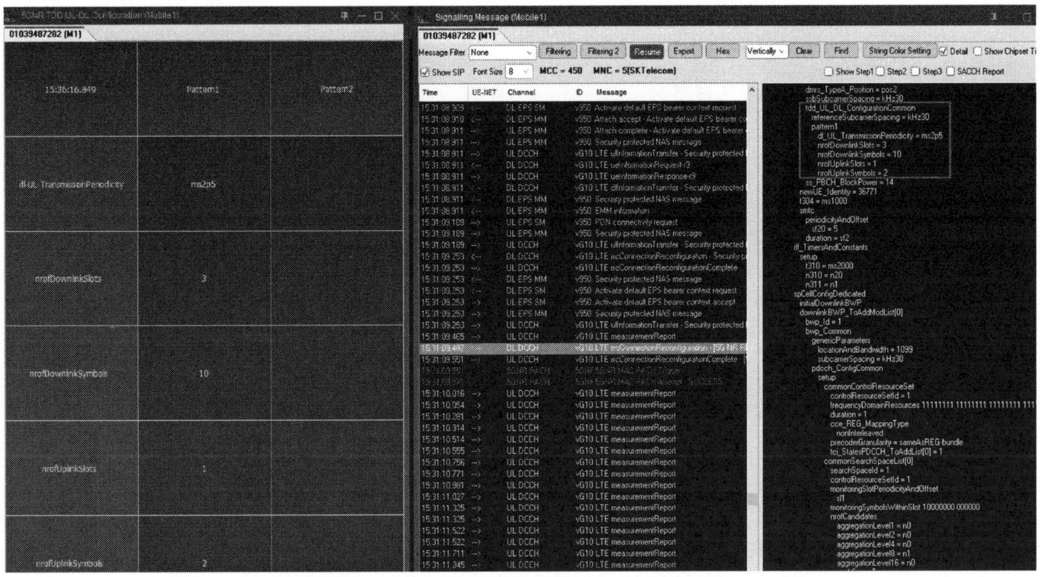

Figure 5-45. TDD UL-DL Configuration

5.2.5 5G NR NSA RRC State

- 해당 창은 LTE 및 NSA에 대한 RRC 상태 값에 대해 도시합니다.
- XCAL에서는 5개의 RRC State로 표현합니다.

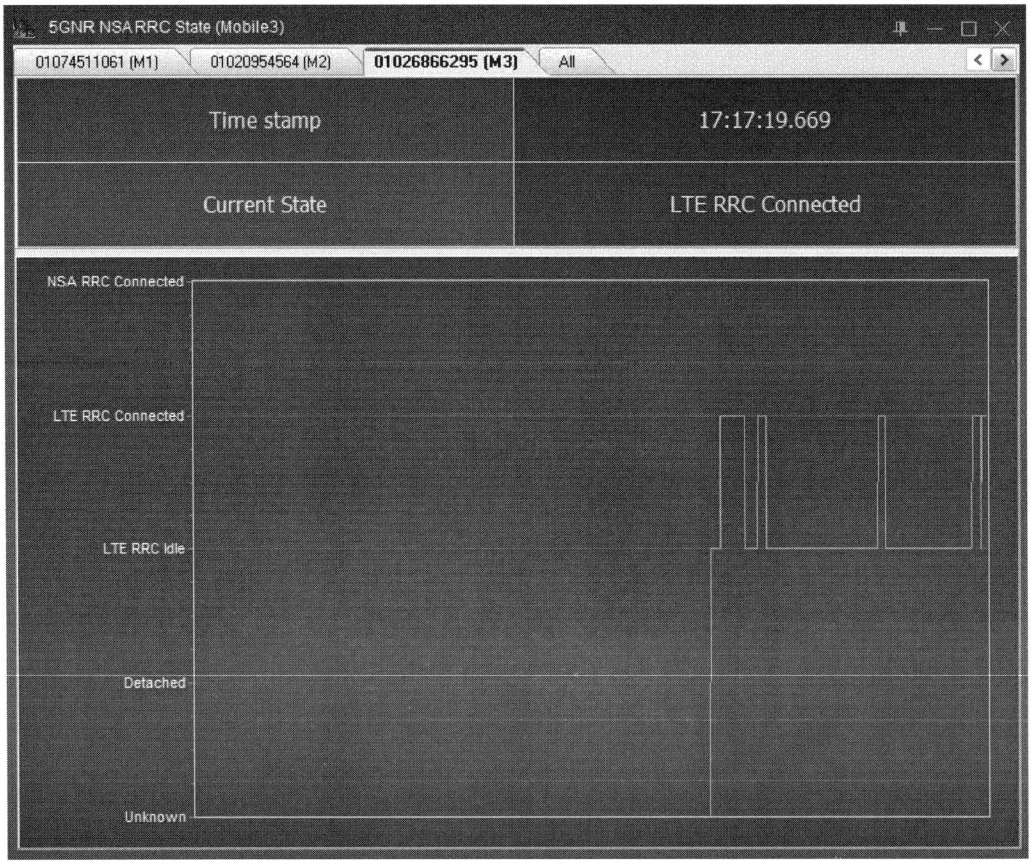

Figure 5-46. NSA RRC State

State	Description
Unknown	참조 Message가 수신되지 않아 어떤 State인지 알 수 없을 때 표시됩니다.
Detached	Detach 상태일 때 표시됩니다. Detach State는 Detach Request Message를 참조합니다. Detach에는 크게 2가지의 Flow가 있습니다. 1) UE to MME - 아래 Flow의 경우 UE에서 MME로 Detach Request를 보냅니다. - Detach Request Message 내에 Switch off로 표시되면 Detach Request Message로 해당 프로시저가 종료됩니다. - 반대로 Switch off가 표시되지 않는 경우 반드시 Network는 Detach Accept를 전송해야 합니다.

State	Description

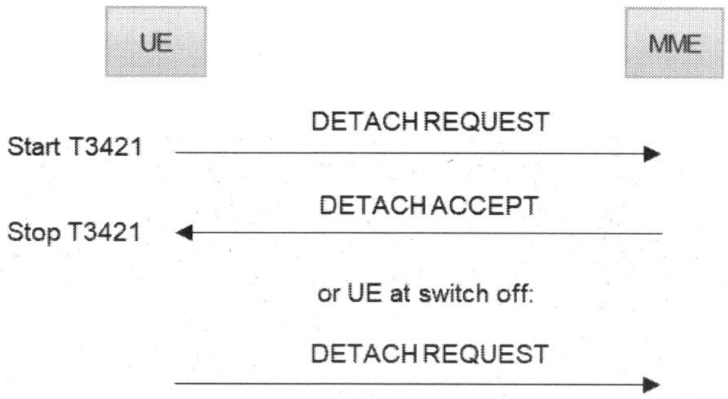

Figure 5-47. UE Initiated detach

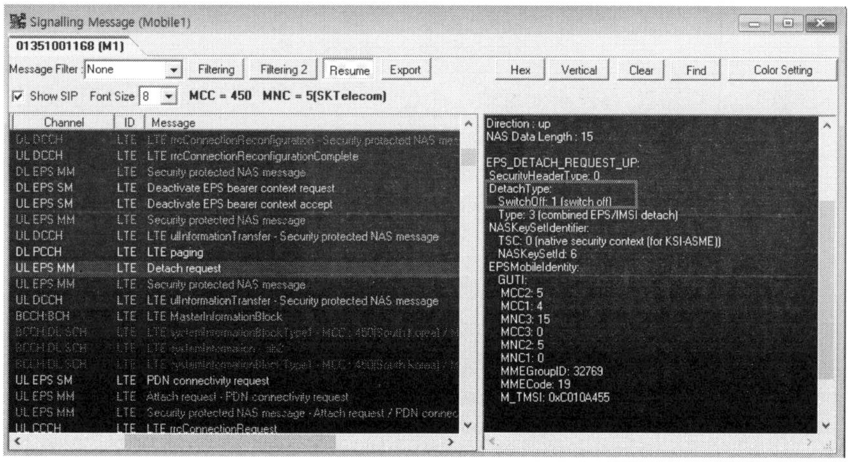

Figure 5-48. Detach Type

2) MME to UE

아래 Flow는 MME에서 UE 로 Detach Request를 보내는 경우이며, 이 경우에는 Detach Request의 이유인 IE가 포함될 수 있습니다. 기지국으로부터 수신한 Detach Request인 경우 Detached로 판단합니다.

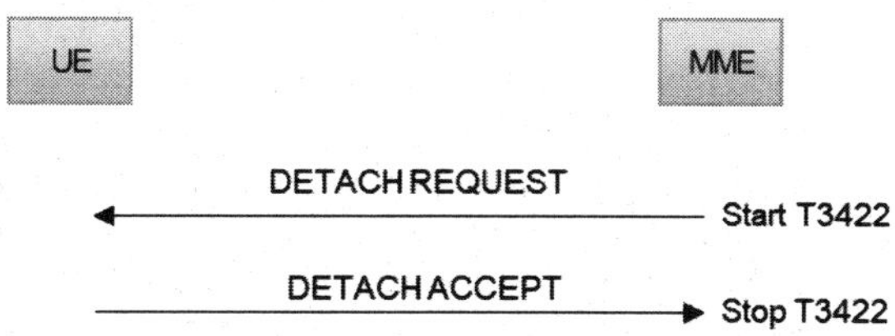

Figure 5-49. Network Initiated detach

<table>
<tr><th>State</th><th>Description</th></tr>
<tr><td></td><td>
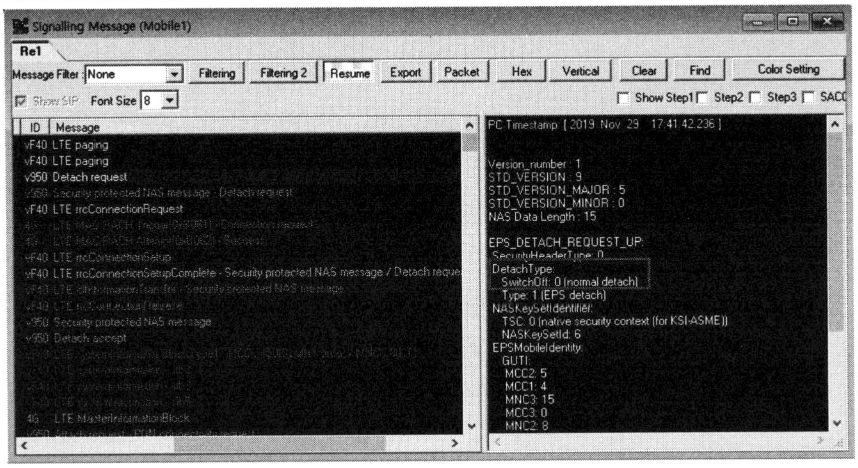

Figure 5-50. Detach Request
</td></tr>
<tr><td>LTE RRC
IDLE</td><td>
다음과 같은 Message 수신 시 LTE RRC IDLE로 판정합니다.
1) LTE rrcConnectionRelease
rrcRelease 수신 시 rrc connection release를 절차를 수행하며, RRC_CONNECTED 상태에서 RRC_IDLE 상태로 변경됩니다.

Figure 5-51. RRC connection release, successful

Figure 5-52. RRC Connection Release
</td></tr>
</table>

State	Description
	2) LTE rrcConnectionReestablishmentReject rrcConnectionReestablishmentRequest에 대한 응답 Message로 올 수 있습니다. 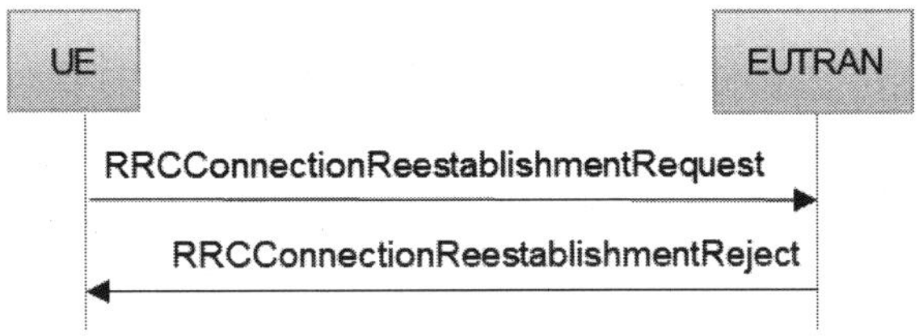 **Figure 5-53.** RRC connection re-establishment, failure
LTE RRC Connected	다음과 같은 Message를 참조합니다. 1) rrcConnectionSetupComplete rrcConnectionSetup에 대한 응답 Message로 발생합니다. 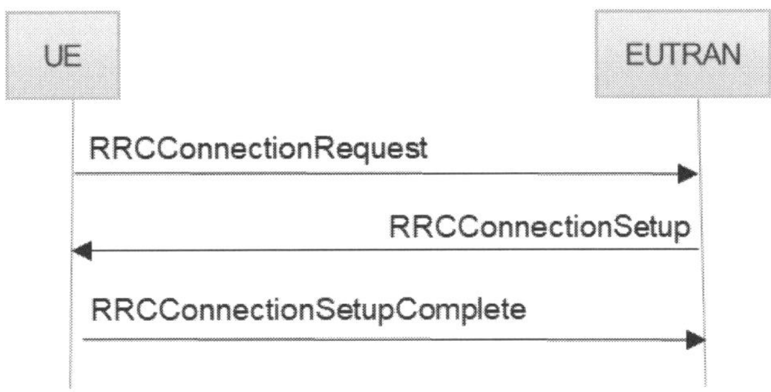 **Figure 5-54.** RRC connection establishment, successful 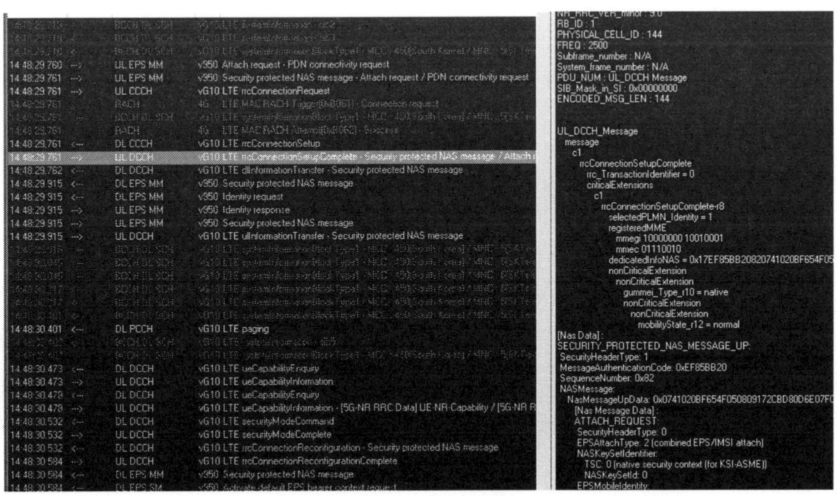 **Figure 5-55.** RRC connection establishment

State	Description
	2) LTE scgFailureInformationNR-r15 NSA에서 SCG Failure 발생시 LTE로 천이 됩니다.

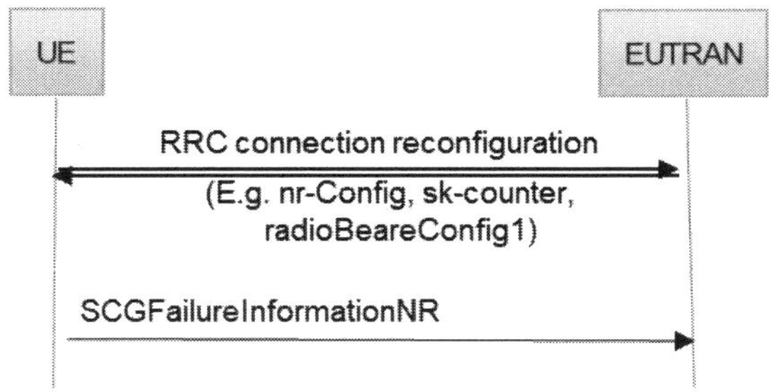

Figure 5-56. NRSCG failure information

3) LTE rrcConnectionReconfiguration에 mobilityControlInfo가 존재하는 경우 LTE Satate로 볼 수 있습니다.

Figure 5-57. mobility control Info

4) LTE rrcConnectionReconfiguration의 nr-config-r15 release: NULL 일 경우 LTE State로 볼 수 있습니다.

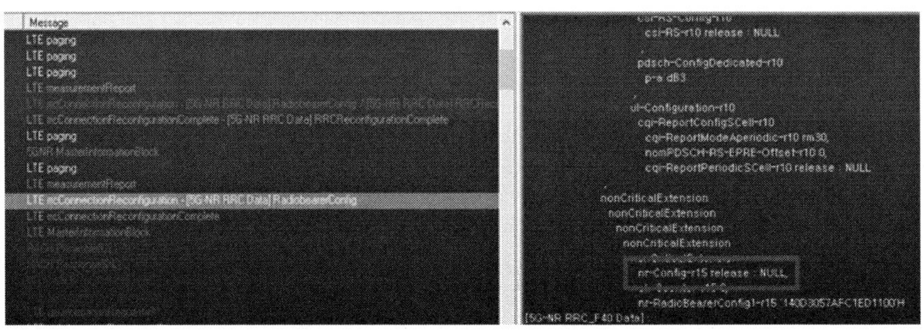

Figure 5-58. NR Release

State	Description
	5) 5G NR MobilityFromNRCommand Message 내 targetRAT-Type과, LTE rrcReconfigurationComplete Message를 참조합니다.  **Figure 5-59.** NR MobilityFromNRCommand 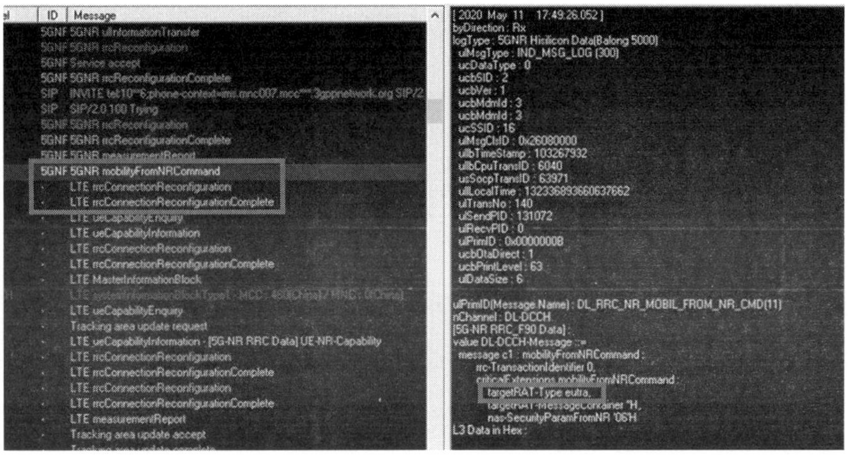 **Figure 5-60.** NR MobilityfromNRCommand
NSA RRC Connected	1) LTE rrcConnectionReconfiguration에 5G NR RRCReconfiguration 이 포함된 Message 및 rrcConnectionReconfigurationComplete를 참조합니다.  **Figure 5-61.** NSA RRC Connected

5.2.6 5G NR RRC State

해당 창은 LTE, NSA, SA, 5GC에 대한 RRC 상태 값에 대해 도시합니다.
XCAL에서는 13개의 State 로 표현합니다.

Figure 5-62. 5GNR RRC State

State	Description
LTE RRC IDLE	1) LTE rrcConnectionRelease, LTE rrcConnectionReesatblishmentReject Message를 참조합니다.  **Figure 5-63.** LTE RRC IDLE
LTE RRC Inactive	1) LTE rrcConnectionRelease를 참조합니다.
LTE RRC Connected	1) 5G NR NSA RRC State의 LTE RRC Connected를 참조하세요.
ENDC RRC Connected	1) 5G NR NSA RRC State의 NSA RRC Connected를 참조하세요. ENDC는 아래와 같은 시나리오로 망 구성을 할 수 있습니다. 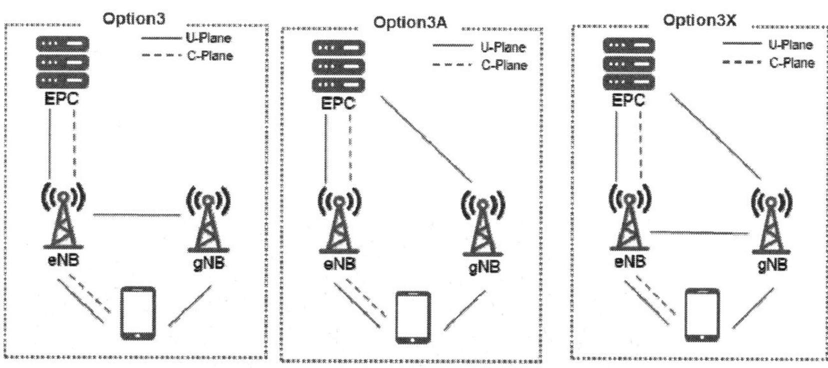 **Figure 5-64.** ENDC Deployment Options

State	Description
NR RRC IDLE	1) 5G NR RRC Releas, 5G NR RRC Setup Request Message를 참조합니다. 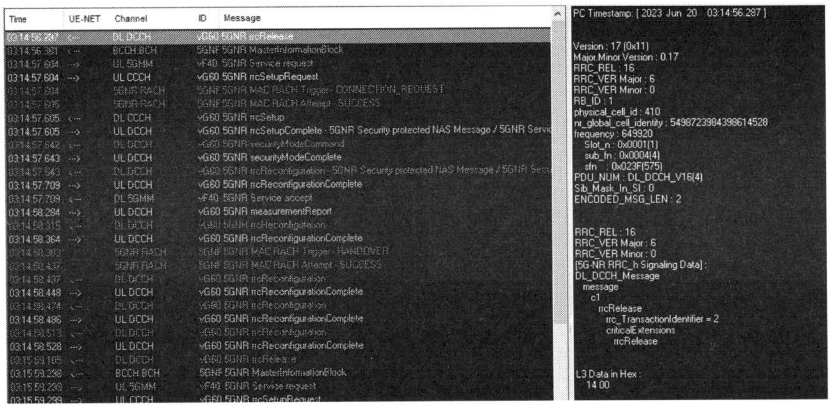 **Figure 5-65.** NR RRC Idle-1 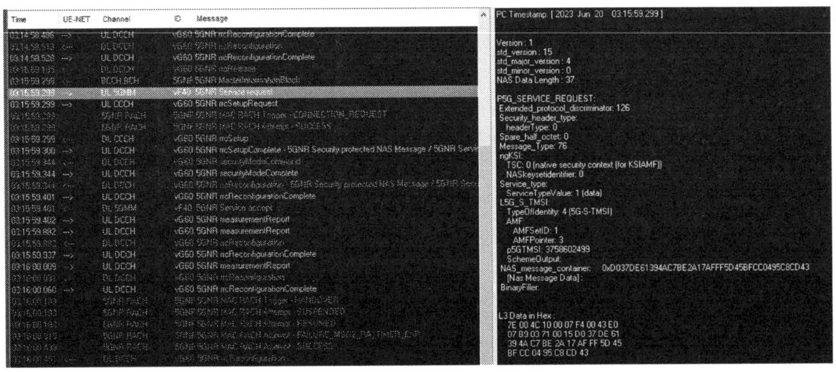 **Figure 5-66.** NR RRC Idle-2
NR RRC Inactive	1) 5G NR RRC Release Message를 참조합니다.
NR RRC Connected	1) 5G NR RRC Setup Complete, RRC Resume Message, RRC Reconfiguration Complete Message를 참조합니다.  **Figure 5-67.** NR RRC Connected-1

<table>
<tr><th>State</th><th>Description</th></tr>
<tr><td></td><td>

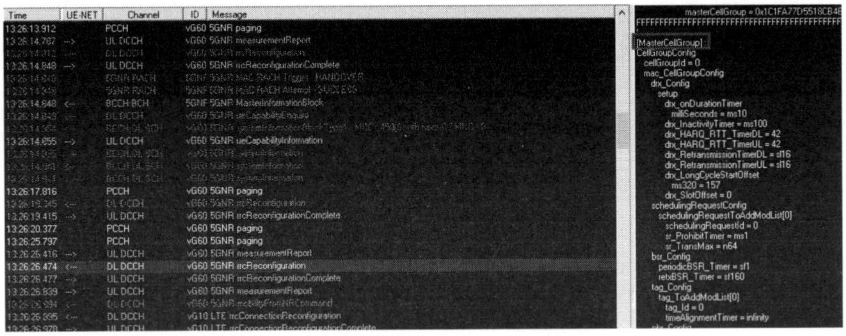

Figure 5-68. NR RRC Connected-2

</td></tr>
<tr><td>NEDC RRC Connected</td><td>

1) 5G NR Reconfiguration Complete Message를 참조합니다.

```
RRCReconfigurationComplete-v1560-IEs ::=   SEQUENCE {
    scg-Response                                CHOICE {
        nr-SCG-Response                             OCTET STRING (CONTAINING RRCReconfiguratior
        eutra-SCG-Response                          OCTET STRING
    }
    nonCriticalExtension                        RRCReconfigurationComplete-v1610-IEs
}
```

Figure 5-69. eutra-SCG-Response

NEDC는 아래와 같은 시나리오로 망 구성을 할 수 있습니다.

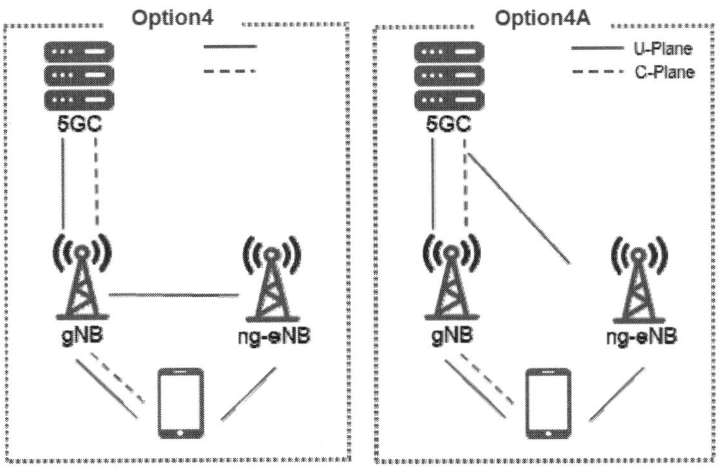

Figure 5-70. NEDC Deployment Options

</td></tr>
</table>

State	Description
NRDC RRC Connected	(see below)

1) 5G NR Reconfiguration Complete Message를 참조합니다.

```
RRCReconfigurationComplete-v1560-IEs ::=     SEQUENCE {
    scg-Response                                 CHOICE {
        nr-SCG-Response                              OCTET STRING (CONTAINING RRCReconfiguratior
        eutra-SCG-Response                           OCTET STRING
    }
    nonCriticalExtension                         RRCReconfigurationComplete-v1610-IEs
}
```

Figure 5-71. nr SCG Response

NRDC는 아래와 같은 시나리오로 망 구성을 할 수 있습니다.

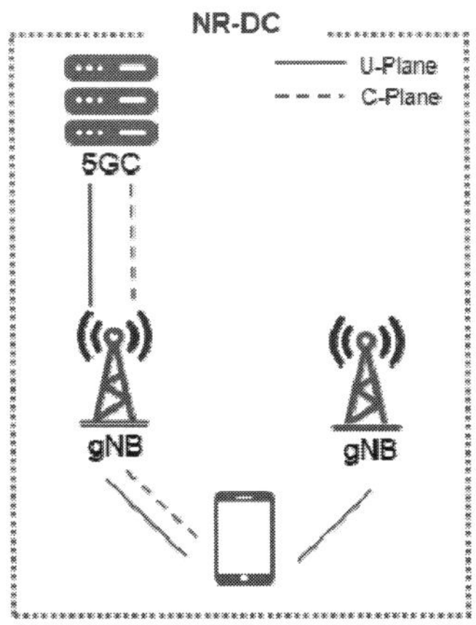

Figure 5-72. NRDC Deployment

State	Description
5GC-LTE RRC Connected	

1) LTE rrcConnectionRequest Message 내 rrcConectionRequest-r15를 참조합니다.

RRCConnectionRequest message

```
-- ASN1START

RRCConnectionRequest ::=                SEQUENCE {
    criticalExtensions                      CHOICE {
        rrcConnectionRequest-r8                 RRCConnectionRequest-r8-IEs,
        rrcConnectionRequest-r15                RRCConnectionRequest-5GC-r15-IEs
    }
}

RRCConnectionRequest-r8-IEs ::=         SEQUENCE {
    ue-Identity                             InitialUE-Identity,
    establishmentCause                      EstablishmentCause,
    spare                                   BIT STRING (SIZE (1))
}

RRCConnectionRequest-5GC-r15-IEs ::=    SEQUENCE {
    ue-Identity                                 InitialUE-Identity-5GC,
    establishmentCause                          EstablishmentCause-5GC,
    spare                                       BIT STRING (SIZE (1))
}

InitialUE-Identity ::=                  CHOICE {
    s-TMSI                                  S-TMSI,
    randomValue                             BIT STRING (SIZE (40))
}

InitialUE-Identity-5GC ::=              CHOICE {
    ng-5G-S-TMSI-Part1                      BIT STRING (SIZE (40)),
    randomValue                             BIT STRING (SIZE (40))
}
```

Figure 5-73. RRC Connection Request Message

State	Description
5GC–LTE RRC IDLE	1) 5GC - LTE RRC Connected 또는 NGEN–DC RRC Connected 상태에서 LTE rrcConnectionRelease, LTE rrcConnectionReestablishmentReject Message를 참조합니다.
NGEN–DC RRC Connected	1) LTE rrcConnectionReconfiguration Message를 참조하며, NGEN–DC는 아래와 같은 시나리오로 망 구성을 할 수 있습니다. 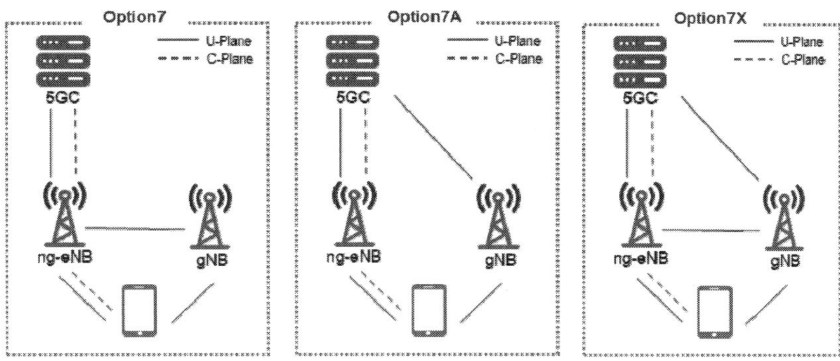 **Figure 5–74.** NGEN–DC Deployment Options
Deregistration	1) Deregistration request Message를 참조합니다. 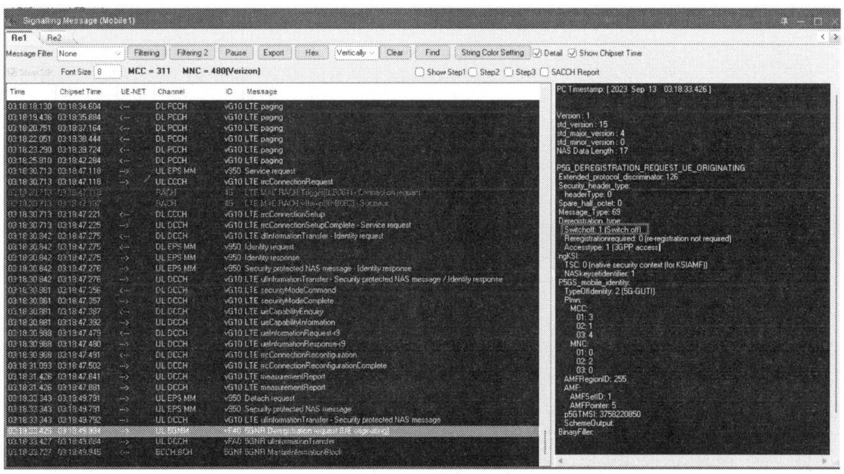 **Figure 5–75.** 5GNR Deregistration request

State	Description
	 Figure 5-76. 5GNR Deregistration

5.2.7 5G NR UE Capability

UE Capability Information는 UE가 네트워크에 전송하는 RRC Message입니다. 여기에는 기능에 대한 세부 정보가 담겨 있습니다.

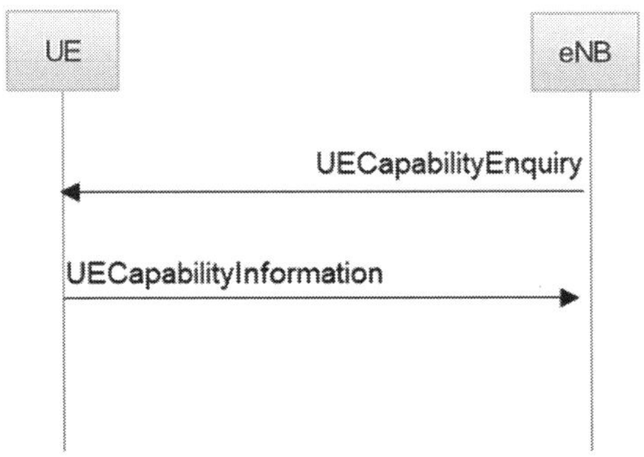

Figure 5-77. UECapability Flow

UE ⟵ NW	UECapabilityEnquiry	NW가 UE에게 Capability 정보를 요청합니다.
UE ⟶ NW	UECapabilityInformation	UE가 NW에서 요청한 정보에 대해 UECapabilityInfo msg로 응답합니다.

ENDC

- 5G NR Data가 포함된 LTE ueCapabilityInformation 내 rat-Type이 nr 및 eutra-nr이 포함되어 있을 경우, UE-NR-Capability container를 참조하여 EN-DC 탭에 정보를 도시합니다.

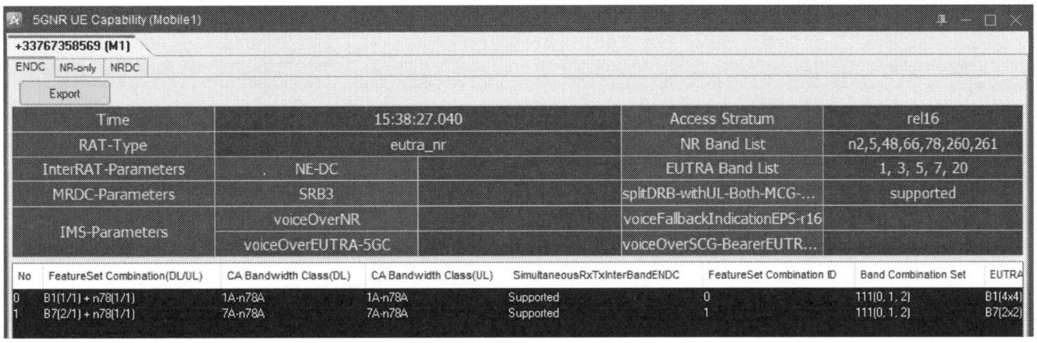

Figure 5-78. 5GNR UE Capability

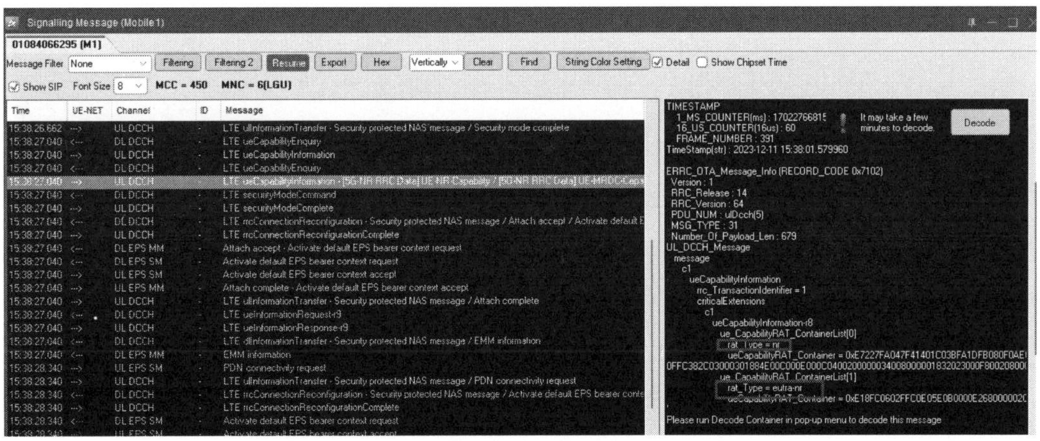

Figure 5-79. LTE ueCapabilityInformation

• NR-Only : 5G NR UE capability - nr-only 정보를 도시합니다.

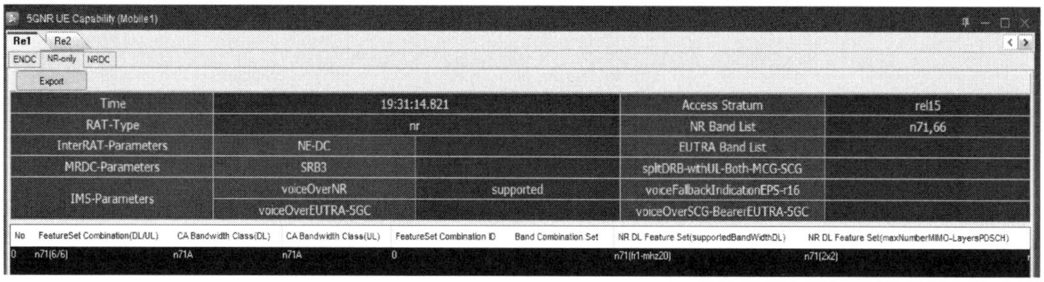

Figure 5-80. 5GNR UE Capability NR Only

NRDC

• UE-NR-Capability 내 ca-ParametersNRDC 항목에 대해 NRDC 탭에 값을 도시합니다.

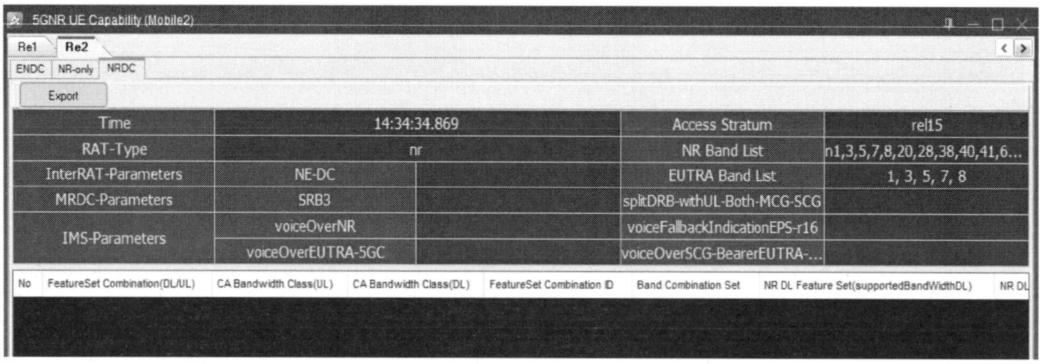

Figure 5-81. 5GNR UE Capability NRDC

NE-DC

• 5G NR Data 가 포함된 LTE ueCapabilityInformation Message 또는 5G NR ueCapabilityInformation Message를 참조합니다.

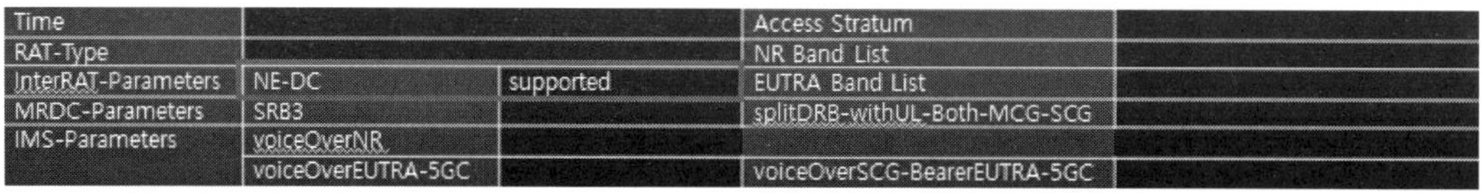

Figure 5-82. NE-DC

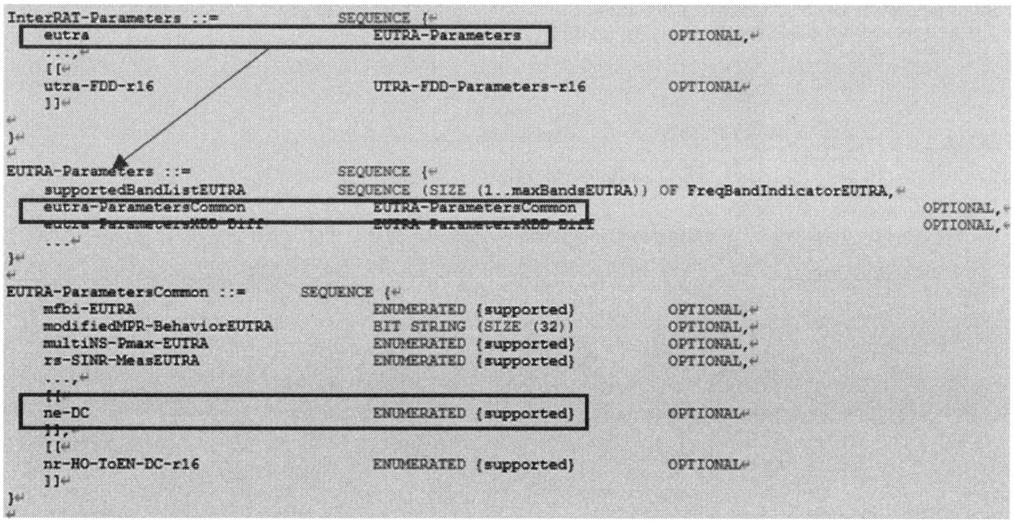

```
InterRAT-Parameters ::=              SEQUENCE {
    eutra                                EUTRA-Parameters                OPTIONAL,
    ...,
    [[
    utra-FDD-r16                         UTRA-FDD-Parameters-r16         OPTIONAL
    ]]

}

EUTRA-Parameters ::=                 SEQUENCE {
    supportedBandListEUTRA           SEQUENCE (SIZE (1..maxBandsEUTRA)) OF FreqBandIndicatorEUTRA,
    eutra-ParametersCommon               EUTRA-ParametersCommon                  OPTIONAL,
    eutra-ParametersXDD-Diff             EUTRA-ParametersXDD-Diff                OPTIONAL,
    ...
}

EUTRA-ParametersCommon ::=        SEQUENCE {
    mfbi-EUTRA                           ENUMERATED {supported}          OPTIONAL,
    modifiedMPR-BehaviorEUTRA            BIT STRING (SIZE (32))          OPTIONAL,
    multiNS-Pmax-EUTRA                   ENUMERATED {supported}          OPTIONAL,
    rs-SINR-MeasEUTRA                    ENUMERATED {supported}          OPTIONAL,
    ...,
    [[
    ne-DC                                ENUMERATED {supported}          OPTIONAL
    ]],
    [[
    nr-HO-ToEN-DC-r16                    ENUMERATED {supported}          OPTIONAL
    ]]
}
```

Figure 5-83. NE-DC in 3GPP

- VoiceOverNR : 5G NR ueCapabilityInformation의 VoiceOverNR=Supported를 참조합니다.

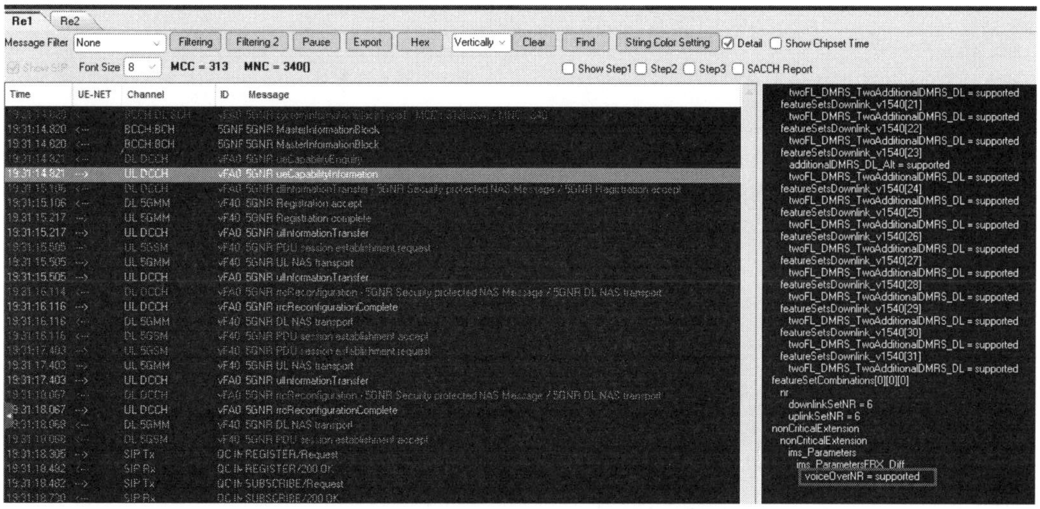

Figure 5-84. VoiceOverNR

VoiceOverEUTRA-5GC

- VONR 지원여부를 확인할 수 있는 Parameter로 Supported라 도시될 경우 5G Core에 연결된 ENB(ng-eNB)에서 Voice가 지원될 수 있음을 의미합니다.

자세한 사항은 3gpp TS 38.331 Spec 문서를 참조합니다.

ㅏ *IMS-Parameters*

The IE *IMS-Parameters* is used to convery capabilities related to IMS.

***IMS-Parameters* information element**

```
-- ASN1START
-- TAG-IMS-PARAMETERS-START

IMS-Parameters ::=            SEQUENCE {
    ims-ParametersCommon          IMS-ParametersCommon                 OPTIONAL,
    ims-ParametersFRX-Diff        IMS-ParametersFRX-Diff               OPTIONAL,
    ...
}

IMS-ParametersCommon ::=    SEQUENCE {
    voiceOverEUTRA-5GC            ENUMERATED {supported}               OPTIONAL,
    ...,
    [[
    voiceOverSCG-BearerEUTRA-5GC          ENUMERATED {supported}       OPTIONAL
```

Figure 5-85. VoiceOverEUTRA-5GC

VoiceOverSCG-BearerEUTRA-5GC

Master GNB, Secondary ENB , Core 5GC 인 환경에서 Voice를 SCG 로 지원가능 여부를 확인할 수 있는 Parameter로 지원될 경우Supported라 도시됩니다.

자세한 사항은 3gpp TS 38.331 Spec 문서를 참조합니다.

ㅏ *IMS-Parameters*

The IE *IMS-Parameters* is used to convery capabilities related to IMS.

***IMS-Parameters* information element**

```
-- ASN1START
-- TAG-IMS-PARAMETERS-START

IMS-Parameters ::=            SEQUENCE {
    ims-ParametersCommon          IMS-ParametersCommon                 OPTIONAL,
    ims-ParametersFRX-Diff        IMS-ParametersFRX-Diff               OPTIONAL,
    ...
}

IMS-ParametersCommon ::=    SEQUENCE {
    voiceOverEUTRA-5GC            ENUMERATED {supported}               OPTIONAL,
    ...,
    [[
    voiceOverSCG-BearerEUTRA-5GC          ENUMERATED {supported}       OPTIONAL
```

Figure 5-86. VoiceOverSCG-BearerEUTRA-5GC

SRB3, splitDRB-withUL-Both-MCG-SCG

- SRB3를 통해서 기지국을 통해 다이렉트로 NR msg를 보낼 수 있으며, ENDC 환경에서 사용됩니다.
- 단말이 SRB3를 지원하면 secondary node에서 다이렉트로 RRC msg전송이 가능합니다.
- LTE ueCapabilityInformation Message 또는 5G NR ueCapabilityInformation Message를 참조합니다.

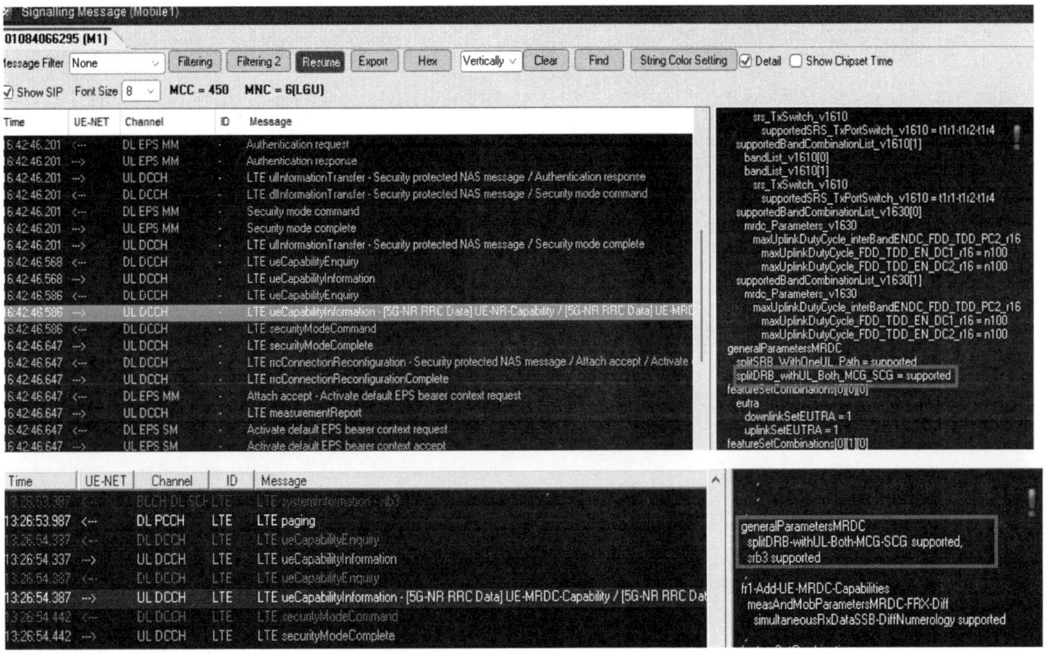

Figure 5-87. srb3 supported

VoiceFallbackIndicationEPS

- VONR→VOLTE로 fallback시 VoiceFallbackIndicationEPS Message 가 사용됩니다.
- 5G NR Data 가 포함된 LTE ueCapabilityInformation Message 또는 5G NR ueCapabilityInformation Message 를 참조하여, UE-NR-Capability container에 포함된 IMS-parameters를 참조합니다.

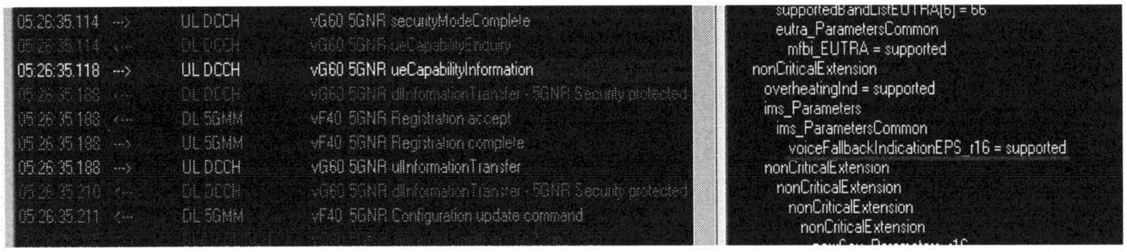

Figure 5-88. voiceFallbackIndicationEPS_r16

5.2.8 5G NR Feature Sets

5G NR Data가 포함된 LTE ueCapabilityInformation Message 또는 5G NR ueCapabilityInformation Messag의 UE-NR-Capability 내 featureSets 정보를 참조하여 도시합니다.

해당 창을 통해 단말 band Combination 지원 항목들을 확인할 수 있습니다.

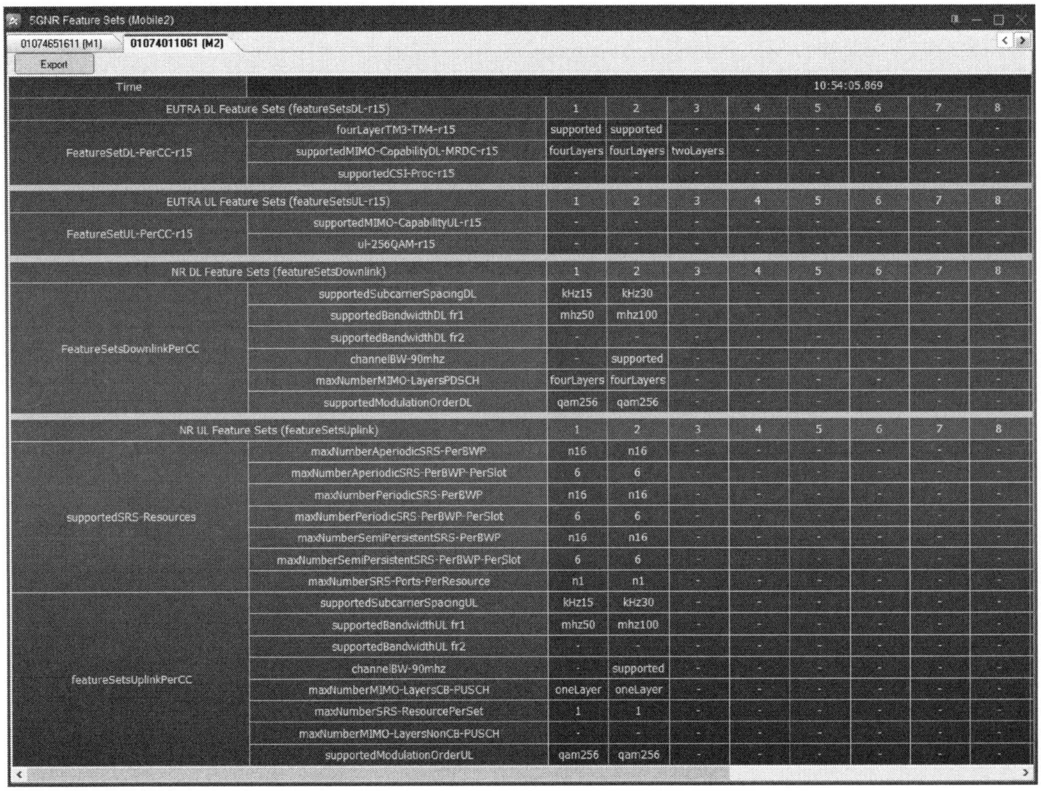

5GNR Feature Sets (Mobile2)

01074651611 (M1) | 01074011061 (M2)

Export

Time		10:54:05.869							
EUTRA DL Feature Sets (featureSetsDL-r15)		1	2	3	4	5	6	7	8
FeatureSetDL-PerCC-r15	fourLayerTM3-TM4-r15	supported	supported	-	-	-	-	-	-
	supportedMIMO-CapabilityDL-MRDC-r15	fourLayers	fourLayers	twoLayers	-	-	-	-	-
	supportedCSI-Proc-r15	-	-	-	-	-	-	-	-
EUTRA UL Feature Sets (featureSetsUL-r15)		1	2	3	4	5	6	7	8
FeatureSetUL-PerCC-r15	supportedMIMO-CapabilityUL-r15	-	-	-	-	-	-	-	-
	ul-256QAM-r15	-	-	-	-	-	-	-	-
NR DL Feature Sets (featureSetsDownlink)		1	2	3	4	5	6	7	8
FeatureSetsDownlinkPerCC	supportedSubcarrierSpacingDL	kHz15	kHz30	-	-	-	-	-	-
	supportedBandwidthDL fr1	mhz50	mhz100	-	-	-	-	-	-
	supportedBandwidthDL fr2	-	-	-	-	-	-	-	-
	channelBW-90mhz	-	supported	-	-	-	-	-	-
	maxNumberMIMO-LayersPDSCH	fourLayers	fourLayers	-	-	-	-	-	-
	supportedModulationOrderDL	qam256	qam256	-	-	-	-	-	-
NR UL Feature Sets (featureSetsUplink)		1	2	3	4	5	6	7	8
supportedSRS-Resources	maxNumberAperiodicSRS-PerBWP	n16	n16	-	-	-	-	-	-
	maxNumberAperiodicSRS-PerBWP-PerSlot	6	6	-	-	-	-	-	-
	maxNumberPeriodicSRS-PerBWP	n16	n16	-	-	-	-	-	-
	maxNumberPeriodicSRS-PerBWP-PerSlot	6	6	-	-	-	-	-	-
	maxNumberSemiPersistentSRS-PerBWP	n16	n16	-	-	-	-	-	-
	maxNumberSemiPersistentSRS-PerBWP-PerSlot	6	6	-	-	-	-	-	-
	maxNumberSRS-Ports-PerResource	n1	n1	-	-	-	-	-	-
featureSetsUplinkPerCC	supportedSubcarrierSpacingUL	kHz15	kHz30	-	-	-	-	-	-
	supportedBandwidthUL fr1	mhz50	mhz100	-	-	-	-	-	-
	supportedBandwidthUL fr2	-	-	-	-	-	-	-	-
	channelBW-90mhz	-	supported	-	-	-	-	-	-
	maxNumberMIMO-LayersCB-PUSCH	oneLayer	oneLayer	-	-	-	-	-	-
	maxNumberSRS-ResourcePerSet	1	1	-	-	-	-	-	-
	maxNumberMIMO-LayersNonCB-PUSCH	-	-	-	-	-	-	-	-
	supportedModulationOrderUL	qam256	qam256	-	-	-	-	-	-

Figure 5-89. 5GNR Feature Sets Window

참조 Message

- EUTRA DL/UL Feature Sets는 LTE ueCapabilityInformation Message를 참조합니다.

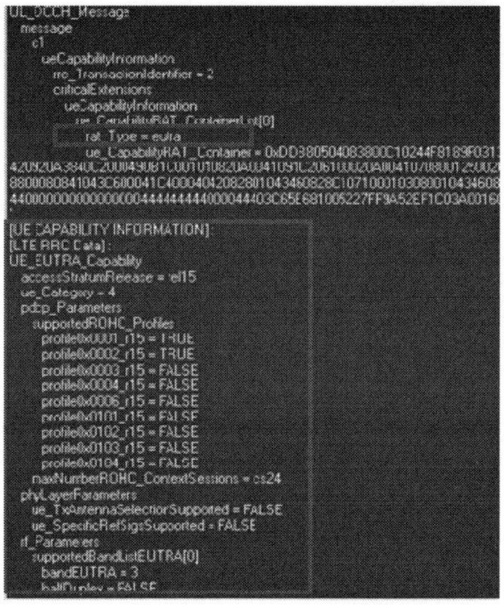

Figure 5-90. rat-Type eutra

- NR DL/UL Feature Sets는 5G NR Data가 포함된 LTE ueCapabilityInformation Message 또는 5G NR ueCapabilityInformation Message를 참조합니다.

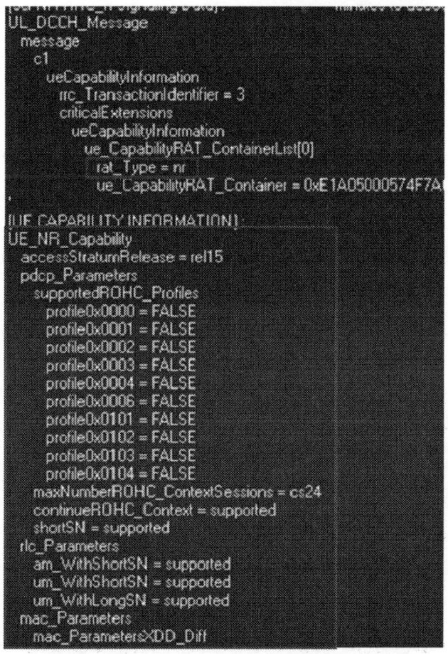

Figure 5-91. rat-Type nr

• EUTRA UL Feature Sets

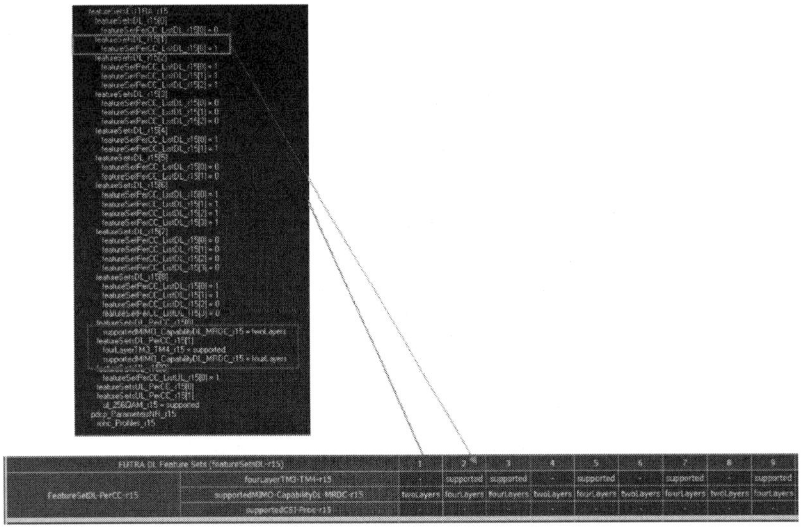

Figure 5-92. Featureset-PerCC-r15

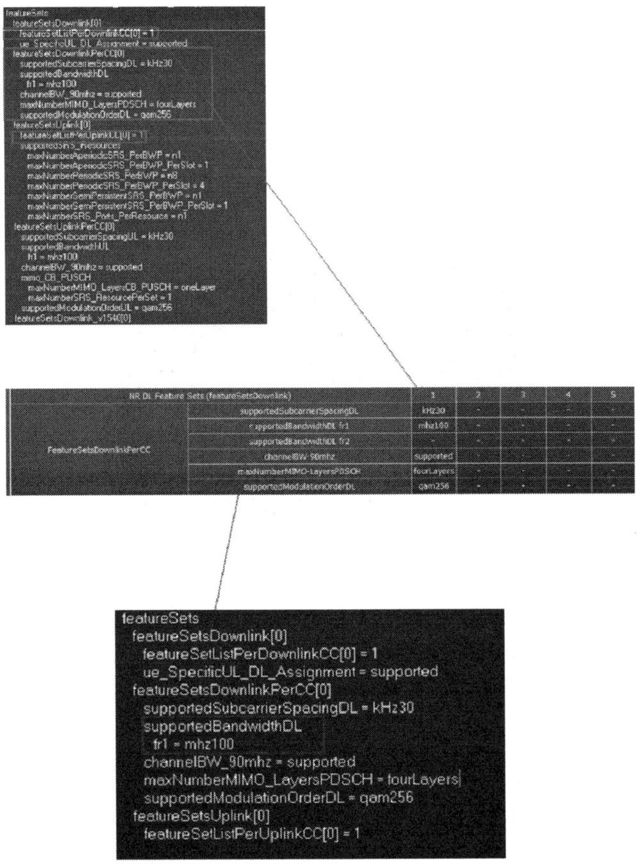

Figure 5-93. supportedBandwidthDL fr1

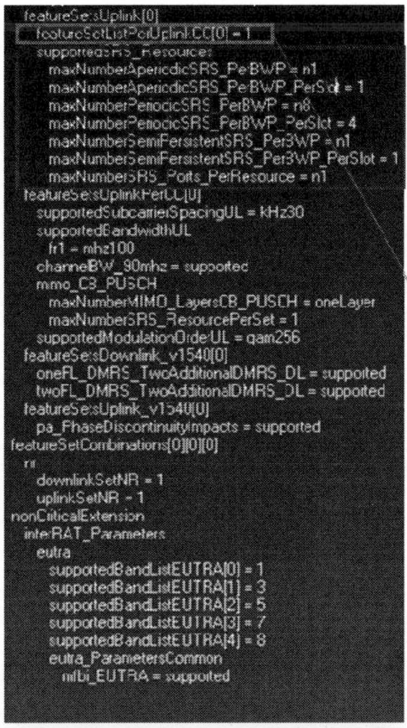

NR UL Feature Sets (featureSetsUplink)		1	2	3
supportedSRS-Resources	maxNumberAperiodicSRS-PerBWP	n1	-	-
	maxNumberAperiodicSRS-PerBWP-PerSlot	1	-	-
	maxNumberPeriodicSRS-PerBWP	n8	-	-
	maxNumberPeriodicSRS-PerBWP-PerSlot	4	-	-
	maxNumberSemiPersistentSRS-PerBWP	n1	-	-
	maxNumberSemiPersistentSRS-PerBWP-PerSlot	1	-	-
	maxNumberSRS-Ports-PerResource	n1	-	-
featureSetsUplinkPerCC	supportedSubcarrierSpacingUL	kHz30	-	-
	supportedBandwidthUL fr1	mhz100	-	-
	supportedBandwidthUL fr2	-	-	-
	channelBW-90mhz	supported	-	-
	maxNumberMIMO-LayersCB-PUSCH	oneLayer	-	-
	maxNumberSRS-ResourcePerSet	1	-	-
	maxNumberMIMO-LayersNonCB-PUSCH	-	-	-
	supportedModulationOrderUL	qam256	-	-

Figure 5-94. FeatureSetsUplinkPerCC

5 LAYER 3 KPI IN XCAL5

5.2.9 5G NR SCG Mobility Statistics

NR SCG Modification(NR to NR)			
Time stamp			Clear
	Attempt	Success	Failure
Count			
Duration(avg)(Sec)			
Rate(%)			

NR SCG Addition(LTE to NR)			
Time stamp	21:20:33.544		Clear
	Attempt	Success	Failure
Count	1	0	0
Duration(avg)(Sec)	-	0.00	-
Rate(%)	-	0.00	0.00

NR SCG Release(NR to LTE)			
Time stamp			Clear
	Attempt	Success	Failure
Count			
Duration(avg)(Sec)			
Rate(%)			

Figure 5-95. SCG Mobility Statistics

해당 창에서는 NR SCG Handover 통계 정보를 표시합니다.

NR to NR/LTE to NR/NR to LTE 각각에 대한 Attempt/Success/Failure 누적 값이 표시됩니다.

값이 업데이트 될 때마다 Time stamp가 표시되며, Clear 버튼 선택 시 초기화됩니다.

rrcConnectionReconfiguration 및 5G NR RRCReconfigurationComplete Message를 참조합니다.

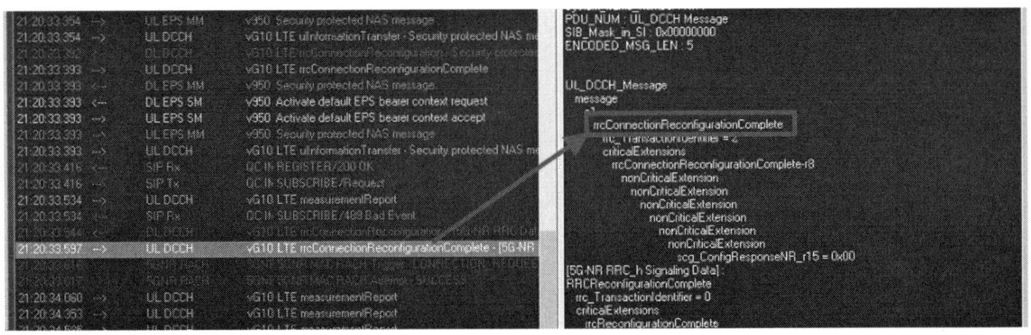

Figure 5-96. Success Count

5.2.10 5G NR MCG Mobility Statistics

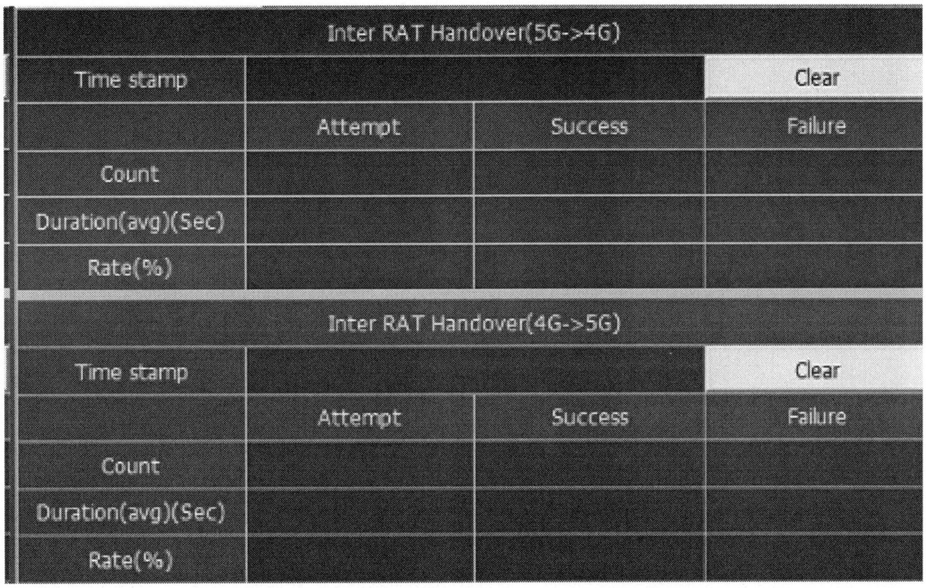

Figure 5-97. MCG Mobility Statistics

해당 창에서는 5G MCG Mobility 통계 정보를 도시합니다.

Inter RAT Handover (5G↔4G)에 대한 Attempt/Success/Failure 누적 값이 표시됩니다.

값이 업데이트 될 때마다 Time stamp가 표시되며, Clear 버튼 선택 시 초기화됩니다.

5G NR MobilityFromNRCommand, rrcConnectionReconfigurationComplete (LTE UL-DCCH), rrcReestablishmentRequest(5G NR UL-CCCH) Message를 참조합니다.

5.2.11 5G NR EPS Fallback Statistics

	MO
SIP INVITE	3
5G-NR rrcRelease(Idle Mode)	3
mobilityFromNRCmd(PS HO)	0
LTE-TAU Request	3
LTE-TAU Accept	3
LTE-TAU Complete	3
Act. Dedicated EPS Bearer Context Req.	3
Act. Dedicated EPS Bearer Context Acc.	3
LTE TAU Success Rate(%)	100.00
EPS FB Success Rate(%)	100.00
Avg INVITE to TAU Duration(sec)	1.772
Avg EPS FB Call Setup Latency Time(sec)	1.918
Avg EPS Return Time to 5G-NR(Sec)	

Figure 5-98. 5GNR EPS Fallback Statistics

EPSFB의 지표들의 L3 KPI 5G NR EPS Fallback Statistics에서 확인할 수 있습니다.

- SIP INVITE의 방향을 보고 MO(발신) MT(수신)인지 확인 가능합니다.
- EPSFallBack 이 NR Release 후 발생한 경우 5G NR rrcRelease(IDLE Mode)의 카운트가 증가하며 EPSFallback 회수를 확인 가능합니다.
- EPSFallBack이 Handover 후 발생한 경우 mobilityFromNRCmd(PS HO)의 카운트가 증가하며 EPS Fallback 회수를 확인 가능합니다.
- EPSFB 과정 이후 TAU 상태를 확인할 수 있습니다.
- EPSFB 과정 이후 bearer의 상태를 Act.Dedicated EPS Bearer Context에서 확인할 수 있습니다.
- TAU에 대한 지표로 Request에 대한 Complete 응답이 있을 경우의 SuccessRate, Request부터 Complete까지 Duration을 확인할 수 있습니다
- EPSFB의 대한 지표로 SIP Invite 이후 TAU Complete 까지의 성공률과 소요 시간을 확인할 수 있습니다.

- 음성 통화로 인한 EPSFB 이후 5GS로 돌아갈 경우 LTE release 이후부터 5G NR 망에 첫 SIB Message까지의 시간을 통해 Return 시간을 확인할 수 있습니다.

Time			Clear
	Attempt	Success	Failure
Intra NR-HO(Total)			
Count			
Rate(%)			
Duration(avg)(ms)			
Intra Frequency HO			
Count			
Rate(%)			
Duration(avg)(ms)			
Inter Frequency HO			
Count			
Rate(%)			
Duration(avg)(ms)			
UnKnown Frequency HO			
Count			
Rate(%)			
Duration(avg)(ms)			
Intra / Inter gNB HO			
Intra Frequency - Intra gNB HO			
Count			
Rate(%)			
Duration(avg)(ms)			
Intra Frequency - Inter gNB HO			
Count			
Rate(%)			
Duration(avg)(ms)			

Figure 5-99. 5GNR Handover Statistics (Intra NR-HO)

5.2.12 5G NR Handover Statistics (Intra NR-HO)

해당 창에서는 Intra NR-HO 통계를 도시합니다.

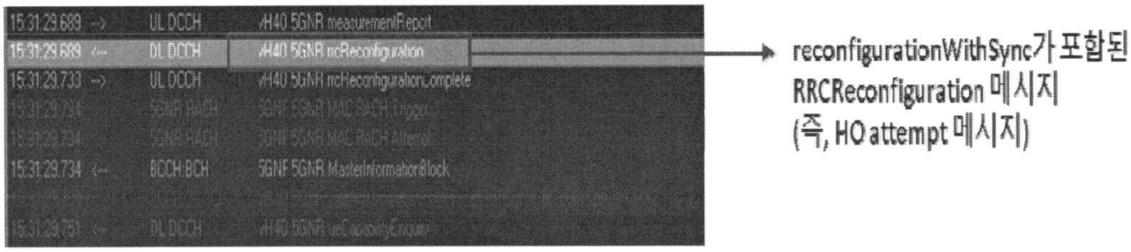

Figure 5-100. 5GNR RRC Reconfiguration Message

SIB1 Message에 포함된 cellIdentity의 source gNB ID, Target gNB ID를 확인할 수 있습니다.

5G NR rrcReconfiguration, 5G NR rrcReconfigurationComplete, 5G NR RRC Re-establishment request Message를 참조합니다.

Figure 5-101. source gNB ID

Figure 5-102. target gNB ID

5.2.13 5G NR Handover Event Information

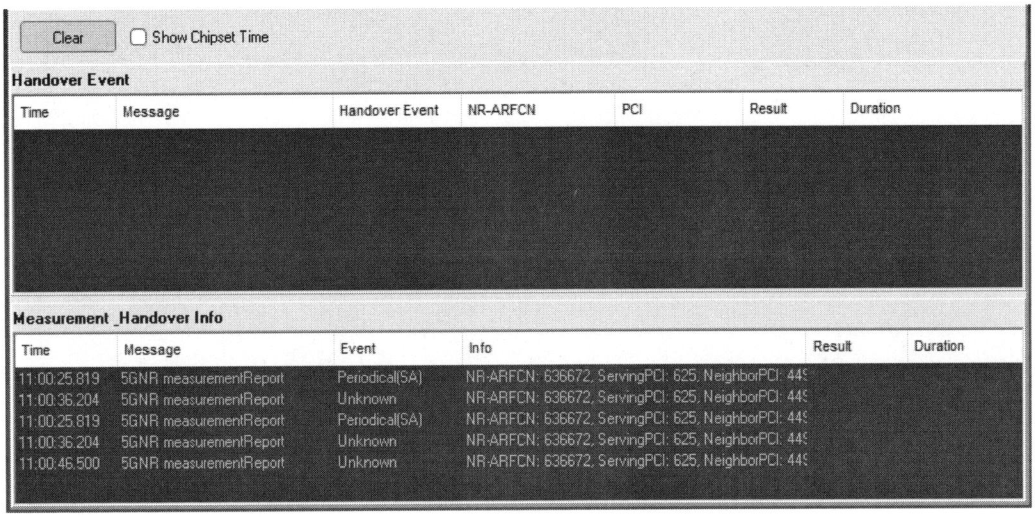

Figure 5-103. 5GNR Handover Event Information

해당 창에서는 5G NR Handover Event가 도시됩니다.

주요 참조 Message에는 5G NR rrcReconfiguration, 5G NR rrcReconfigurationComplete, 5G NR rrcReestablishmentRequest, 5G NR measurementReport 등이 있습니다.

5.2.14 5G NR Scell State

Scell State 창은 5G NR에서 Scell 상태를 쉽게 모니터링 하기 위해 만들어졌습니다.

주요 참조 Message는 5G NR rrcReconfiguration입니다.

아래 표에서 Messagae 내에 참조 값 예시를 확인할 수 있습니다.

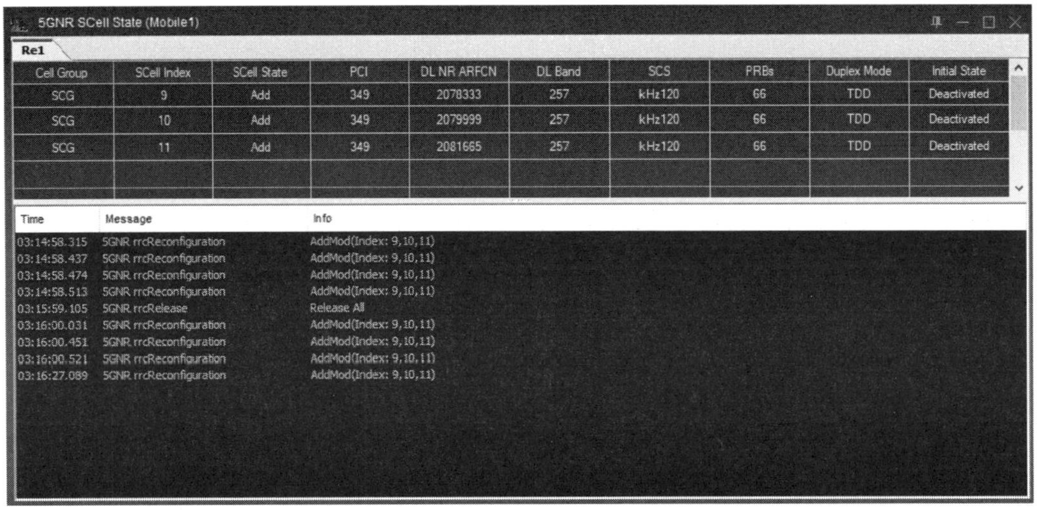

Figure 5-104. 5GNR SCell State

Index	Description
Cell Group	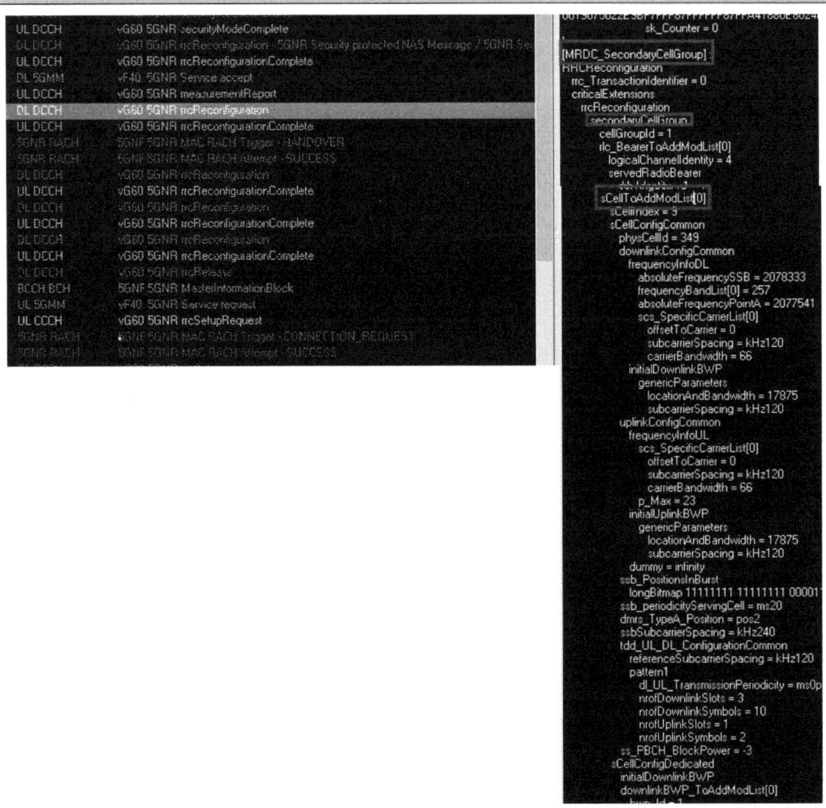 **Figure 5-105.** rrcReconfiguration sCellToaddMoDList

Index	Description
Scell Index	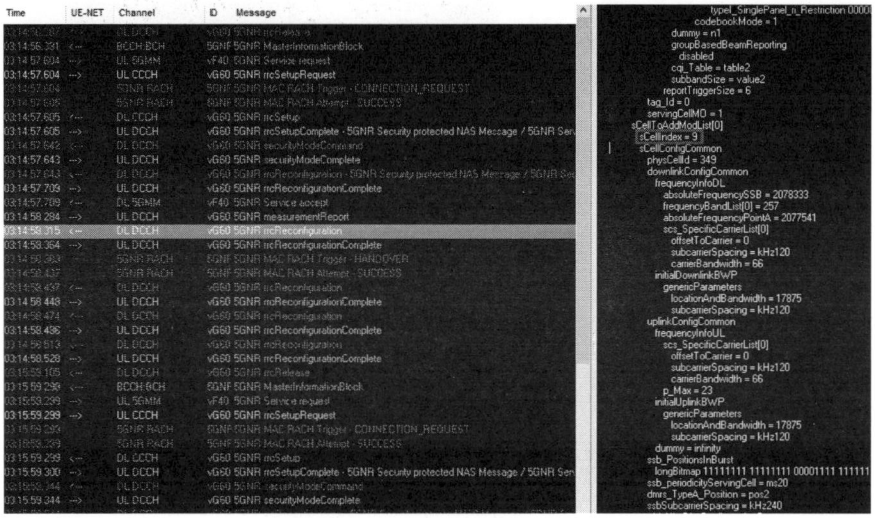 **Figure 5-106.** Scell Index
PCI	, sCellToAddModList sCellIndex 9, sCellConfigCommon physCellId 756, downlinkConfigCommon frequencyInfoDL absoluteFrequencySSB 2072083, frequencyBandList 261 , absoluteFrequencyPointA 2071291, scs-SpecificCarrierList offsetToCarrier 0, subcarrierSpacing kHz120, carrierBandwidth 66 , initialDownlinkBWP genericParameters locationAndBandwidth 12925, subcarrierSpacing kHz120 **Figure 5-108.** PCI-1 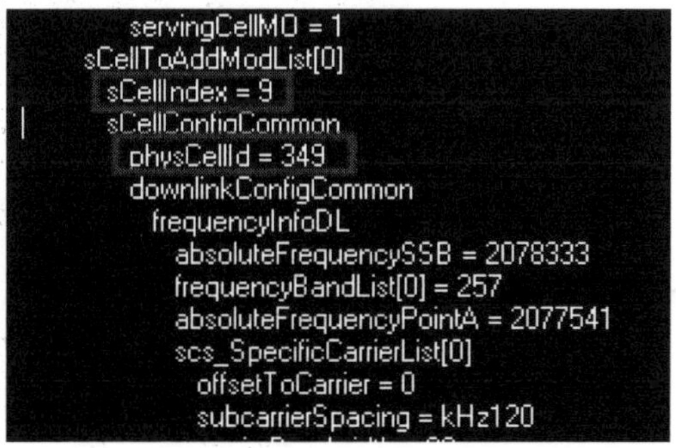 **Figure 5-108.** PCI-2

Index	Description
DL NR ARFCN	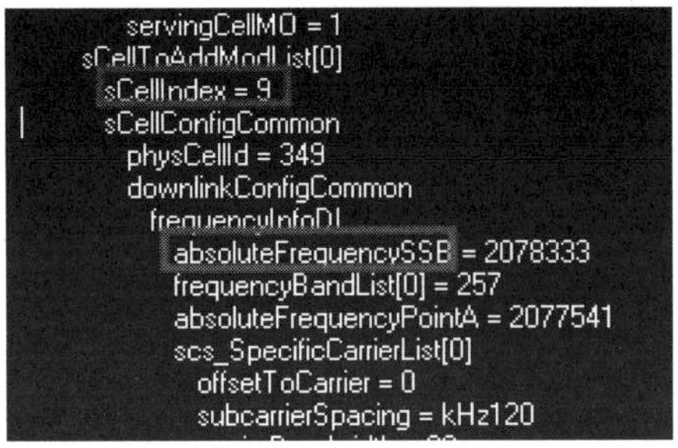 servingCellMO = 1 sCellToAddModList[0] sCellIndex = 9 sCellConfigCommon physCellId = 349 downlinkConfigCommon frequencyInfoDL absoluteFrequencySSB = 2078333 frequencyBandList[0] = 257 absoluteFrequencyPointA = 2077541 scs_SpecificCarrierList[0] offsetToCarrier = 0 subcarrierSpacing = kHz120 **Figure 5-109.** ARFCN
DL Band	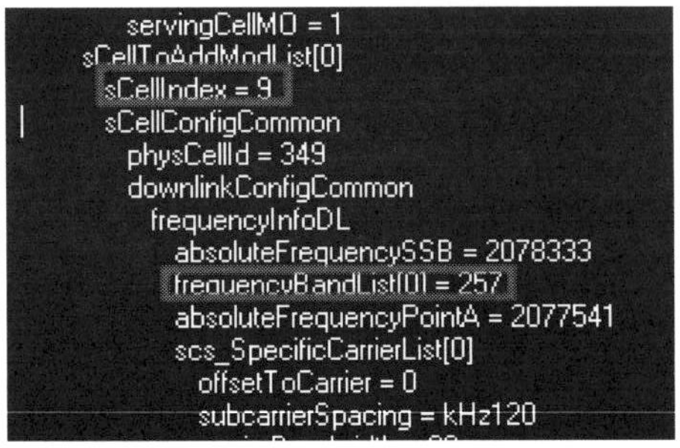 servingCellMO = 1 sCellToAddModList[0] sCellIndex = 9 sCellConfigCommon physCellId = 349 downlinkConfigCommon frequencyInfoDL absoluteFrequencySSB = 2078333 frequencyBandList[0] = 257 absoluteFrequencyPointA = 2077541 scs_SpecificCarrierList[0] offsetToCarrier = 0 subcarrierSpacing = kHz120 **Figure 5-110.** DL Band
SCS	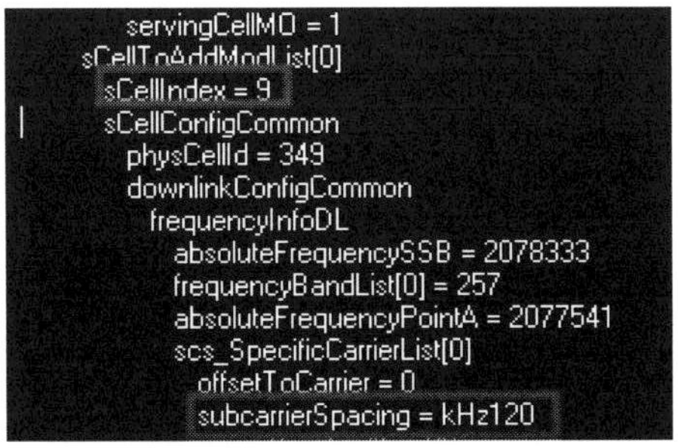 servingCellMO = 1 sCellToAddModList[0] sCellIndex = 9 sCellConfigCommon physCellId = 349 downlinkConfigCommon frequencyInfoDL absoluteFrequencySSB = 2078333 frequencyBandList[0] = 257 absoluteFrequencyPointA = 2077541 scs_SpecificCarrierList[0] offsetToCarrier = 0 subcarrierSpacing = kHz120 **Figure 5-111.** SCS
PRBs	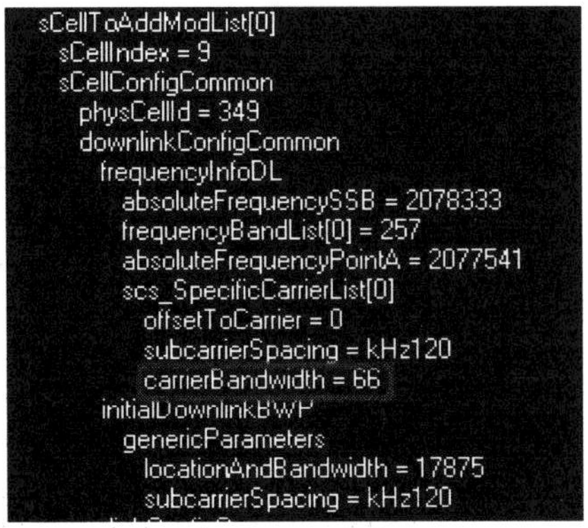 sCellToAddModList[0] sCellIndex = 9 sCellConfigCommon physCellId = 349 downlinkConfigCommon frequencyInfoDL absoluteFrequencySSB = 2078333 frequencyBandList[0] = 257 absoluteFrequencyPointA = 2077541 scs_SpecificCarrierList[0] offsetToCarrier = 0 subcarrierSpacing = kHz120 carrierBandwidth = 66 initialDownlinkBWP genericParameters locationAndBandwidth = 17875 subcarrierSpacing = kHz120 **Figure 5-112.** PRBs

Index	Description
Duplex Mode	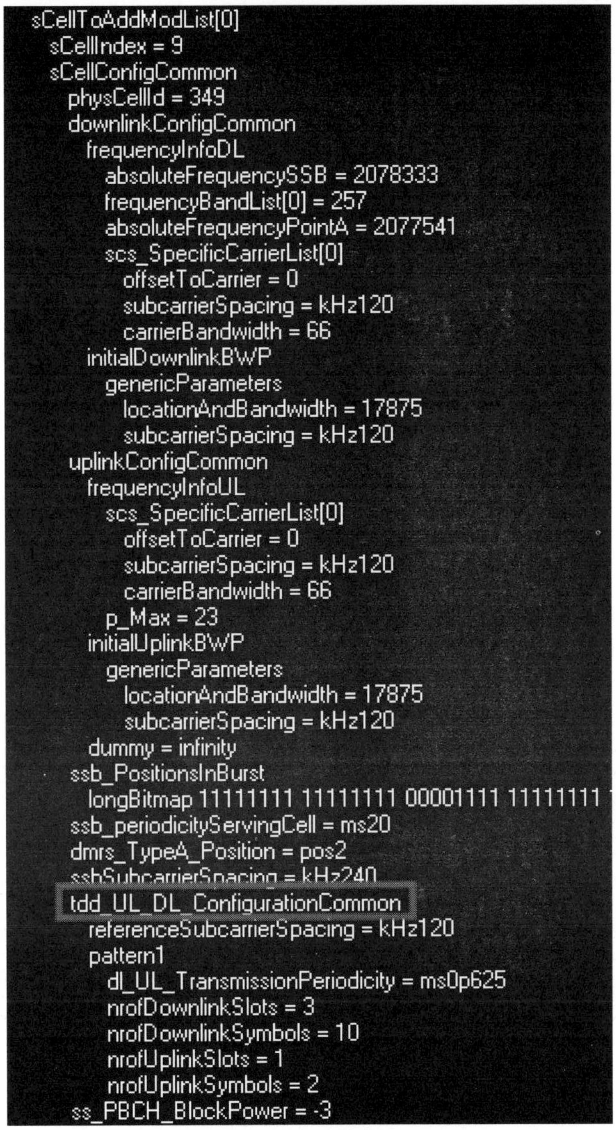 **Figure 5-113.** Duplex Mode

```
sCellToAddModList[0]
  sCellIndex = 9
  sCellConfigCommon
    physCellId = 349
    downlinkConfigCommon
      frequencyInfoDL
        absoluteFrequencySSB = 2078333
        frequencyBandList[0] = 257
        absoluteFrequencyPointA = 2077541
        scs_SpecificCarrierList[0]
          offsetToCarrier = 0
          subcarrierSpacing = kHz120
          carrierBandwidth = 66
      initialDownlinkBWP
        genericParameters
          locationAndBandwidth = 17875
          subcarrierSpacing = kHz120
    uplinkConfigCommon
      frequencyInfoUL
        scs_SpecificCarrierList[0]
          offsetToCarrier = 0
          subcarrierSpacing = kHz120
          carrierBandwidth = 66
        p_Max = 23
      initialUplinkBWP
        genericParameters
          locationAndBandwidth = 17875
          subcarrierSpacing = kHz120
      dummy = infinity
    ssb_PositionsInBurst
      longBitmap 11111111 11111111 00001111 11111111
    ssb_periodicityServingCell = ms20
    dmrs_TypeA_Position = pos2
    ssbSubcarrierSpacing = kHz240
    tdd_UL_DL_ConfigurationCommon
      referenceSubcarrierSpacing = kHz120
      pattern1
        dl_UL_TransmissionPeriodicity = ms0p625
        nrofDownlinkSlots = 3
        nrofDownlinkSymbols = 10
        nrofUplinkSlots = 1
        nrofUplinkSymbols = 2
    ss_PBCH_BlockPower = -3
```

5

LAYER 3 KPI IN XCAL5

5.3 NAS

5.3.1 LTE EPS Session Management

EPS(Evolved Packet System)는 4G및 5G 네트워크에서 사용되는 무선 통신 기술입니다. ESM(EPS Session Management)은 ESP 네트워크에서 사용자 세션의 설정, 유지 및 종료를 담당하는 EPS의 구성 요소입니다. ESM은 사용자 세션을 설정, 수정 및 해제하는네 사용되는 신호 및 제어 프로토콜을 관리합니다.

LTE EPS Session Managment창에서는 ESM 절차에 관련된 NAS Message 정보를 도시합니다.

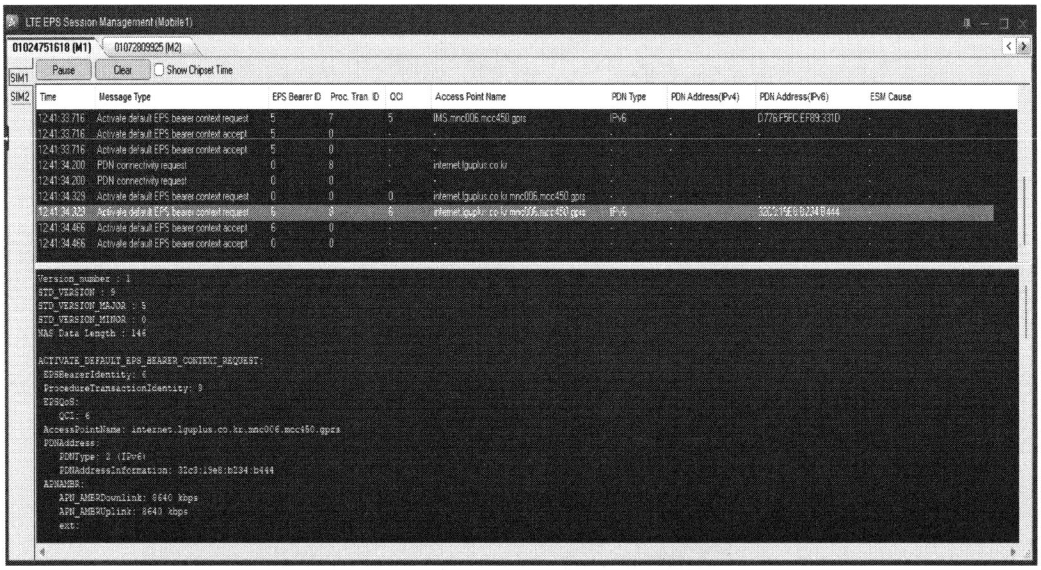

Figure 5-114. LTE EPS Session Management

1) ESM Type

ESP 절차는 아래와 같이 정의되며 Message Type 항목에 도시합니다.

EPS Bearer Id Value	할당 여부
Activate Default EPS Bearer	UE에 대한 기본 EPS Bearer 설정하는데 사용
Activate Dedicated DPS Bearer	UE에 대한 전용EPS Bearer을 설정하는데 사용
Modify EPS Bearer	기존 EPS Bearer의 Qos 매개변수를 수정하는데 사용
Deactivate EPS Bearer	EPS Bearer을 해제하는 절차
PDN Connectivity	UE와 PDN간의 연결을 설정하는데 사용
PDN Disconnect	UE와 PDN간의 연결을 해제하는데 사용

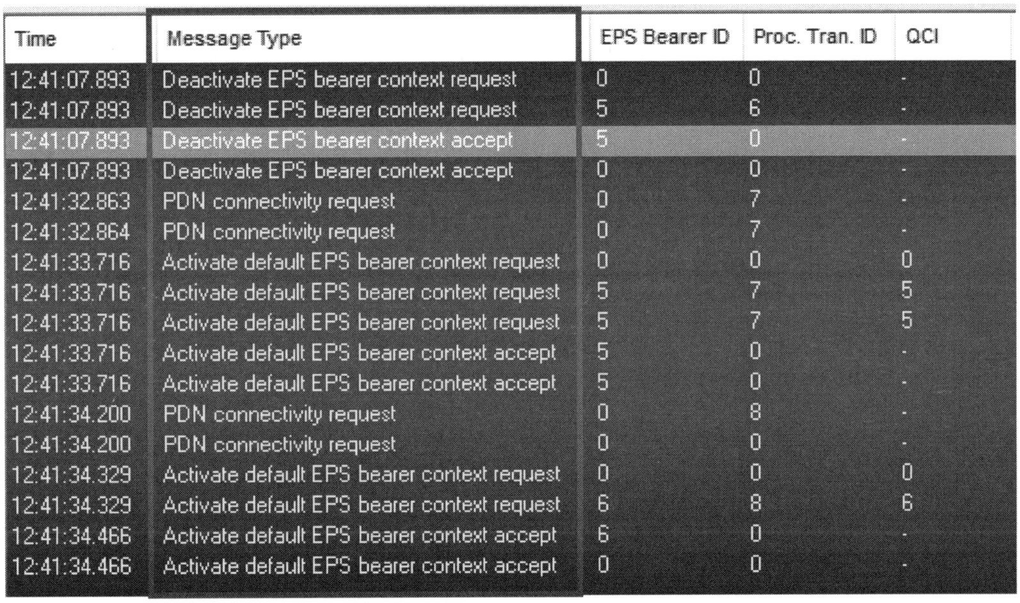

Time	Message Type	EPS Bearer ID	Proc. Tran. ID	QCI
12:41:07.893	Deactivate EPS bearer context request	0	0	-
12:41:07.893	Deactivate EPS bearer context request	5	6	-
12:41:07.893	Deactivate EPS bearer context accept	5	0	-
12:41:07.893	Deactivate EPS bearer context accept	0	0	-
12:41:32.863	PDN connectivity request	0	7	-
12:41:32.864	PDN connectivity request	0	7	-
12:41:33.716	Activate default EPS bearer context request	0	0	0
12:41:33.716	Activate default EPS bearer context request	5	7	5
12:41:33.716	Activate default EPS bearer context request	5	7	5
12:41:33.716	Activate default EPS bearer context accept	5	0	-
12:41:33.716	Activate default EPS bearer context accept	5	0	-
12:41:34.200	PDN connectivity request	0	8	-
12:41:34.200	PDN connectivity request	0	0	-
12:41:34.329	Activate default EPS bearer context request	0	0	0
12:41:34.329	Activate default EPS bearer context request	6	8	6
12:41:34.466	Activate default EPS bearer context accept	6	0	-
12:41:34.466	Activate default EPS bearer context accept	0	0	-

Figure 5-115. LTE EPS Session Management - Message Type

2) ESP Bearer ID

EPS 망에서 사용자 트래픽 전달 경로를 나타내는 ID로 EPS Bearer ID에 도시합니다.

아래 표는 EPS Bearer ID 할당 범위를 나타낸다. UE당 설정 가능한 EPS Bearer 수는 최대 11개로 할당 가능한 EPS Bearer ID 값은 5 ~ 15입니다.

EPS Bearer Id Value	할당 여부
0	No Assigned
1 ~ 4	Reserved
5 ~ 15	Assigned

3) Proc.Tran. ID(ProcedureTransactionIdentity)

UE가 요청한 ESM 절차를 위해 UE에 의해 동적으로 할당되는 ID입니다. 절차가 완료되면 ID는 해제됩니다.

Time	Message Type	EPS Bearer ID	Proc. Tran. ID	QCI	Access Point Name
09:42:02.379	Deactivate EPS bearer context request	6	17		-
09:42:02.379	Deactivate EPS bearer context accept	6	0		-
09:42:02.468	Deactivate EPS bearer context request	7	0		-
09:42:02.469	Deactivate EPS bearer context accept	7	0		-
09:42:12.898	PDN connectivity request	0	18		internet
09:42:13.006	Activate default EPS bearer context request	6	18		internet.mnc008.mcc450.gprs
09:42:13.006	Activate default EPS bearer context accept	6	0		-

Figure 5-116. LTE EPS Session Management - Proc.Tran.ID

4) QCI

QCI는 Qos Class의 식별자로 Qos 우선 순위를 정수 값으로 표현됩니다. LTE에서 제공하는 패킷 통신의 품질을 정의하는 특수 식별자입니다.

각 클래스별 정의는 아래 표를 참조해 주세요.

QCI	Resource Type	Priority Level	Packet Delay Budget (NOTE 13)	Packet Error Loss Rate (NOTE 2)	Example Services
1 (NOTE 3)		2	100 ms (NOTE 1, NOTE 11)	10^{-2}	Conversational Voice
2 (NOTE 3)	GBR	4	150 ms (NOTE 1, NOTE 11)	10^{-3}	Conversational Video (Live Streaming)
3 (NOTE 3, NOTE 14)		3	50 ms (NOTE 1, NOTE 11)	10^{-3}	Real Time Gaming, V2X messages Electricity distribution - medium voltage (e.g. TS 22.261 [51] clause 7.2.2) Process automation - monitoring (e.g. TS 22.261 [51] clause 7.2.2)
4 (NOTE 3)		5	300 ms (NOTE 1, NOTE 11)	10^{-6}	Non-Conversational Video (Buffered Streaming)
65 (NOTE 3, NOTE 9, NOTE 12)		0.7	75 ms (NOTE 7, NOTE 8)	10^{-2}	Mission Critical user plane Push To Talk voice (e.g., MCPTT)
66 (NOTE 3, NOTE 12)		2	100 ms (NOTE 1, NOTE 10)	10^{-2}	Non-Mission-Critical user plane Push To Talk voice
67 (NOTE 3, NOTE 12)		1.5	100 ms (NOTE 1, NOTE 10)	10^{-3}	Mission Critical Video user plane
75 (NOTE 14)		2.5	50 ms (NOTE 1)	10^{-2}	V2X messages
5 (NOTE 3)		1	100 ms (NOTE 1, NOTE 10)	10^{-6}	IMS Signalling
6 (NOTE 4)		6	300 ms (NOTE 1, NOTE 10)	10^{-6}	Video (Buffered Streaming) TCP-based (e.g., www, e-mail, chat, ftp, p2p file sharing, progressive video, etc.)
7 (NOTE 3)	Non-GBR	7	100 ms (NOTE 1, NOTE 10)	10^{-3}	Voice, Video (Live Streaming) Interactive Gaming
8 (NOTE 5)		8	300 ms (NOTE 1)	10^{-6}	Video (Buffered Streaming) TCP-based (e.g., www, e-mail, chat, ftp, p2p file sharing, progressive video, etc.)
9 (NOTE 6)		9			
69 (NOTE 3, NOTE 9, NOTE 12)		0.5	60 ms (NOTE 7, NOTE 8)	10^{-6}	Mission Critical delay sensitive signalling (e.g., MC-PTT signalling, MC Video signalling)
70 (NOTE 4, NOTE 12)		5.5	200 ms (NOTE 7, NOTE 10)	10^{-6}	Mission Critical Data (e.g. example services are the same as QCI 6/8/9)
79 (NOTE 14)		6.5	50 ms (NOTE 1, NOTE 10)	10^{-2}	V2X messages
80 (NOTE 3)		6.8	10 ms (NOTE 10, NOTE 15)	10^{-6}	Low latency eMBB applications (TCP/UDP-based); Augmented Reality

[출처: 3GPP TS 23.203 "Table 6.1.7-A: Standardized QCI characteristics"]

Figure 5-117. LTE EPS Session Management - QCI Standardized QCI characteristics

예시) Activat default EPS bearer context request Message를 통해 QCI = 6 을 할당되었고, 위 Table표와 매핑하며 아래의 값을 확인 할 수 있습니다.

- Resource Type=Non–GBR
- Priority=6
- Packet Delay Budget=300ms
- Packet Error Loss Rate=10^{-6}
- Example Service=Video (Buffered Streaming) TCP–based (e.g., www, e–mail, chat, ftp, p2p file sharing, progressive video, etc.)

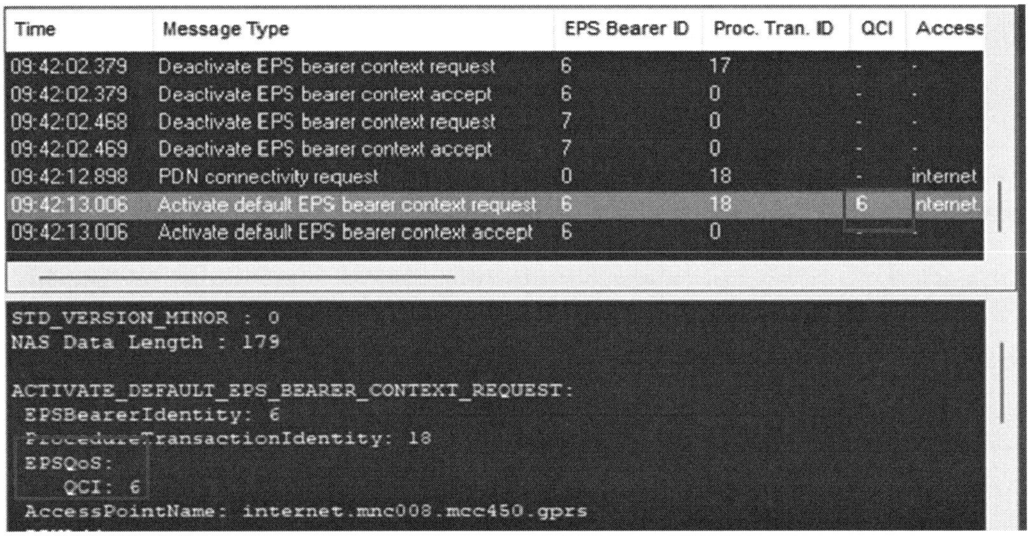

Figure 5–118. LTE EPS Session Management – QCI

5) Access Point name

접속 절차 중 특정 Access Point name에 정의된 대로 단말기가 네트워크 연결을 요청할 때 Message에 포함됩니다.

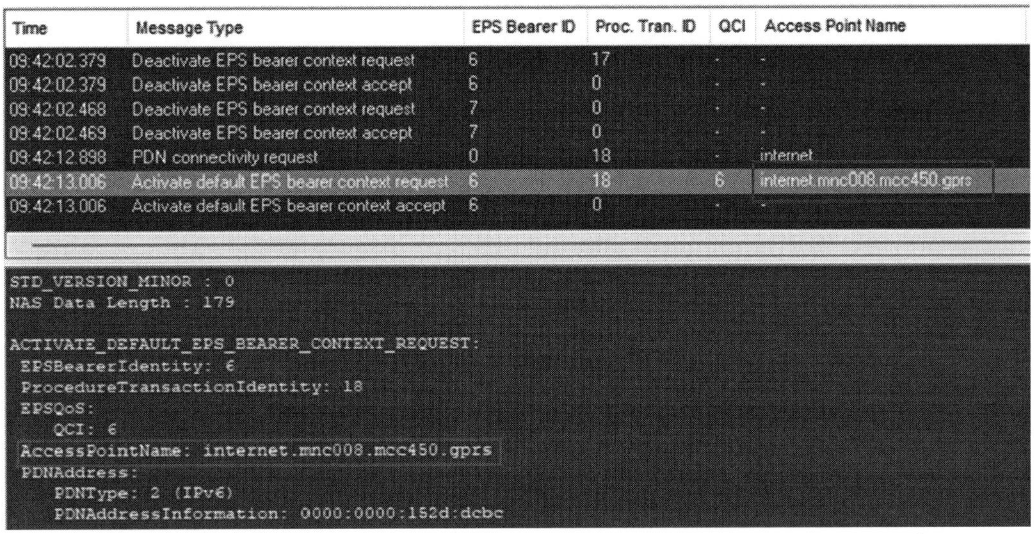

Figure 5-119. LTE EPS Session Management – Access Point Name

6) PDN Address : PDN Type, PDN Address(Ipv4), PDN Address(Ipv6)

Packet Data network의 주소를 의미하며 IP 주소입니다. UE가 LTE 네트워크에 처음 접속할 때 UE가 PDN에 연결할 수 있도록 IP주소가 UE에 할당됩니다.

PDN Type Value	Type
1	Ipv4
2	Ipv6
3	Ipv4v6
4	unused; shall be interpreted as "IPv6" if received by the network

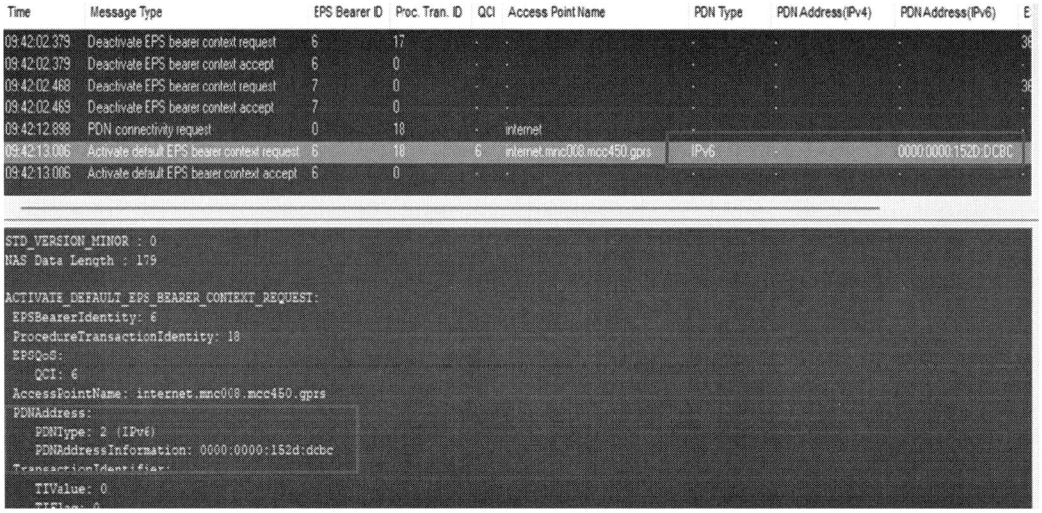

Figure 5-120. LTE EPS Session Management - PDN Address

7) ESM Cause

ESM Cause는 Session management request의 거부 또는 제한의 이유를 표시합니다.

예시) Deactivate EPS Bearer context request - ESM Cause = 36 (Regular de-activation)

단말의 Data 연결을 해제했고, "Deactivate EPS Bearer context request"를 수신했습니다. ESM Calsue = 36으로 EPS Bearer 해제를 의미합니다. ESM Cause의 자세한 내용은 3GPP TS 24.301에 설명되어 있습니다.

Cause #35 – PTI already in use

This ESM cause is used by the network to indicate that the PTI included by the UE is already in use by another active UE requested procedure for this UE.

Cause #36 – Regular deactivation

This ESM cause is used to indicate a regular UE or network initiated release of EPS bearer resources.

Cause #37 – EPS QoS not accepted

Figure 5-121. LTE EPS Session Management - ESM Cause

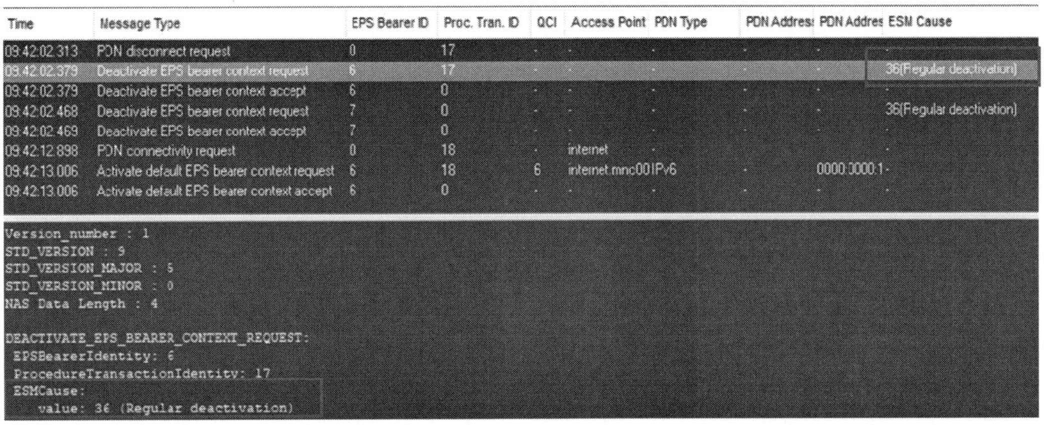

Figure 5-122. LTE EPS Session Management - ESM Cause

5.3.2 LTE QCI(Qos Class Identifier) Statistics

- 해당 창은 Autocall 수행 중일 때 도시됩니다. Call Start 시, Call Result 발생 시 유지되는 QCI에 대해 Count 합니다.

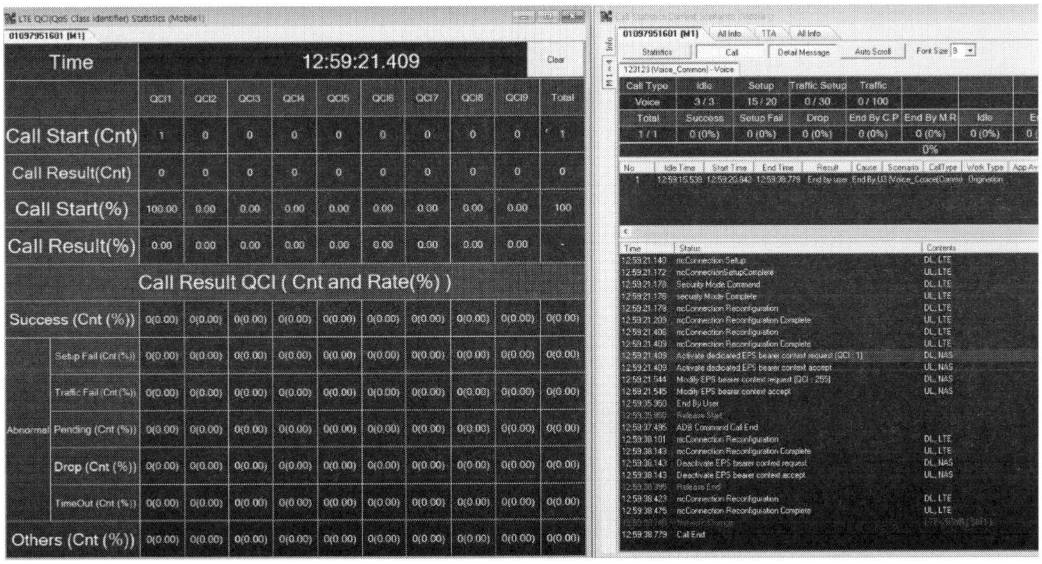

Figure 5-123. LTE QOS

• 해당 창은 Activated dedicated EPS Bearer request Message를 참조합니다.

Figure 5-124. QCI

• QCI란 QOS(Quality of Service) 우선 순위를 표현한 값입니다. QOS는 가입자 및 서비스 별 우선순위에 대한 정의입니다.
아래 표는 QCI에 대한 표입니다. (3GPP 23.203 6.1.7 Table 참조)

- QCI: QOS Class Identifier의 약자로 우선 순위를 정수로 표현하였습니다.
- Resource Type: GBR, Non-GBR 2가지 Type이 있으며, Non-GBR (Non-Guaranteed Bit Rate)은 대역폭을 보장받지 못하기 때문에 품질을 보장하지 않습니다. Default EPS Bearer는 Non-GBR Type만 될 수 있고, Dedicated EPS Bearer은 GBR, Non-GBR 이 될 수 있습니다.
- Priority Level: 숫자가 낮을수록 우선순위가 높습니다.
- Packet Delay budget: 각 QCI 별 Packet 지연에 대한 상한을 정의합니다.
- Packet Error Loss Rate: 각 QCI 별 Packet Loss에 대한 상한을 정의합니다.

QCI	Resource Type	Priority Level	Packet Delay Budget	Packet Error Loss Rate	Example Services
1	GBR	2	100ms	10^{-2}	Conversational Voice
2		4	150ms	10^{-3}	Conversational Video (Live Streaming)
3		3	50ms	10^{-3}	Real Time Gaming, V2X messages Electricity distribution – medium voltage
4		5	300ms	10^{-6}	Non–Conversational Video (Buffered Streaming)
65		0.7	75ms	10^{-2}	Mission Critical user plane Push To Talk voice (e.g., MCPTT)
66		2	100ms	10^{-2}	Non–Mission–Critical user plane Push To Talk voice
67		1.5	100ms	10^{-3}	Mission Critical Video user plane
75		2.5	50ms	10^{-2}	V2X messages
71		5.6	150ms	10^{-6}	"Live" Uplink Streaming (e.g. TS 26.238 [53])
72		5.6	300ms	10^{-4}	"Live" Uplink Streaming (e.g. TS 26.238 [53])
73		5.6	300ms	10^{-8}	"Live" Uplink Streaming (e.g. TS 26.238 [53])
74		5.6	500ms	10^{-8}	"Live" Uplink Streaming (e.g. TS 26.238 [53])
76		5.6	500ms	10^{-4}	"Live" Uplink Streaming (e.g. TS 26.238 [53])
5	Non–GBR	1	100ms	10^{-6}	IMS Signalling
6		6	300ms	10^{-6}	Video (Buffered Streaming) TCP–based (e.g., www, e–mail, chat, ftp, p2p file sharing, progressive video, etc.)
7		7	100ms	10^{-3}	Voice, Video (Live Streaming) Interactive Gaming
8		8	300ms	10^{-6}	Video (Buffered Streaming) TCP–based (e.g., www, e–mail, chat, ftp, p2p file
9		9			sharing, progressive video, etc.)

QCI	Resource Type	Priority Level	Packet Delay Budget	Packet Error Loss Rate	Example Services
69		0.5	60ms	10^{-6}	Mission Critical delay sensitive signalling (e.g., MC-PTT signalling, MC Video signalling)
70		5.5	200ms	10^{-6}	Mission Critical Data (e.g. example services are the same as QCI 6/8/9)
79		6.5	50ms	10^{-2}	V2X messages
80		6.8	10ms	10^{-6}	Low latency eMBB applications (TCP/UDP-based); Augmented Reality

5.3.3 LTE Attach/Detach Info

- 해당창은 LTE Attach 및 Detach에 대한 Count를 도시해줍니다.
- 각 Count Message는 아래와 같습니다.

Type	Message
Detach Request	LTE Detach Request
Attach Reqeust	LTE Attach Reqeust
Attach Accept	LTE Attach Accept
Attach Complete	LTE Atach complete
Detach Accept	LTE Detach Accept
PDN Connection	LTE Activate default EPS Bearer context accept

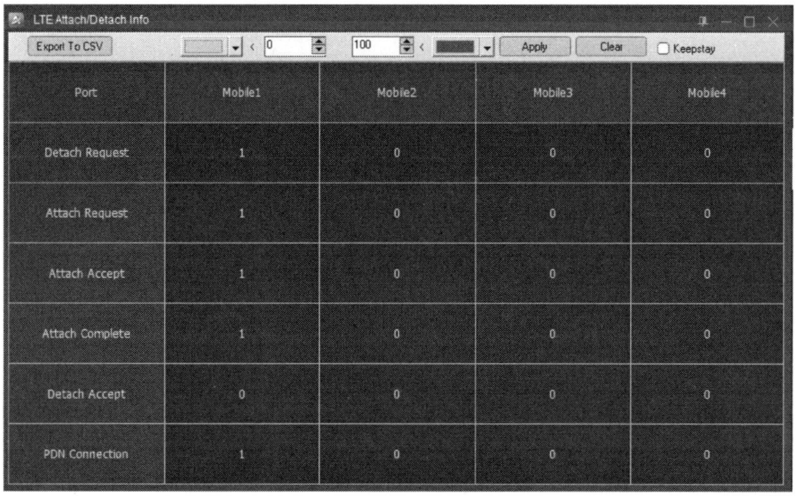

Figure 5-125. LTE Attach/Detach Info

5.3.4 5G NR PDU Session Management

PDU Session 설정은 LTE PDN 설정과 같으며, 이 절차의 주요 목적은 단말의 IP를 할당하고 다양한 Core Network 구성 요소에 다양한 IP주소를 UE에 알려주는 것입니다.

5G NR PDU Session Management에서는 PDU Session 설정 및 해제 시 Signaling Message를 기반으로 주요 Parameter 정보를 도시합니다.

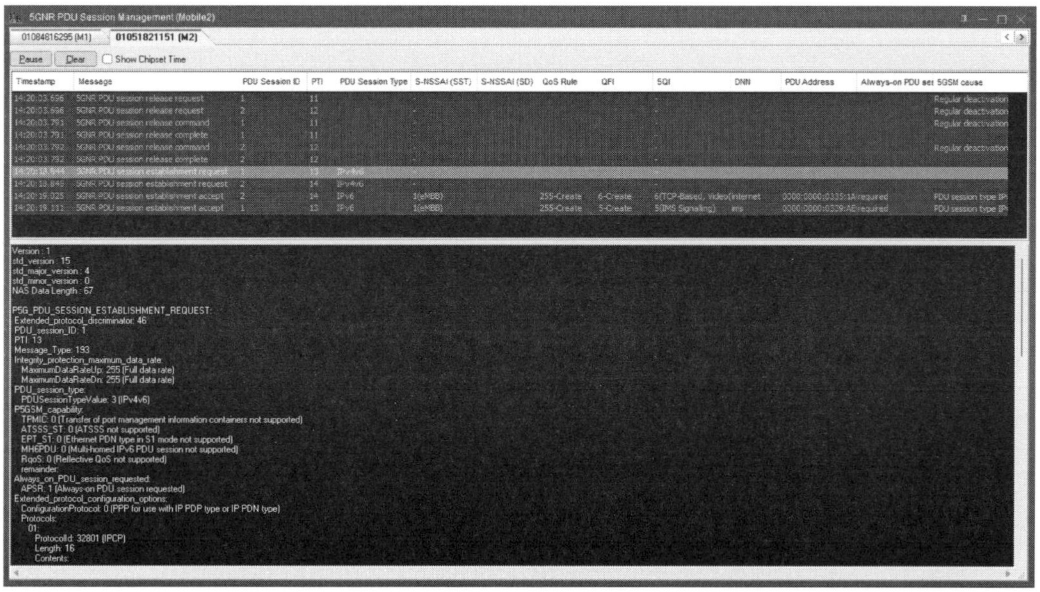

Figure 5-126. 5GNR PDU Session Management

Parameters	Description
Time Stamp	PDU Session Message 발생 시간
Message	5G NR PDU Session 절차 관련 Message를 도시합니다. – 5G NR PDU session establishment request – 5G NR PDU session establishment accept – 5G NR PDU session establishment reject – 5G NR PDU session modification request – 5G NR PDU session modification reject – 5G NR PDU session modification command – 5G NR PDU session modification complete – 5G NR PDU session modification command reject – 5G NR PDU session release request – 5G NR PDU session release reject – 5G NR PDU session release command – 5G NR PDU session release complete
PDU Session ID	PDU Session ID를 도시합니다. – PDU Session ID : 단말에 대한 PDU Session 식별ID
PTI	PTI 값을 도시합니다.
PDU Session Type	PDUSessionTypeValue에 해당하는 문자열을 도시합니다. – 지정된 PDU Session Type을 나타냅니다.
S-NSSAI(SST)	SST 값을 도시합니다. optional 이므로, SST 값이 나오지 않을 수 있습니다. – S-NSSAI(Single Network Slice Selection Assistance Information)의 SST 정보
S-NSSAI(SD)	SD 값을 도시합니다. Optional 이므로, SD 값이 나오지 않을 수 있습니다. – S-NSSAI(Single Network Slice Selection Assistance Information)의 SD 정보
Qos Rule	RuleOperationCode를 도시합니다. – Qos 규칙을 기반으로 UL Traffic과 Qos흐름의 연결을 수행합니다.
QFI	QFI 값과 OperationCode를 참조하여" QFI - Operation code"의 형태로 도시합니다. – QFI(Qos Flow ID)는 5G System에서 Qos Flow를 식별하는 최소 식별자입니다.
5QI	p5QI의 value값을 도시합니다. – 5QI(5G Qos Identifier)는 우선순위, 패킷 지연, 패킷 오류율 등과 같은 Qos 특성을 나타냅니다.
DNN	DNN에 포함된 문자열을 도시합니다. – DNN(Data Network Name)은 LTE의 APN과 동일한 의미를 갖습니다.

Parameters	Description
PDU Address	PDU_address에 포함된 IPv6 또는 IPv4 값을 도시합니다. – PDU Session 주소입니다.
Always-on PDU session Indication	APSI를 참조하며, 값이 1일 경우 required, 0일 경우 not allowed로 도시합니다. – Always-On PDU 세션은 CM-IDLE 모드에서 CM-CONNECTED 상태로 전환될 때마다 사용자 평면 리소스가 활성화되어야 하는 PDU 세션입니다.
5GSM cause	5G SM cause를 문자열로 도시합니다. – 5GSM Request에 대한 Rejected의 원인을 나타냅니다.

5.3.5 5G NR SA Registration Statistics

측정 중 발생된 5GMR SA Registration 절차 중 "Registration Request, Registration Request, Registration Complete" message 통계를 도시합니다.

- Registration Request
  - RRC 연결이 설정되면 UE는 5G Network에 등록하기 위해 "Registration Request" Message를 전송
- Registration Accept
  - "Security Process"가 완료되면 AMF로부터 G-GUTI(Globally Unique Temporary Identifier) 및 관련 구성 정보가 포함된 "Registration Accept" Message를 수신
- Registration Complete
  - UE는 새로운 5G-GUTI가 할당되었는지 확인하기 위해 "Registration Complete"를 AMF에 전송

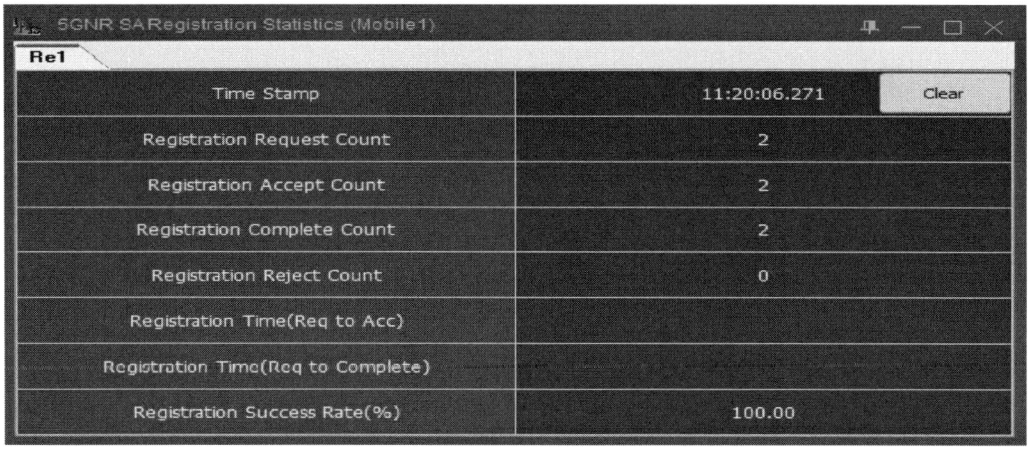

Figure 5-127. 5GNR SA Registration Statistics

Parameters	Description
Time Stamp	Registration Request, Registration Accept, Registration Complete, Registration Reject 중 마지막 발생 시간.
Registration Request Count	5G NR NAS - 5GMM – Registration Request 개수
Registration Accept Count	5G NR NAS - 5GMM – Registration Accept 개수
Registration Complete Count	5G NR NAS - 5GMM – Registration Complete 개수
Registration Reject Count	5G NR NAS - 5GMM – Registration Reject 개수
Registration Time (Req to Acc)	Registration Accept ~ Registration Request의 chipset time 차이. 최대 시간은 15초입니다.
Registration Time (Req to Complete)	Registration Complete ~ Registration Request의 chipset time 차이.
Registration Success Rate(%)	Registration Accept / Registration Request count * 100

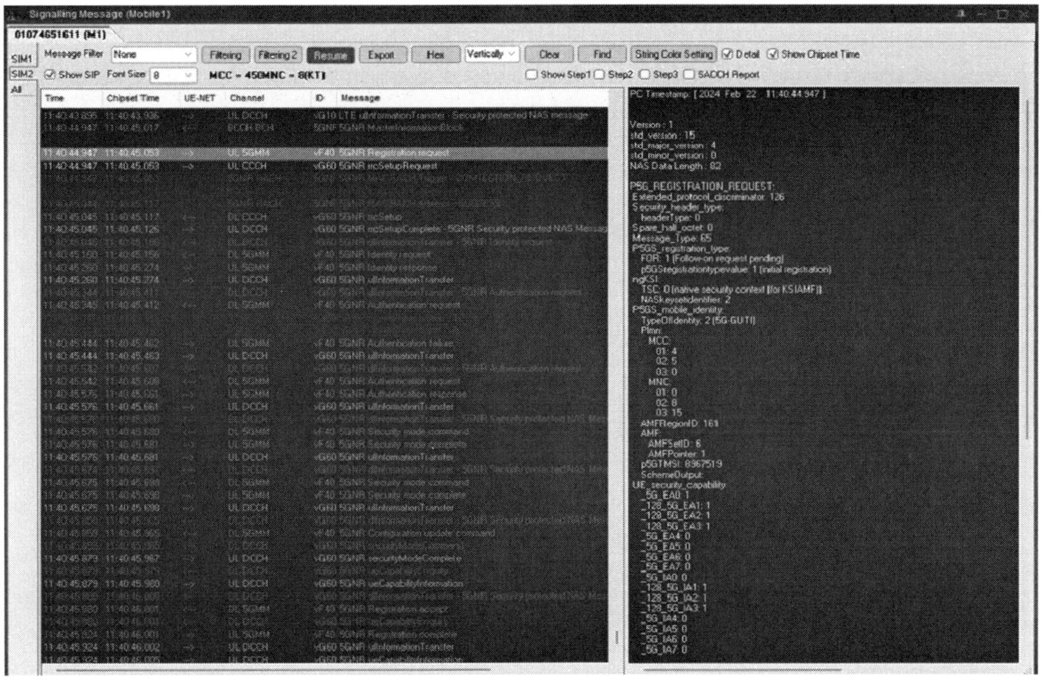

Figure 5-128. 5GNR Signaling Message - Registration

5.3.6 5G NR NetworkSlicing

- NetworkSlicing 이란 Network Resource를 논리적 분할을 하여, 각 Application 요구 사항에 맞게 resource를 할당합니다.
- 예를 들어 단말, 자동차, IoT, 공장 기계 등 각 Application마다 요구하는 Coverage, 지연시간, 안정성 등 요구 사항이 다릅니다.
- 때문에 사업자는 각 Application에 최적화된 망을 구축을 해야 하지만 이에 대해 비용이 많이 들 수밖에 없기 때문에 논리적 분할을 통하여 비용 절감을 할 수 있습니다.
- NetworkSlicing창은 NetworkSlicing에 대한 KPI 및 확인이 필요한 주요 부분들을 한눈에 볼 수 있도록 구성하였습니다.

5 LAYER 3 KPI IN XCAL5

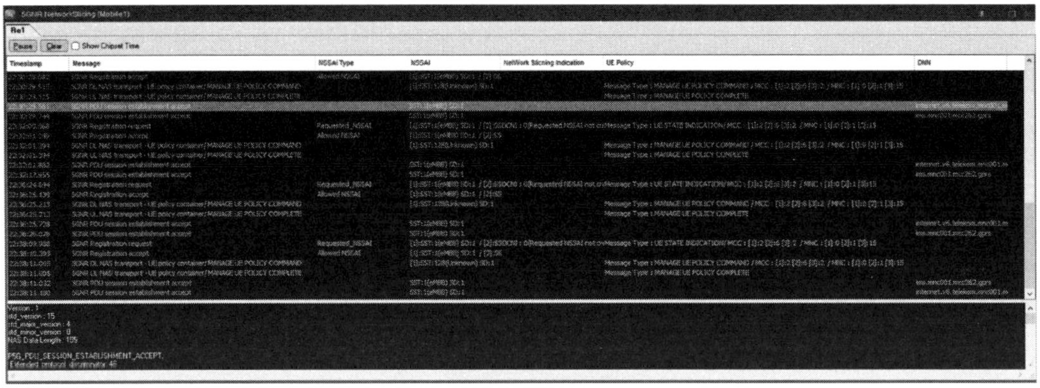

Figure 5-129. 5GNR Network Slicing

<table>
<tr><th>Type</th><th>Descirption</th></tr>
<tr><td>Message</td><td>NSSAI를 포함하는 Message들을 도시합니다.
- 5G NR Resistration request
- 5G NR Resistration accept
- 5G NR DL NAS transport
- 5G NR UL NAS transport
- 5G NR PDU session establishment accept</td></tr>
<tr><td>NSSAI Type</td><td>위 참조 Message 내에 NSSAI Type에 대해 도시합니다.
- Request_NSSAI
- Allowed_NSSAI
- Configured_NSSAI
- Reject_NSSAI</td></tr>
<tr><td>NSSAI</td><td>NSSAI는 s_NSSAI들의 모음을 식별합니다.
s_NSSAI의 정보 목적은 Network Slice를 식별하기 위함입니다.
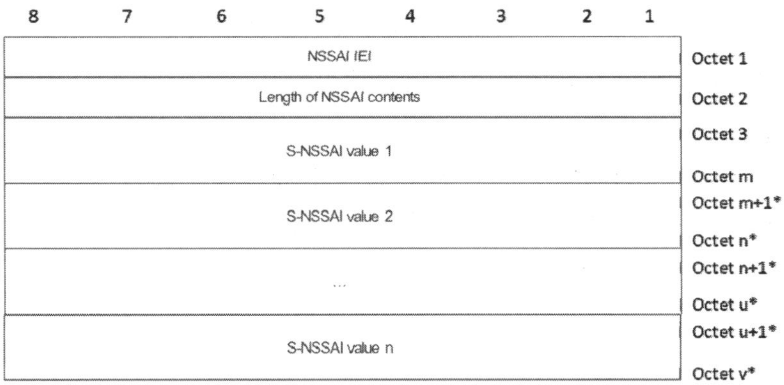

Figure 5-130. NSSAI information element</td></tr>
</table>

<table>
<tr><th>Type</th><th>Descirption</th></tr>
<tr><td></td><td>
NSSAI 값인 SST, SD 값을 표시합니다.
SST는 아래 표에 해당하는 값을 표시합니다.
SST는 Slice/Service Type을 의미하며, SD는 Slice ID를 의미합니다.

5.15.2.2 Standardised SST values
Standardized SST values provide a way for establishing global interoperability for slicing so that PLMNs can support the roaming use case more efficiently for the most commonly used Slice/Service Types.
The SSTs which are standardised are in the following Table 5.15.2.2-1.
Table 5.15.2.2-1: Standardised SST values
<table>
<tr><th>Slice/Service type</th><th>SST value</th><th>Characteristics</th></tr>
<tr><td>eMBB</td><td>1</td><td>Slice suitable for the handling of 5G enhanced Mobile Broadband.</td></tr>
<tr><td>URLLC</td><td>2</td><td>Slice suitable for the handling of ultra- reliable low latency communications.</td></tr>
<tr><td>MIoT</td><td>3</td><td>Slice suitable for the handling of massive IoT.</td></tr>
<tr><td>V2X</td><td>4</td><td>Slice suitable for the handling of V2X services.</td></tr>
<tr><td>HMTC</td><td>5</td><td>Slice suitable for the handling of High-Performance Machine-Type Communications.</td></tr>
</table>
NOTE 1: The support of all standardised SST values is not required in a PLMN. Services indicated in this table for each SST value can also be supported by means of other SSTs.
NOTE 2: A mapping of GSMA defined Network Slice Types (NEST) to standard SST values is defined in GSMA NG.116 [137].

Figure 5-131. SST Values
</td></tr>
<tr><td>Network Slicing Indication</td><td>
Network Slicing Indication의 목적은 사용자의 congiutred NSSAI, allowed NSSAI, pending NSSAI, rejected NSSAI 정보 외에 일반 UE 구성 업데이트 절차 및 등록 절차에서 Network Slcing과 관련된 추가 정보를 표시합니다.
<table>
<tr><th>8</th><th>7</th><th>6</th><th>5</th><th>4</th><th>3</th><th>2</th><th>1</th><th></th></tr>
<tr><td colspan="4">Network slicing indication IEI</td><td>0
Spare</td><td>0
Spare</td><td>DCNI</td><td>NSSCI</td><td>Octet 1</td></tr>
</table>
Figure 5-132. Network slicing indication-1

Network slicing subscription change indication (NSSCI) (octet 1, bit 1)
Bit
1
0 Network slicing subscription not changed
1 Network slicing subscription changed

Default configured NSSAI indication (DCNI) (octet 1, bit 2)
Bit
2
0 Requested NSSAI not created from default configured NSSAI
1 Requested NSSAI created from default configured NSSAI

In the UE to network direction bit 1 is spare. The UE shall set this bit to zero.
In the network to UE direction bit 2 is spare. The network shall set this bit to zero.
Bits 3 and 4 are spare and shall be coded as zero.

Figure 5-133. Network slicing indication-1
</td></tr>
</table>

Type	Descirption
UE Policy	UE Policy는 참조 Message내에 PayloadContainercontents〉 UE_Policy가 있을 때 Message Type 및 PLMN 값을 도시합니다.

Bits								
8	**7**	**6**	**5**	**4**	**3**	**2**	**1**	
0	0	0	0	0	0	0	0	Reserved
0	0	0	0	0	0	0	1	MANAGE UE POLICY COMMAND message
0	0	0	0	0	0	1	0	MANAGE UE POLICY COMPLETE message
0	0	0	0	0	0	1	1	MANAGE UE POLICY COMMAND REJECT message
0	0	0	0	0	1	0	0	UE STATE INDICATION message
0	0	0	0	0	1	0	1	UE POLICY PROVISIONING REQUEST message (see NOTE)
0	0	0	0	0	1	1	0	UE POLICY PROVISIONING REJECT message (see NOTE)
All other values are reserved								
NOTE: Coding and usage of UE POLICY PROVISIONING REQUEST message and UE POLICY PROVISIONING REJECT message are specified in 3GPP TS 24.587 [19B].								

Figure 5-134. UE Policy delivery service message type

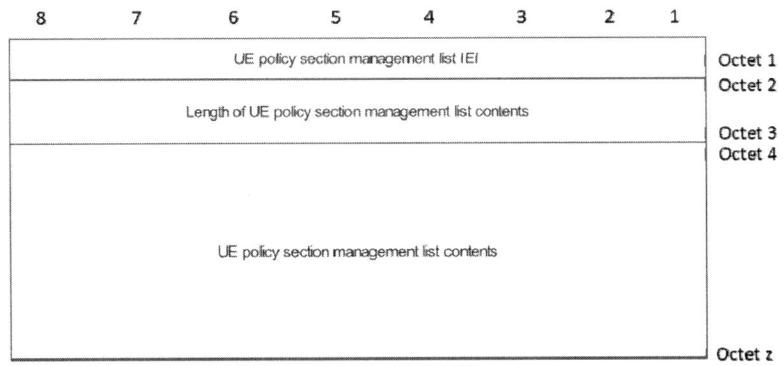

Figure 5-135. UE Policy section management list information element

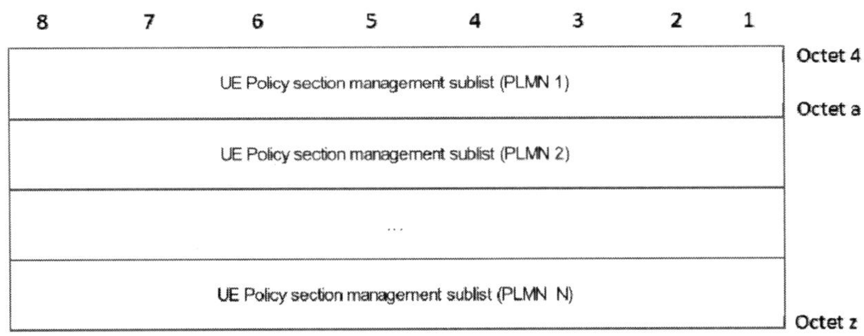

Figure 5-136. UE Policy section management list contents

Type	Descirption
	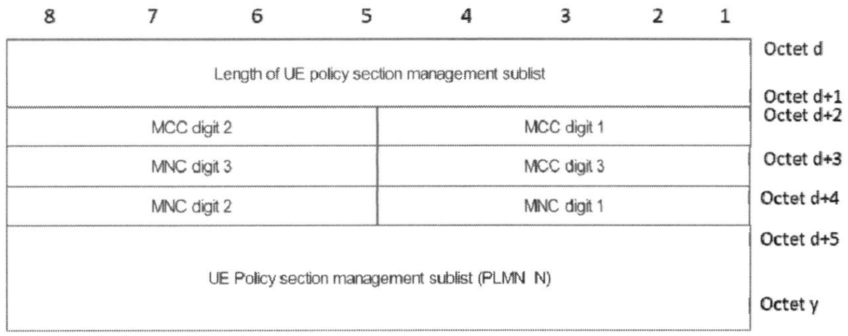 **Figure 5-137.** UE Policy section management sublist 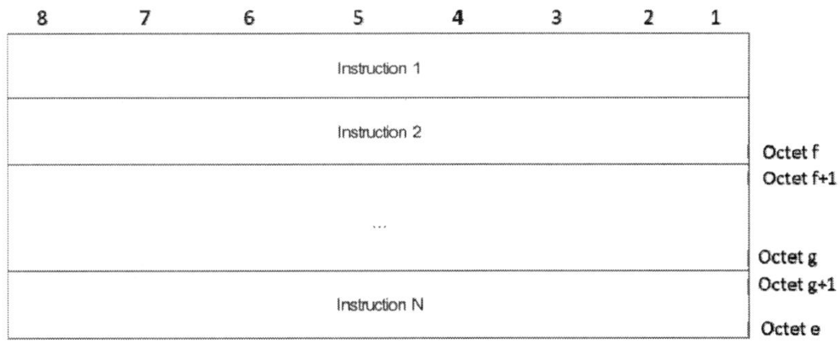 **Figure 5-138.** Instruction N 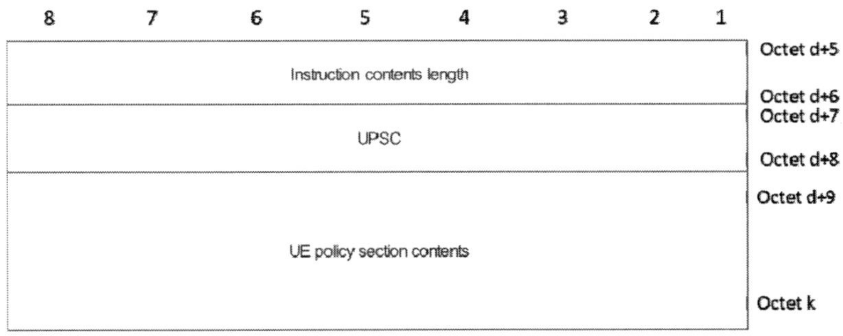 **Figure 5-139.** Instruction

<table>
<tr><th>Type</th><th>Descirption</th></tr>
<tr><td></td><td>
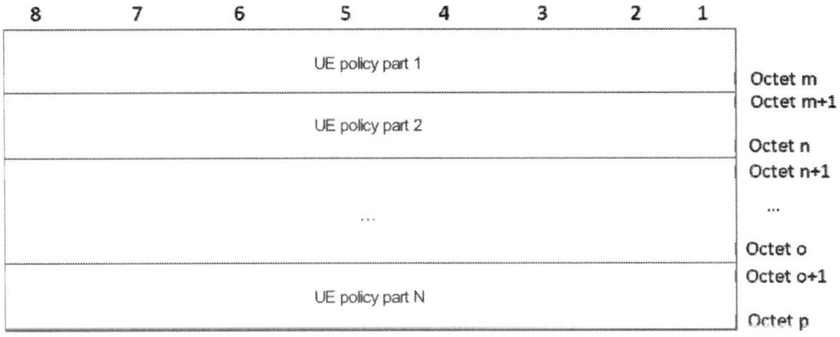

Figure 5-140. UE Policy section contents

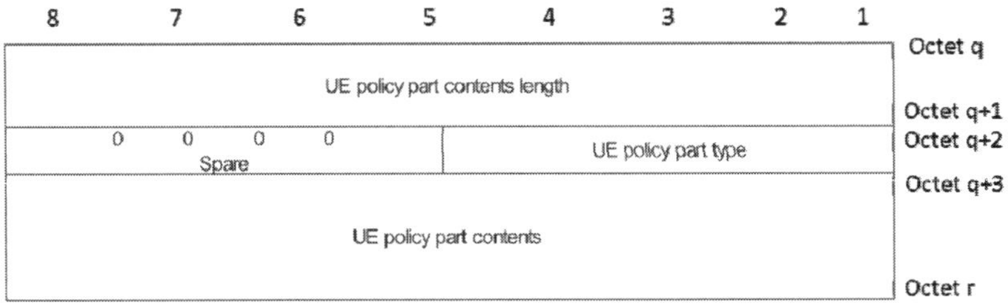

Figure 5-141. UE Policy section management list information element
</td></tr>
<tr><td>DNN</td><td>PDU Session에 대한 DNN 값을 도시합니다.</td></tr>
</table>

CHAPTER 6

Abbreviations

CHAPTER 6

Abbreviations

아래는 본문에 나오는 약어에 대한 설명입니다.

AMBR	Aggregated Maximum Bit Rate
AMF	Access and Mobility Management Function
APN	Access Point Network
ARP	Allocation and Retention Priority: 새로운 EPS Bearer 생성/거절에 관여하는 우선순위
Bearer	데이터/신호 전달 운반체
C-Plane	Control Plane: 제어신호를 주고받는 객체와 인터페이스 영역
CBRA	Contention Based Random Access
CFRA	Contention Free Random Access
C-RNTI	Cell-Radio Network Temporary Identifier
CP	Cyclic Prefix: ISI를 방지하기 위해 Symbol의 앞부분에 이어 붙인 자투리 구간
DL	Downlink: UE가 신호를 내려 받는 방향
DL-SCH	Downlink Shared Channel
DRB	Data Radio Bearer: UE와 eNB 사이의 무선 구간에서 설정되는 Bearer
ECGI	E-UTRAN Cell Global Identifier
ECI	E-UTRAN Cell Identifier
EN-DC	E-UTRA-NR Dual Connectivity
eNB	Evolved NodeB: LTE에서 사용하는 기지국
EPC	Evolved-Packet Core : HSS, MME, S-GW, P-GW로 구성된 코어 네트워크
EPS	Evolved Packet System
E-RAB	E-UTRAN Radio Access Bearer
E-UTRAN	Evolved-Universal Terrestrial Radio Access Network: eNB로 구성된 무선 네트워크
GBR	Guaranteed Bit Rate: 대역폭을 보장하는 Resource Type

GUMMEI	Globally Unique MME Identifier
GUTI	Globally Unique Temporary Identifier
Handover	기지국의 서비스 지역을 이동할 때, 연결이 끊기지 않고 통화채널을 변경하는 통신기술
HSS	Home Station Subsystem: 일반 가입자 정보를 확인하기 위해 사용하는 객체
IMEI	International Mobile Equipment Identity
IMS	IP Multimedia Subsystem: IP 기반 멀티미디어 서비스를 위한 유무선 통신 플랫폼 환경
IMSI	International Mobile Subscriber Identity, 모바일 사용자를 구별하는데 사용하는 식별자
IP	Internet Protocol: 인터넷 망을 통하여 데이터 전달을 담당하는 프로토콜
ISI	Inter Symbol Interference: 심볼 간 간섭
LTE	Long Term Evolution: 4세대 이동통신기술
MME	Mobile Management Equipment: 이동 관련조건을 적용하는 객체
NAS	Non-Access Stratum: UE와 MME 사이에 주고받는 제어 신호 계층 군
NCGI	NR Cell Global Identifier
NCI	NR Cell Identifier
Non-GBR	None-Guaranteed Bit Rate: 대역폭을 보장하지 않는 EPS Bearer의 Resource Type
NG	5G RAN과 5GC 사이의 인터페이스
NGAP	NG Application Protocol로서 Ng(N2)-AMF 인터페이스에서 사용되는 프로토콜
NGEN-DC	NG-RAN E-UTRA-NR Dual Connectivity
NE-DC	NR-E-UTRA Dual Connectivity
NR-DC	NR-NR Dual Connectivity
OFDM	Orthogonal Frequency Division Multiplexing
P-GW	PDN Gateway
PCC	Policy and Charging Control
PDN	Public Data Network: Internet망
PLMN	Public Land Mobile Network: 통신 사업자 네트워크 식별 번호
Preamble	OFDM에서 물리계층의 동기화 및 채널 추정에 사용되는 신호

PUCCH Physical Uplink Control Channel는 UE가 기지국으로 제어 정보를 보내는 채널

QCI QoS Class Identifier: QoS의 우선순위를 1~9사이 정수로 표현한 값

QoS Quality of Service: 네트워크 서비스의 성능 지표

RA-RNTI Random Access-Radio Network Temporary Identifier

RACH Random Access Channel: Random Access에 사용되는 채널

RRC Radio Resource Control: UE와 eNB 사이에 주고 받는 제어 신호

S-GW Serving Gateway: eNB 사이와 시스템 Hand over에서 Anchoring point가 되는 객체

S-TMSI SAE Temporary Mobile Subscription Identity

S1 E-UTRAN와 EPC 사이의 인터페이스

S1AP S1 Application Protocol: S1-MME 인터페이스에서 사용되는 프로토콜

SAE System Architecture Evolution: LTE 네트워크의 구조

SRB Signaling Radio Bearer

SN ID Serving Network ID

Symbol 변조, 코딩, 다중화를 거쳐 가공된 데이터 단위

TA Tracking Area: 셀 내에서 UE의 위치를 나타내는 단위

TAI Tracking Area Identity: TA의 식별자

U-Plane User Plane: 실제 사용자의 데이터를 주고받는 객체와 인터페이스 영역

UE User Equipment: 일반적으로 사용하는 스마트폰을 지칭

UL Uplink: UE가 신호를 올려 보내는 방향

UL-SCH UL Uplink Shared Channel는 상향링크 데이터 전송에 이용되는 주 전송 채널

UPF User Plane Function

5CI 5G에서의 QCI

저자소개 profile

조현석(2003.09~)
주요 담당 제품: XCAL–MO, XCAL–Mobile, XCAL–Solo, XCAL–Harmonizer, XCAL–Pscope, XCAL–Audit

이민규(2015.01~)
주요 담당 제품: XCAL5, XCAL–MO, XCAL–PU12

손진혁(2016.01~)
주요 담당 제품: XCAP, XCAP–Cloud

박효현(2021.05~)
주요 담당 제품: XCAL–Mobile, XCAL–Solo

김효수(2010.02~)
주요 담당 제품: XCAL5, XCAL–MO, XCAL–PU12, XCAL–Pscope, XCAL–Audit

김종현(2006.04~)
주요 담당 제품: XCAL–Mobile, XCAL–Solo, XCAL–Harmonizer, XCAL–iSolo

자문 : 김현욱(대표 서적 : 5G 이동통신 기술과 서비스, IT 사업 그리고 돈)

5G 이동통신 RRC/NAS 이해

발　행 / 2025년 2월 28일

저　자 / 조현석, 이민규, 손진혁
박효현, 김효수, 김종현

펴 낸 이 / 정 창 희

펴 낸 곳 / 동일출판사

주　소 / 서울시 강서구 곰달래로31길7 (2층)

전　화 / (02) 2608-8250

팩　스 / (02) 2608-8265

등록번호 / 제109-90-92166호

ISBN 978-89-381-1701-4 13000

값 / 22,000원